2.3 时尚海报设计

2.4 唯美插画设计

2.5 电脑壁纸

2.7 夸张风格设计

2.10 个性签名图片

3.2 水晶球效果

3.3 黑白照片上色

3.4 网店促销广告

● 3.5 皮包创意广告

● 3.7 葡萄酒广告

● 3.8 儿童写真设计

4.2 陈列柜展板设计

● 3.9 时尚美发广告设计

4.3 蒙版化妆技巧

4.4 3D跳跳豆

5.3 房产音乐会广告

FASJOM
DICRASES
IDOM

4月15日
重妆盛开

5.1 潮流时装广告设计

5.2 高尚社区广告

6.2 妇女节宣传海报

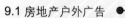
7.1 旅游景点宣传手册

9.1 房地产户外广告

7.2 牛奶软酪包装设计

8.2 电影播放器设计

9.2 车身广告设计

10.2 新年贺卡设计

10.1 视觉传达卡片设计

11.1 唯美人物插画设计

11.2 可爱插画设计

12.1 服饰店DM单

12.2 水吧宣传DM单

12.3 手机促销DM单

12.4 冰淇淋店DM单

13.1 矿泉水招贴设计

13.2 橙汁宣传招贴设计

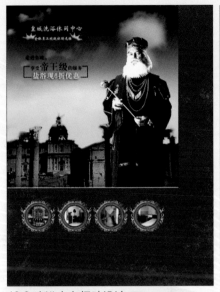

13.3 洗浴中心招贴设计

13.4 剃须刀招贴广告

14.2 立体POP设计

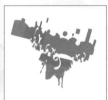

14.3 招聘POP设计

14.4 火锅店宣传POP设计

视听课堂

Photoshop CS4
平面设计

刘亚利　于洪洲　编著

FASJOM
DICRASES
IDOM

中国铁道出版社
CHINA RAILWAY PUBLISHING HOUSE

内 容 简 介

本书采用全视频的独特手法，帮助读者从零基础进入到精深的平面设计行业。由于平面设计所涵盖的范围很广，而Photoshop CS4是顶级图像处理软件，因此经本书编委深入研究后，将全书分解为3个阶段，14个章节，内容从软件的基础入门攻略到专业技能培训，再到商业案例现场模拟，最后通过深入剖析揭开实际工作中设计的技巧与重点。

本书适合平面设计人员、广告设计人员、艺术院校的学生使用，也可供电脑爱好者以及有志于深入学习图像处理的人士参考，或作为各培训机构的培训教材。

图书在版编目（CIP）数据

视听课堂Photoshop CS4平面设计/刘亚利，于洪州编著.—北京：中国铁道出版社，2010.1
ISBN 978-7-113-10925-7

Ⅰ.①视…　Ⅱ.①刘…②于…　Ⅲ.①图形软件，Photoshop CS4　Ⅳ.①TP391.41

中国版本图书馆CIP数据核字（2009）第236629号

书　　　名：视听课堂Photoshop CS4平面设计
作　　　者：刘亚利　于洪洲　编著

责任编辑：苏　茜　　　　　　　编辑部电话：（010）63560056
特邀编辑：李新承
封面设计：和颜悦色　　　　　　封面制作：李　路
责任校对：惠　敏　　　　　　　责任印制：李　佳

出版发行：中国铁道出版社（北京市宣武区右安门西街8号　　邮政编码：100054）
印　　刷：北京捷迅佳彩印刷有限公司
版　　次：2010年6月第1版　　　　　2010年6月第1次印刷
开　　本：850mm×1092mm　1/16　印张：20　插页：4　字数：500千
印　　数：3 000册
书　　号：ISBN 978-7-113-10925-7
定　　价：65.00元（附赠光盘）

系列图书的内容

电脑设计是各艺术行业不可缺少的，很多职业如广告设计、网页设计、产品设计、包装设计，排版设计、装饰设计等都离不开电脑的辅助应用。所以，掌握电脑软件是进入设计行业最基本的职业技能。

那么如何将辛苦所学的技能面向市场，并获得一份令自己满意的工作呢？这就需要将软件操作技能与实际的工作经验相结合，并灌输到自己的大脑中，最后通过个人的设计作品细节进行展示。

针对以上市场需求，本社精心编制了"视听课堂"系列图书，涵盖了三个图形图像设计行业，它们分别是：

《视听课堂Photoshop CS4平面设计》

《视听课堂Photoshop CS4+ CorelDRAW+ Illustrator产品设计》

《视听课堂Photoshop CS4+CorelDRAW X4包装设计》

对以上职业感兴趣的读者不妨认真学习其中的特殊技巧、操作经验、设计经验以及行业小知识等。相信本套图书会对你的职业选择起到促进的作用。

系列图书的卖点

● 以市场上热门的行业职位为切入点，以练就过硬的职业技能为目的而量身打造。

市场上的各色职业培训学校都不遗余力地推荐考取某种证书，用以证明自己的学识和能力。诚然，证书是各大公司的敲门砖，但是过硬的技术本领才是真正扎根社会的基础。因为只有在公司面试过程中表现出熟练的技艺，才能很快博得各大公司对您的信任与欣赏。

● 通过任务驱动、案例分析、知识提示等栏目，读者可以清晰自己的学习方向和学习重点。

书中设置了大量的商业案例供大家学习和临摹。每个案例都是针对初学者精心挑选和设计的，其中涵盖了一些需要特别注意的重点、难点、知识点以及设计的驱动任务等。希望通过这样结构安排能够让读者有的放矢，提高读者自身的软件操作能力和职业素质。

● 案例式教学，让读者融入到职业环境中，传授一线设计师的设计经验。

书中根据职业的不同特点，设计了不同的分类范围，目的是希望读者全面了解该行业，在将来的工作中能够轻松应对所有的难题。书中的案例均为一线设计师为读者打造的精致案例，其中涵盖了很多设计师独特的设计方法、特殊的操作技巧，以及设计师多年的工作经验，希望能够帮助读者更出色地完成自己的工作。

● 循序渐进，全面掌握软件知识技能并获得举一反三的应变能力。

每本书都分为3个阶段，帮助读者成长。循序渐进的学习手法能够更容易被初学者所接受。当觉得自己的能力已经有一定的发挥余地时，可以跳过某一环节，选择性地学习下一个阶段的某一个案例。

书中大部分案例都模拟了真实的场景，列出客户的修改意见，然后根据意见修改出了第二个设计方案。读者可以从中获得思维上的拓展和举一反三的能力。

● 图解写作手法使读者更能轻松吸收各种知识要点。

本套图书采用双栏写作，图文并茂，结构清晰，语言叙述详细，参数图、效果图以及结局放大图都非常有利于读者轻松阅读并快速吸取各种知识要点。

- 素材、源文件、视频教学，帮助读者更快更轻松地掌握书中的各项内容。

书中每个案例都配有相应的素材、源文件以及视频教学，可以帮助读者轻松提高自身能力。

- 结构层次逐层递增，知识内容难度也逐步增加。

"视听课堂"系列图书首先从新手基础知识大收集到软件技能的大练兵，再到模拟现场的任务驱动，最后到读者自己检验学习成果，结构层次逐渐递增。这一学习流程是专门为从零基础到精通的读者量身设计的。

本书的结构安排

本书的结构如下：

第一阶段：第1~4章，其中涵盖了大量的初级工具、菜单命令、控制面板等基础使用技巧和知识，目的是希望初学者能够在短时间内，通过小案例分解学习的方式，练习并掌握图像处理软件的基本操作技巧和方法。只有熟悉了软件才能够深谈行业知识、行业经验。

第二阶段：第5~11章，重点讲解实际工作中的各种商业案例的设计方法与技巧，目的是希望读者通过本部分的内容全面掌握实际工作中的各种细节与行业知识，甚至是举一反三的能力。其中最有特色的是模拟客户的意见，并提出修改方案。

第三阶段：第12~14章，该部分的目的是希望读者将自己所设计的作品与本章提供的案例相对比，寻找自己或案例中的不足之处，扬长避短，充分理解和提高设计的审美层次。

关于本书内容

《视听课堂Photoshop CS4平面设计》所涉及的行业是平面设计。由于平面设计所涵盖的范围很广，并且Photoshop CS4又是较新的软件版本，因此本书深入浅出，分解为3个阶段，14个章节，内容从软件的基础入门攻略到专业技能培训，再到商业案例现场模拟，最后通过深入剖析揭开实际工作中设计的技巧与重点。

本书通过内容丰富的软件知识与行业知识，以见解独到的分析，全面展现精彩的平面设计案例。希望本书可以帮助初学者快速轻松地进入到平面设计师的行列，并适应目前的市场要求，创作出更多的平面设计艺术作品。

关于本书作者

本书由资深设计师团队鼎力打造，由刘亚利、于洪洲统稿、组织并编著。其中刘传梁、刘传楷、陈良、李颖、韩金城、周莉、李欣倚等二十多位作者也参与了部分章节的写作、插图或录入工作。由于编者水平有限，错误之处在所难免，敬请广大读者批评指正。

编　者
2010年1月

Chapter

1 Photoshop CS4基础入门攻略

Chapter

2 常用工具与案例解析

Chapter

3 菜单命令与案例解析

Chapter

4 面板应用与案例解析

Chapter

5 报纸广告艺术设计

Chapter

6 海报艺术设计

Chapter

7 画册与包装设计

Chapter

8 精彩UI设计

Chapter

9 精彩户外设计

Chapter

10 经典卡片设计

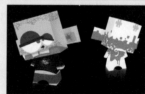

Chapter

1

——Photoshop CS4基础
入门攻略

本章重点讲解新手学习软件前的一些理论知识，如认识Photoshop CS4软件、软件的应用领域、软件的操作界面、常用的文件格式、常用的色彩模式、新增的功能、基本操作等内容。希望通过本章循序渐进的引导，读者能够对软件的功能、特点、基本操作等方面都有所了解，从而尽快进入到平面设计的工作中。

1.1 初识Photoshop CS4

Adobe公司于1990年推出了Photoshop图形图像处理软件，时至今日，Photoshop产品功能的升级速度更加快速，从而在图像处理领域建立了更为牢固的地位。Photoshop CS4版本在2008年9月23日正式发行，该产品是Adobe公司历史上最大规模的一次产品升级。

Photoshop CS4软件充分利用无与伦比的编辑与合成功能，使用户不仅体验到新软件的独特魅力，还大幅提高了工作效率。Adobe Photoshop CS4 Extended在获得 Adobe Photoshop CS4所有功能的同时，还增加了用于编辑基于 3D 模型和动画的内容，以及执行高级图像分析的工具。Photoshop CS4使用全新、顺畅的缩放和遥摄可以定位到图像的任何区域。借助全新的像素网格保持实现缩放到个别像素时的清晰度，并以最高的放大率实现轻松编辑。通过创新的旋转视图工具随意转动画布，可以按任意角度实现无扭曲查看。

总之，Photoshop CS4在保留原有传统功能的基础上，提供了更多的新增功能，它适用于摄影、图形设计、电影、视频、三维动画等领域，可以创造出精彩绝伦的影像世界，如图1-1-1所示。

（a）Photoshop制作合成图像　（b）Photoshop制作插画　（c）Photoshop制作书籍装帧　（d）Photoshop制作海报

图1-1-1

1.2 Photoshop CS4的应用领域

Photoshop CS4的应用领域非常广泛，其中包括平面设计、修复照片、广告摄影、影像创意、艺术文字、网页制作和建筑效果图后期等方面。作为平面设计师，应重点掌握Photoshop CS4在平面设计、修复照片、影像创意、视觉创意和艺术文字等领域的应用，如图1-2-1所示。

领域1：平面设计　　领域2：修复照片　　领域3：广告摄影　　领域4：影像创意

领域5：艺术文字　　　　领域6：网页制作　　　　领域7：建筑效果图后期　　　　领域8：绘画艺术

领域9：处理三维贴图　　　　领域10：婚纱照片设计　　　　领域11：视觉创意　　　　领域12：UI设计

图1-2-1

1.3　Photoshop CS4的操作界面

　　本小节重点介绍软件的操作界面、快捷菜单、工具箱、浮动面板等内容。掌握这些知识内容可以了解最基本的设计利器，因此不熟悉软件的读者可以从本节开始。

1.3.1　工作界面

　　在启动Photoshop CS4软件后，打开任意一幅素材图片，将出现完整的工作界面，如图1-3-1所示。

　　从图中读者可以观察到Photoshop CS4软件的工作界面，其包括了灰色的工作区域、标题栏、菜单栏、工具箱、图像窗口、状态栏、工具属性栏和控制面板等。

> **提示**
>
> 　　CS4的界面更人性化，尤其是菜单栏上多出的一些项目按钮，在很大程度上提高了操作效率，如【查看额外内容】等。

图1-3-1

界面中各个项目的含义如下：

◉ **灰色的工作区域**：Photoshop CS4软件以灰色显示其工作区域，在该区域中包括了工具箱、控制面板、图像窗口。

◉ **标题栏**：用于显示当前应用程序的名称。该栏目的右侧为3个按钮，分别是最小化、最大化和关闭，它们可用于缩小、放大和关闭应用程序窗口。

◉ **菜单栏**：该栏目一共包括11个主菜单，每个主菜单又包括很多子菜单。单击任何主菜单即可显示其子菜单，而这些菜单的主要作用则是为了执行软件对图像处理的各项操作。

◉ **工具箱**：这里包括了各种常用的工具，用于绘图和执行相关的图像处理操作。

◉ **图像窗口**：图像显示区域，用于编辑和修改图像。

◉ **状态栏**：图像窗口底部的横条称为状态栏，它能够提供一些当前操作的帮助信息。

◉ **工具属性栏**：用于设置工具的各项参数。

◉ **控制面板**：用于辅助对图像的处理。

1.3.2 菜单栏

菜单栏一共有11个栏目，只需单击即可弹出子菜单，如图1-3-2（a）所示。

按住【Alt】键不放，再按菜单名中带下画线的字母键，也可以打开相应的子菜单。如按住【Alt】键不放，同时按【F】键则可以打开【文件】菜单，再按【N】键，则可以执行【新建】命令，打开【新建】对话框，如图1-3-2（b）、（c）所示。

（a）主菜单

（b）子菜单　　（c）对话框

图1-3-2

对于子菜单又有一些特定的规则，如在子菜单后面有黑色三角形，则说明该菜单项目下还有子菜单，如图1-3-3（a）所示。

如果子菜单后面是"…"符号，则说明单击该项目会打开相应的对话框，如图1-3-3（b）所示。

如果子菜单呈灰色状态显示，则说明该命令在当前不可用。如果子菜单后面有快捷键，则无须选择该命令，直接按快捷方式执行命令即可。

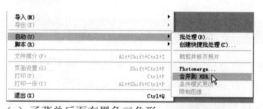

（a）子菜单后面有黑色三角形

（b）子菜单后面是"…"符号

图1-3-3

提示

　　菜单命令后面对应的英文字母组合，表示该菜单命令的快捷方式。如【颜色设置】的快捷方式为【Ctrl+Shift+K】组合键，它表示同时按下键盘上的这3个键，则执行【颜色设置】命令。

1.3.3 工具箱

在Photoshop CS4软件中，其工具箱的默认位置是工作区域的最左边。工具箱中的工具如图1-3-4所示。

工具箱中的工具可用于创建选区、绘图、取样、编辑、移动、注释和查看图像等，也可以更改前景色和背景，还可以采用不同的屏幕显示模式和快速蒙版模式编辑。

工具箱中包含了多种工具，用户可以通过单击直接选择需要的工具，也可以使用快捷方式选择工具，还可以按住【Alt】键不放，在有隐藏工具的工具处单击，这样便可以进行工具间的切换。

图1-3-4

提示

也可以按住【Shift】键不放，再按有隐藏工具的快捷键进行切换。比如，按住【Shift】键不放，再按【M】键，便可在椭圆选框工具和矩形选框工具之间进行切换。另外，在有隐藏工具的图标处右击也可以全部展示其隐藏工具。

当选择的工具不同时，属性栏上的显示也就有所不同，如选择【魔棒工具】和【渐变工具】后的属性栏如图1-3-5所示。

（a）【魔棒工具】的属性栏

（b）【渐变工具】的属性栏

图1-3-5

如果需要保留参数，并在以后的操作中执行相同的设置，则需要使用控制面板中的【工具预设】。如选择【画笔工具】后，设置了一个自己喜欢的画笔大小，以及羽化程度等参数，并希望在后面的操作中反复使用，则可单击【工具预设】面板中的【创建新的工具预设】按钮，打开对话框设置名称，确定后即新增到面板中，如图1-3-6所示。

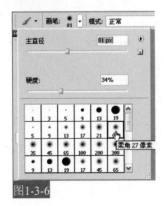

图1-3-6

1.3.4 控制面板

Photoshop CS4软件中有很多的控制面板，如图1-3-7所示。它们分别有着不同的作用，利用这些面板可以方便地对图像进行各种编辑操作，如选择颜色、图层编辑、显示信息等。总之，控制面板在软件中扮演着十分重要的角色。通常情况下，它们会在工作区域的最右边。

如果希望任意浮动某一面板，则按住该面板的选项卡不放，拖移该面板到空白处即可与其他面板分离。反之要与其他面板合并，则拖移到其他选项卡上，面板之间会自动粘合。

隐藏或显示控制面板时，可以通过【窗口】菜单的各项命令进行。如执行【窗口】|【图层】命令，此时该命令前将出现"对勾"图标，且工作区域内显示【图层】面板，如1-3-8所示。

如果读者对各面板的分布进行移动，并重新排列，则重新启动该软件后，仍然会保持重新布置的状态。如果需要恢复默认状态，则执行【窗口】|【工作区】|【默认工作区】命令。

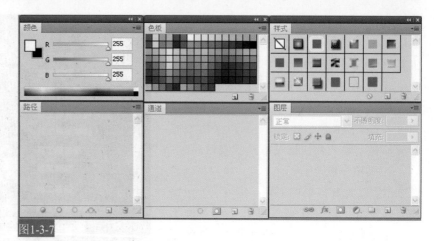

图1-3-7

> **提示**
>
> 按【Tab】键可隐藏所有的控制面板和工具箱，再按【Tab】键，则可以显示所有的面板和工具；按【Shift+Tab】组合键可以关闭所有的控制面板，再按该组合键则可以打开所有的控制面板。

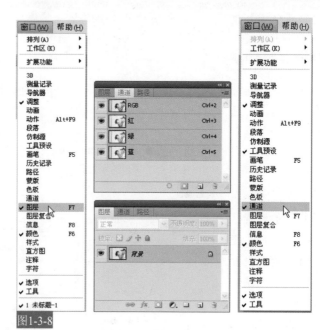

图1-3-8

1.4 常用的文件格式

了解常用的文件格式，对于设计师而言是必须的。常用的文件格式有PSD格式、JPEG格式、PDF格式、PNG格式及GIF格式，不同的文件格式有着不同的特点，下面一一介绍。

1．PSD格式

PSD格式保存的图像可以包含图层、通道及色彩模式。具有调节层、文本层的图像也可以用该格式保存。若要保留图像数据信息，以便下次接着编辑，应将文件保存为PSD格式。若图像需要出片，为确保不失真，一般也将其保存为PSD格式，如图1-4-1所示。

（a）PSD格式的图像　　　　　　（b）PSD格式的图层面板

图1-4-1

2．JPEG格式

JPEG图像文件格式主要用于图像预览及超文本文档，如HTML文档等。它支持RGB、CMYK及灰度等色彩模式。使用JPEG格式保存的图像经过高倍率的压缩，可使图像文件变得较小，但会丢掉部分不易察觉的数据，因此，在印刷时不宜使用这种格式，如图1-4-2所示。

（a）JPEG格式的图像　　　　　（b）JPEG格式的图层面板

图1-4-2

3．PDF格式

PDF是Adobe公司用于Windows、Mac OS、UNIX（R）和DOS系统的一种电子出版软件的图像文件格式。PDF文件可以包含矢量和位图图形，还可以包含导航和电子文档查找功能，如图1-4-3所示。

（a）PDF格式的图像　　　　　　（b）PDF格式的图层面板

图1-4-3

4．PNG格式

PNG格式的全名是流式网络图形格式，它可以保留图像中的透明区域，比较适合在网络传输中生成和显示图像，如网页中的图标设计。PNG格式允许连续地读出和写入图像数据，如图1-4-4所示。

（a）PNG格式的图像　　　　　（b）PNG格式的图层面板

图1-4-4

5.GIF格式

GIF（图形交换格式）图像文件格式是CompuServe（美国最大的在线信息服务机构之一）提供的一种格式，支持BMP、Grayscale、Indexed Color等色彩模式。可以进行LZW压缩，缩短图形加载的时间，使图像文件占用较少的磁盘空间，如图1-4-5所示。

（a）GIF格式的图像　　　　　　（b）GIF格式的图层面板

图1-4-5

6.BMP格式

BMP图像文件格式是一种标准的点阵式图像文件格式，支持RGB、Indexed Color、灰度和位图色彩模式，但不支持Alpha通道，如图1-4-6所示。

（a）BMP格式的图像　　　　　　（b）BMP格式的图层面板

图1-4-6

7.TIFF格式

TIFF（标签图像文件格式）图像文件格式是为色彩通道图像创建的最有用的格式，可以在许多不同的平台和应用软件间交换信息，其应用相当广泛，如图1-4-7所示。

（a）TIFF格式的图像　　　　　　（b）TIFF格式的图层面板

图1-4-7

1.5　常用的色彩模式

Photoshop CS4中的色彩模式，可以真实地反映精彩的视觉图像效果。了解色彩模式概念并加以运用，对于图像的明暗度、饱和度、对比度的校正都可以起到非常重要的作用，还可以使设计师达到对色彩的完美追求。

1.5.1　认识常用的色彩模式

由于成色原理的不同，决定了显示器、投影仪、扫描仪等靠色光直接合成颜色的颜色设备和打印机、印刷机等靠使用颜料的印刷设备在生成颜色方式上的区别。生成颜色的方式就是色彩模式。下面介绍几种常用的色彩模式。

1．RGB模式

RGB色彩就是常说的三原色，R代表Red（红色），G代表Green（绿色），B代表Blue（蓝色）。之所以称为三原色，是因为在自然界中肉眼所能看到的任何色彩都可以由这3种色彩混合叠加而成，因此也称为加色模式。RGB模式是一种色光表示模式，它被广泛应用于生活中，如电视机、计算机显示屏、幻灯片等都是利用光来呈色的，如图1-5-1所示。

（a）RGB模式

（b）RGB通道面板

2．CMYK模式

CMYK是印刷上常用的4种颜色，C代表青色，M代表洋红色，Y代表黄色，K代表黑色。其中，黑色的作用是强化暗调，加深暗部色彩。因为在实际应用中，青色、洋红色和黄色很难叠加形成真正的黑色，最多不过是褐色而已，因此引入了K。CMYK模式所显示的色域比RGB窄，如图1-5-2所示。

（a）CMYK模式

（b）CMYK通道面板

图1-5-2

> **提示**
>
> 在显示和处理图像的时候，最好使用RGB模式。而在用印刷色打印输出图像的时候，最好使用CMYK模式。

3．灰度模式

灰度模式只有黑、白、灰3种颜色而没有彩色。所谓灰度色，就是指纯白、纯黑及两者中的一系列从黑到白的过渡色。通常所说的黑白照片、黑白电视，实际上称为灰度照片、灰度电视才确切。灰度色中不包含任何色相，即不存在红色、黄色等颜色。灰度隶属于RGB色域（色域指色彩范围），但不同的是，在灰度模式下只有一个灰色通道，如图1-5-3所示。

（a）RGB模式

（b）灰度模式

（c）灰度模式的通道面板

图1-5-3

1.5.2 色彩模式之间的互换

图像色彩模式之间可以相互转换，如将RGB模式转换为CMYK模式，位于CMYK色域外的RGB颜色值将被调整到色域之内。反之也可以由CMYK转换成RGB，甚至可以转换成灰度、Lab等各种所需模式。下面列举RGB与CMYK模式之间的转换，读者就可以一目了然了。

要将RGB模式转换为CMYK模式，首先打开原始RGB图片，然后执行【图像】|【模式】|【CMYK颜色】命令，即可转换该图片为CMYK模式。从【通道】面板可以辨别出其不同点，如图1-5-4所示。

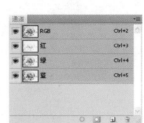

原始图像　　　　　　　　　RGB通道面板　　　　　　　模式转换菜单命令

确定警示框　　　　　　　　转换为CMYK模式　　　　　　CMYK通道面板

图1-5-4

提示
要确保图像与转换前效果一致，在模式转换前，最好对RGB模式的图像进行备份。因为如果要将RGB模式转换为CMYK模式，图像中的颜色会产生一定的色差，图像效果也会受到一定的影响。两种模式的图像效果只能调节到基本一致的状态，而不可能完全一致，其原因很简单，因为色彩模式是不同的。

在转换的过程中，有些图像会因为饱和度过高、颜色过亮而影响效果，所以在调整颜色的时候，应尽量避免将饱和度设置得过高，如图1-5-5所示。

提示
CMYK是适合印刷的颜色，所以在最后印刷的时候，成品都应当转换成CMYK模式，以保证与电脑屏幕上的色彩一致。但是RGB又可以保证所有的菜单命令处于可用状态，所以建议在设计作品的过程中采用RGB模式，而在打印的时候采用CMYK模式。

（a）饱和度高的RGB图像　　（b）CMYK图像

图1-5-5

1.6 Photoshop CS4的新增功能

1．创新的 3D 绘图与合成

借助全新的光线描摹渲染引擎，可以直接在 3D 模型上绘图、用 2D 图像绕排 3D 形状、将渐变图转换为 3D 对象、为层和文本添加深度、实现打印质量的输出并导出到支持的常见 3D 格式，如图1-6-1所示。

（a）原始图像　　　　　　（b）将图像转化为3D图像

图1-6-1

2．调整面板

通过轻松使用所需的各个工具简化图像调整，实现无损调整并增强图像的颜色和色调。另外，新的实时和动态调整面板中还包括图像控件和各种预设，如图1-6-2所示。

（a）设置调整面板　　　　　　（b）调整面板

图1-6-2

3．蒙版面板

可以从新的蒙版面板快速创建和编辑蒙版。该面板为用户提供了所需要的全部工具，可用于创建基于像素和矢量的可编辑蒙版、调整蒙版密度和羽化、轻松选择非相邻对象等，如图1-6-3所示。

（a）原始图像　　　（b）蒙版效果　　　（c）蒙版面板

图1-6-3

4．流体画布旋转

现在只需单击即可随意旋转画布，按任意角度实现无扭曲的查看和绘图，使绘制过程变得更加简单，如图1-6-4所示。

（a）原始图像　　　　　　（b）流体画布旋转

图1-6-4

5．图像自动混合

使用增强的自动混合层命令，可以根据不同焦点的一系列照片轻松创建一个图像，该命令可以顺畅混合颜色和底纹，现在又延伸了景深，可自动校正晕影和镜头扭曲，如图1-6-5所示。

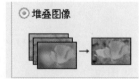

（a）图像自动混合　　　（b）两个图层混合
图1-6-5

6．更顺畅的遥摄和缩放

使用全新、顺畅的缩放和遥摄，可以轻松定位到图像的任何区域。借助全新的像素网格保持缩放到个别像素时的清晰度，并以最高的放大率实现轻松编辑，如图1-6-6所示。

（a）原始图像　　　（b）放大局部　　　（c）导航器
图1-6-6

7．内容感知型缩放

创新的全新内容感知型缩放功能可以在调整图像大小时自动重排图像，且在图像调整为新的尺寸时智能保留重要区域。一步到位制作出完美图像，而无须高强度裁剪与润饰，如图1-6-7所示。

（a）原始图像　　　（b）内容感知型缩放
图1-6-7

8．图层自动对齐

使用增强的自动对齐层命令创建出精确的合成内容。通过移动、旋转或变形层，可以更精确地对齐它们。也可以使用球体对齐创建出令人惊叹的全景效果，如图1-6-8所示。

图1-6-8

9．更远的景深

将曝光度、颜色和焦点各不相同的图像（可选择保留色调和颜色）合并为一个经过颜色校正的图像，如图1-6-9所示。

（a）曝光不同的两张照片　　　（b）合并校正后的图像
图1-6-9

10．增强的动态图形编辑

借助全新的单键式快捷键可以更有效地编辑动态图形，而使用全新的音频同步控件则可以实现可视效果与音频轨道中特定点的同步，使3D对象变为视频显示区。

11．更强大的打印选项

借助出众的色彩管理与先进打印机型号的紧密集成，以及预览溢色图像区域的能力实现卓越的打印效果。Mac OS 上的 16 位打印支持提高了颜色深度和清晰度，如图1-6-10所示。

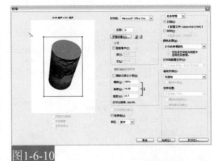
图1-6-10

提示

通过打印选项的预览图像可以清楚地知道图像在图片中的位置。如果超出页面范围，可以勾选【缩放以适合介质】复选框，以便软件自动缩放打印图像使之与纸张相适合。

12．更好的原始图像处理

使用行业领先的 Adobe Photoshop Camera Raw 5 插件，在处理原始图像时可以实现出色的转换质量。该插件现在提供本地化的校正、裁剪后晕影、仿制、TIFF 和 JPEG 处理，以及对 190 多种相机型号的支持，如图1-6-11所示。

图1-6-11

13．与其他 Adobe 软件集成

可以借助 Photoshop Extended 与其他 Adobe 应用程序之间增强的集成来提高工作效率，这些应用程序包括 Adobe After Effects、Adobe Premiere Professional 和 Adobe Flash Professional 软件。

14．业界领先的颜色校正

提供大幅增强的颜色校正功能，以及经过重新设计的减淡、加深和海绵工具，而且可以智能保留颜色和色调详细信息，如图1-6-12所示。

（a）颜色校正前　（b）颜色校正后
图1-6-12

15．文件显示选项

选项卡式的文档显示或其他视图便于轻松使用多个打开的文件，如图1-6-13所示。

图1-6-13

1.7 Photoshop CS4的基本操作

初学者必须快速掌握Photoshop CS4软件的基本操作，这样才可以非常容易走进新软件的学习殿堂。下面采用深入浅出的语言进行叙述，读者可以亲自动手尝试一下。

1. 新建文件

在制作一幅图像文件之前，首先需要建立一个空白图像文件。其操作过程是：执行【文件】|【新建】命令，打开【新建】对话框，如图1-7-1所示。

图1-7-1

> **提示**
> 使用下列任意一种方法均可打开【新建】对话框。一是执行【文件】|【新建】命令。二是按键盘上的【Ctrl+N】组合键。三是按住键盘上的【Ctrl】键不放，在工作区中双击。

2. 存储文件

当编辑完成一幅图像后，必须将图像保存起来，以防止因为停电或是死机等意外而使文件丢失。执行【文件】|【存储】命令，即可将当前文件保存起来。若文件是第一次存储，执行【存储】命令时，就会打开【存储为】对话框，以指定存储路径，如图1-7-2所示。

图1-7-2

> **提示**
> 对于已经保存过的图像，重新编辑后执行【文件】|【存储】命令，将不再打开【存储为】对话框，而直接覆盖原文件进行保存。

3. 关闭文件

要关闭某个图像文件，只需要关闭该文件对应的文件窗口就可以了，方法是：单击文件窗口右上角的【关闭】按钮⊠，或是执行【文件】|【关闭】命令。若关闭的文件进行了修改而没有保存，则系统会打开一个提示对话框询问用户是否在关闭文件前进行保存，如图1-7-3所示。

图1-7-3

> **提示**
> 关闭文件是按【Ctrl+W】组合键。关闭全部文件是执行【文件】|【关闭全部】命令或是使用【Alt+Ctrl+W】组合键。

4. 调整画布的尺寸

在编辑图像的过程中，可更改画布的大小。执行【图像】|【画布大小】命令，在打开的【画布大小】对话框中修改画布的【宽度】和【高度】参数即可。

如图1-7-4所示为原图像文件，执行【图像】|【画布大小】命令，打开【画布大小】对话框，可以看

见当前画布大小。默认"定位"位置为中央（中间的白色正方形），表示增加或减少画布时图像中心的位置，增加或者减少的部分会由中心向外进行扩展。当然也可以手动选择其他中心位置。

（a）原始图像

图1-7-4

（b）默认中心位置

（c）手动选择位置

5．旋转画布中的图像

要对整个图像进行旋转和翻转操作，可以执行【图像】|【图像旋转】命令，在打开的子菜单中选择相应设置项来完成。各种翻转画布的效果如图1-7-5所示。

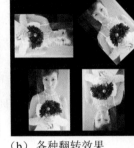

（a）旋转画布子菜单

（b）各种翻转效果

图1-7-5

6．标尺的显示

执行【视图】|【标尺】命令，或按【Ctrl+R】组合键，图像窗口的上边缘和左边缘就会出现标尺，此时在菜单中的【标尺】命令前面会出现一个【√】符号表示选中。再次执行【标尺】命令或按【Ctrl+R】组合键则会隐藏标尺，而【标尺】命令前面的【√】符号也会消失，如图1-7-6所示。

（a）未显示标尺

（b）显示标尺

图1-7-6

提示

执行【编辑】|【首选项】|【单位与标尺】命令，打开【首选项】对话框，在第一栏的下拉菜单中选择【单位与标尺】，以便设置标尺的单位。

7．放大图像与缩小图像

选择缩放工具，在属性栏中单击【放大】按钮🔍后，在需要放大的图像上拖曳鼠标，图像被放大。单击鼠标左键，每单击一次，图像便放大到下一个预设百分比。当图像到达最大放大级别时，放大镜将显示为🔍。按住【Alt】键，鼠标指针变为中心有一个减号的按钮🔍，单击要缩小的图像区域的中心。当图像到达最大缩小级别时，放大镜显示为🔍。局部放大效果如图1-7-7所示。

（a）原始大小

（b）放大局部

图1-7-7

8．百分百显示图像

鼠标双击工具箱中的缩放工具，可使图像以100%的比例显示，这和单击 实际像素 按钮相同。

另外，还有3种方法可以调整图像指定的显示比例。一是在窗口左下角的缩放比例数值文本框中输入需要的显示比例。二是在【导航器】调板左下角的缩放比例数值文本框中输入需要的显示比例。三是在【导航器】面板中拖动显示比例的滑块，如图1-7-8所示。

图1-7-8

9．在窗口中移动显示区域

抓手工具的作用是查看图像局部未显示的区域。在工具箱中选择【抓手工具】后，移动鼠标指针（指针呈状）至图像窗口中，按住鼠标左键拖动鼠标移动图像查看未显示的区域。

双击工具箱中的【抓手工具】，可使图像完全显示。如果要在已选择其他工具的情况下使用【抓手工具】，可在拖移图像时按住空格键，如图1-7-9所示。

图1-7-9

10．改变图像尺寸

图像的尺寸与分辨率有关，相同尺寸的图像，分辨率越高的就会越清晰。当图像的像素数目固定时，改变分辨率，图像的尺寸就随之改变。同样，如果图像的尺寸改变，则其分辨率也必将随之变动。执行【图像】|【图像大小】命令，打开【图像大小】对话框，在该对话框里更改图像文件的大小，如图1-7-10所示。

图1-7-10

提示 按【H】键也可以快速选择工具箱中的【抓手工具】。

提示 按【Alt+Ctrl+I】组合键也可以打开【图像大小】对话框。

提示 若对"背景"图层进行变换，需要解除该图层的锁定状态。双击该图层便可对其进行解锁。

11．变换命令

在使用Photoshop CS4进行图像处理时，变换图像是经常进行的操作步骤，它可以使图像产生缩放、旋转、扭曲、斜切和透视等多种变形。

在Photoshop CS4里，可通过使用【编辑】|【变换】命令使图像变形。打开图像文件，分别选择【变换】命令子菜单中的各种命令，调整控制点即可变换图像的形状，如图1-7-11所示。

12．自由变换

执行【编辑】|【自由变换】命令或者按【Ctrl+T】组合键，打开【自由变换】调节框。要对图像进行缩放，可以直接拖移控制点。按住【Shift】键的同时拖移手柄可按比例缩放图像。要将图像通过拖移进行旋转时，将鼠标指针移动到定界框外部，此时若指针变为弯曲的双向箭头↰，即可旋转。旋转的同时按住【Shift】键可将旋转限制为按15°增量进行。在使用自由变换命令旋转图像时，移动旋转中心点，旋转对象将以移动后的中心点进行旋转。

完成【自由变换】操作后，按【Enter】键或者是单击属性栏中的☑按钮，或者在变换选框内单击两次即可应用变换。若要取消该操作，则按【Esc】键，或者单击属性栏中的◎按钮，如图1-7-12所示。

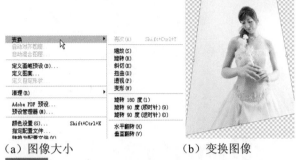

（a）图像大小　　　（b）变换图像

图1-7-11

图1-7-12

> **提示**
>
> 【自由变换】与【变换】命令都是对图像进行旋转或扭曲等操作，但是前者是通过快捷方式手动执行得到变换结果，而后者是通过选择菜单中的命令执行并得到结果。

1.8 本章小结

通过本章的学习，读者可以很好地规划自己的学习之路。首先读者应当了解该软件可以应用到哪些方面，自己对这些方面中的某一项是否感兴趣，然后再决定是否学习该软件。如果有了目标并进一步了解了软件的界面、软件的格式、软件的色彩模式、新功能和基本操作等内容，就会对将来的设计工作起到重要的作用。

Chapter

2

——常用工具与案例解析

　　本章重点学习工具箱中各种常用工具的应用方法和技巧，目的是为了让初学者能够在一开始就掌握好基础的操作方法，只有了解并熟悉了软件的各项操作，才能在以后的设计道路上越走越顺。实现一个案例的方法有多种，通过本章的学习，大家可以思考各案例的制作方法有没有相同之处，或互相可以融合借鉴的地方，只有勤练习、勤思考，最终才能将平时所学的点滴知识应用到实际中。希望本章内容能够帮助读者走出设计的第一步。

2.1 Photoshop CS4常用工具介绍

本章节主要讲解钢笔工具、橡皮擦工具组、历史记录画笔工具、加深与减淡工具、移动工具、缩放工具、文字工具、选框工具组、套索工具组、图案图章工具、裁剪工具等常用工具的应用方法与基础理论知识。希望读者能够掌握其中要点并加以灵活运用，从而为自己的设计之路打下良好基础。

2.1.1 钢笔工具

使用【钢笔工具】🖋可以创建直线路径和曲线路径。【钢笔工具】🖋的属性栏如图2-1-1所示。勾选属性栏中的"自动添加/删除"复选框，在创建路径的过程中光标有时会自动变成🖋或🖋，提示用户增加或删除锚点，以精确控制创建的路径。

图2-1-1

- 🔲形状图层：使用钢笔工具可创建形状图层。按下该按钮后，【图层】面板会自动添加一个新的形状图层。形状图层可以理解为带形状剪贴路径的填充图层，图层中间的填充色默认为前景色。单击缩略图可改变填充颜色。

- 🔲路径：按下该按钮后，使用形状工具或钢笔工具绘制图形时，只产生工作路径，不产生形状图层和填充色。

- 🔲填充像素：按下此按钮后，绘制图形时，既不产生工作路径，也不产生形状图层，但会使用前景色填充图像。这样绘制的图像将不能作为矢量对象编辑。

- 🔲添加到路径区域：在旧形状区域的基础上，增加新的形状区域，形成最终的形状区域。

- 🔲从路径区域减去：在旧的形状区域中，减去新的形状区域和旧的形状区域相交的部分，形成最终的形状区域。

- 🔲交差路径区域：新的形状区域与旧的形状区域相交的部分为最终区域。

- 🔲重叠路径区域除外：在旧的形状区域的基础上，增加新的形状区域，然后再减去新旧相交的部分，形成最终的形状区域。

- 🔲橡皮带：单击▾按钮后出现在下拉菜单中的选项。勾选该选项后，当在图像上移动鼠标时，会有一条假想的线段，只有在单击鼠标时，这条线段才会真正存在。

使用钢笔工具在图像中建立第一个锚点时光标为🖋，以后每单击一次鼠标，就会建立一个路径锚点，连续在不同位置单击鼠标建立锚点的同时，系统会依次在锚点间连接直线形成路径。若要建立曲线路径，可在单击后拖动鼠标，产生方向线及方向点，拖动方向点可以改变方向线方位，并且锚点间的曲线也会随之变化，确定后松开鼠标按键即可。

操作演示——钢笔工具

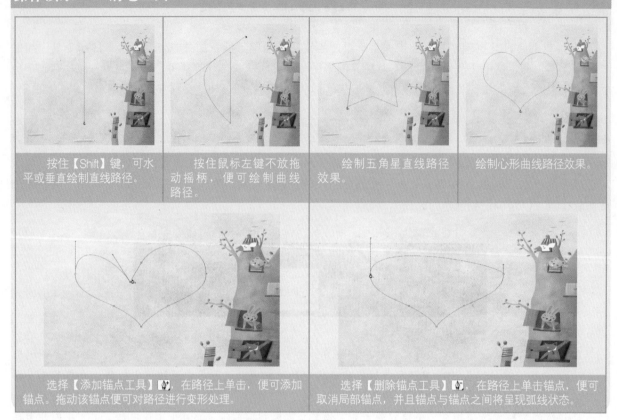

| 按住【Shift】键,可水平或垂直绘制直线路径。 | 按住鼠标左键不放拖动摇柄,便可绘制曲线路径。 | 绘制五角星直线路径效果。 | 绘制心形曲线路径效果。 |

| 选择【添加锚点工具】,在路径上单击,便可添加锚点。拖动该锚点便可对路径进行变形处理。 | 选择【删除锚点工具】,在路径上单击锚点,便可取消局部锚点,并且锚点与锚点之间将呈现弧线状态。 |

2.1.2 历史记录画笔工具

【历史记录画笔工具】的属性栏如图2-1-2所示。它能够依照【历史记录】面板中的快照和某个状态,将图像的局部或全部还原到以前的状态。

图2-1-2

与历史记录相关的工具包括【历史记录画笔工具】和【历史记录艺术画笔工具】。【历史记录画笔工具】必须和【历史记录】面板配合使用。它可用于恢复操作,但它不是将整个图像都恢复到以前的状态,而是对图像的部分区域进行恢复,因而可以对图像进行更加细微地控制。

【历史记录艺术画笔工具】与【历史记录画笔工具】功能类似,操作方法也非常接近,不同点在于【历史记录画笔工具】可以把局部图像恢复到指定的某一步操作,而【历史记录艺术画笔工具】则可以将局部图像按照指定的历史状态转换成手绘图的效果。

操作演示——历史记录画笔工具

选择【历史记录画笔工具】，依照【历史记录】面板中的某个操作步骤，将图像的局部还原到以前的状态。

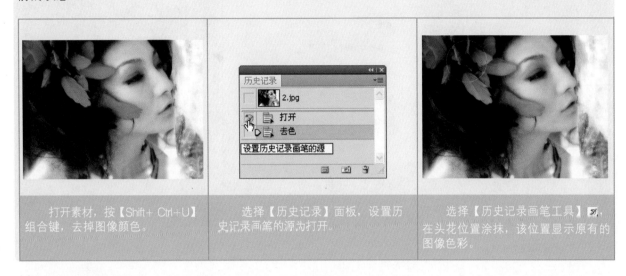

| 打开素材，按【Shift+ Ctrl+U】组合键，去掉图像颜色。 | 选择【历史记录】面板，设置历史记录画笔的源为打开。 | 选择【历史记录画笔工具】，在头花位置涂抹，该位置显示原有的图像色彩。 |

2.1.3 橡皮擦工具组

1. 橡皮擦工具

【橡皮擦工具】主要用来擦除当前图像中的颜色。选择工具箱中的【橡皮擦工具】，在图像中按住鼠标左键，同时拖移鼠标时，鼠标经过区域的像素值将被改变为透明色或者背景色。若在【画笔】面板中将笔尖的间距设置为80％，便可在擦除的位置出现花边样的形状。【橡皮擦工具】的属性栏如图2-1-3所示。

图2-1-3

在属性栏中勾选"抹到历史记录"复选框，可将受影响的区域恢复到【历史记录】面板中所选的状态，而不是透明色，这个功能称为"历史记录橡皮擦"。

【橡皮擦工具】有3种模式，分别是"画笔"、"铅笔"和"块"。使用这些模式可以对橡皮擦的擦除效果进行更加细微的调整。对应不同的模式，属性栏会发生相应的变化。

操作演示——橡皮擦工具

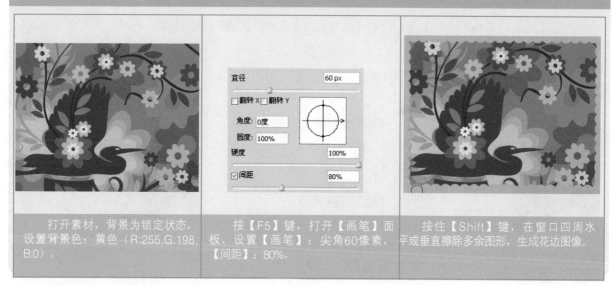

| 打开素材，背景为锁定状态，设置背景色：黄色（R:255,G:198,B:0）。 | 按【F5】键，打开【画笔】面板，设置【画笔】：尖角60像素，【间距】：80%。 | 按住【Shift】键，在窗口四周水平或垂直擦除多余图形，生成花边图像。 |

2. 背景橡皮擦工具

与【橡皮擦工具】相比，使用【背景橡皮擦工具】，可以将图像擦除到透明色，并且可在属性栏上设置不同的【限制】选项，从而可以更精确地擦除不需要的图像。它的属性栏如图2-1-4所示，具体设置如下：

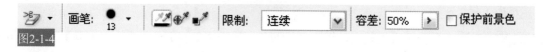

图2-1-4

首先在"设置限制模式"下，在"限制"下拉列表中可以设置擦除边界的连续性，其中包括"不连续"、"连续"和"查找边缘"3个选项。

◎不连续：抹除出现在画笔上任何位置的样本颜色。

◎连续：抹除包含样本颜色并且相互连接的区域。

◎查找边缘：抹除包含样本颜色连接区域，同时更好地保留形状边缘的锐化程度。

其次是在"设置容差模式"下，该项用于确定擦除图像或选取的容差范围（1%~100%），数值越大，表明擦除的区域颜色与基准色相差越大。

然后在"设置保护前景色"模式下，把不希望被擦除的颜色设为前景色，再选中此复选框，就可以达到擦除时保护颜色的目的，这正好与前面的"容差"相反。

最后为设置取样方式，在背景橡皮擦工具属性栏中有3个按钮，依次为"连续"、"一次"、"背景色板"，单击任意一个按钮，可以设置取样的方式。

◎连续：鼠标指针在图像中不同颜色区域移动，则工具箱中的背景色也将相应地发生变化，并不断地选取样色。

◎一次：先单击选取一个基准色，然后一次把擦除工作完成，这样，它将把与基准色一样的颜色擦除掉。

◎背景色板：表示以背景色作为取样颜色，只擦除选取中与背景色相似或相同的颜色。

操作演示——背景橡皮擦工具

打开素材。

单击下拉按钮，打开【画笔】面板，设置参数。

设置属性栏的【限制】：查找边缘，在窗口涂抹擦除天空图像。

3. 魔术橡皮擦工具

　　【魔术橡皮擦工具】　是【魔棒工具】与【背景橡皮擦工具】的综合。它是一种根据像素颜色来擦除图像的工具，用【魔术橡皮擦工具】　在图层中单击时，所有相似的颜色区域被擦掉而变成透明的区域，其属性栏如图2-1-5所示。

图2-1-5

◎消除锯齿：选中该复选框，会使擦除区域的边缘更加光滑。

◎连续：选中该复选框，则只擦除与连续区域中颜色类似的部分，否则会擦除图像中所有颜色类似的区域。若取消选中"连续"复选框，在擦除过程中，将擦除出现在画笔上任何位置的相同样本颜色。

◎对所有图层取样：勾选该复选框，则可以利用所有可见图层中的组合数据来采集色样，否则只采集当前图层的颜色信息。

操作演示——背景橡皮擦工具

打开素材。

设置属性栏上的【容差】：100%，去掉【连续】复选框前面的勾选状态，在窗口中单击蓝色像素，擦除天空图像。

2.1.4 加深减淡工具

【减淡工具】 是传统的暗室工具，使用它可以加亮图像的某一部分，使之达到强调或突出表现的目的，同时对图像的颜色进行减淡。其属性栏如图2-1-6所示。

图2-1-6

【加深工具】 与【减淡工具】 相反，它通过使图像变暗来加深图像的颜色。加深工具通常用来加深图像的阴影或对图像中有高光的部分进行暗化处理。其属性栏如图2-1-7所示。

图2-1-7

这里需要特别介绍的是它们的【范围】和【曝光度】。

- 范围：在下拉列表中有3个选项，分别是【暗调】、【中间调】和【高光】。选择【暗调】，只作用于图像的暗色部分；选择【中间调】，只作用于图像中暗色和亮色之间的部分；选择【高光】，只作用于图像的亮色部分。
- 曝光度：设置图像的曝光强度。强度越大，则图像越亮。

操作演示——背景橡皮擦工具

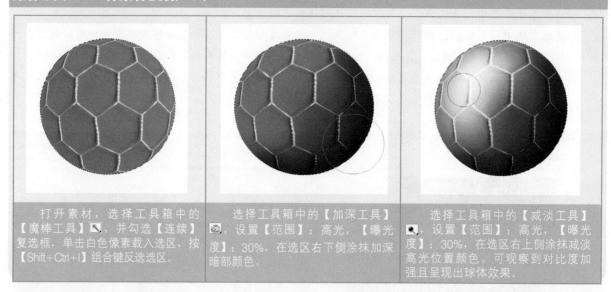

打开素材，选择工具箱中的【魔棒工具】 ，并勾选【连续】复选框，单击白色像素载入选区，按【Shift+Ctrl+I】组合键反选选区。

选择工具箱中的【加深工具】 ，设置【范围】：高光，【曝光度】：30%，在选区右下侧涂抹加深暗部颜色。

选择工具箱中的【减淡工具】 ，设置【范围】：高光，【曝光度】：30%，在选区右上侧涂抹减淡高光位置颜色。可观察到对比度加强且呈现出球体效果。

2.1.5 移动工具

1. 移动选区内容

操作方法：首先建立一个选区，选择工具箱中的【移动工具】 ，将鼠标指针移动到选区上，按下左键不放并拖动鼠标，将选区中的图像拖动到目标位置，放开鼠标左键，将图像移动到其他位置后，原位置将被背景色填充。

如果在使用其他工具时要临时使用移动工具，可按住【Ctrl】键，然后拖动图像。除了可以在图像内部移动选区图像外，还可将选区中的图像移至另一个图像中，该图像在另一个图像中将自动作为一个新的图层被编辑。

操作演示——移动选区内容

打开素材。　选择工具箱中的【矩形选框工具】，绘制矩形选区。　选择工具箱中的【移动工具】，拖动选区内容。

2. 复制选区内容

在移动选区的过程中，如果按住【Alt】键，则会将选区中的图像复制到目标位置，这种方法可使原位置的图像不产生变化。

操作演示——复制选区内容

打开素材，选择工具箱中的【魔棒工具】，单击载入天空选区，并按【Shift+Ctrl+I】组合键反选选区。　选择工具箱中的【移动工具】，按住【Alt】键，向右下侧拖移复制选区内容。　按【Ctrl+D】组合键，取消选区，复制选区内容效果。

2.1.6 缩放工具

在编辑图像的过程中，为了更方便地进行操作，经常需要放大或缩小图像的显示比例。如编辑图像的局部时，通常需要放大图像，而查看整体图像效果时，通常需要缩小图像。

操作演示——缩放工具

| 打开素材。 | 选择工具箱中的【缩放工具】，单击【放大】按钮，在窗口单击放大图像。 | 按住【Alt】键，在窗口单击即可缩小图像。 |

2.1.7 文字工具

在Photoshop CS4中可以使用文字工具创建文字。文字工具主要包括【横排文字工具】、【直排文字工具】、【横排文字蒙版工具】和【直排文字蒙版工具】4个工具，按【Shift+T】组合键，可以在这4个工具之间进行切换。文字工具的属性栏内容基本相同，只有对齐方式按钮在选择水平或垂直文字工具时不同，水平文字工具的属性栏如图2-1-8所示。

图2-1-8

- 更改文本方向：单击此按钮，可以将选择的水平方向文字转换为垂直方向，或将选择的垂直方向文字转换为水平方向。
- Arial 字体：确定输入文字使用的字体。可以在输入文字后再在此选项窗口中重新设置字体类型。
- Regular 字形：确定输入文字使用的字体形态，其下拉列表中包括"Regular"（规则的）、"Italic"（斜体）、"Bold"（粗体）、"Bold Italic"（粗斜体）4个选项。
- T 30点 字号：在数字框中输入文字的字体大小或从下拉列表中选择文字大小。
- aa 锐化 消除锯齿：确定文字边缘的平滑程度，包括"无"、"锐化"、"明晰"、"强"和"平滑"5种方式。
- 对齐方式：当选择T和工具时，对齐方式按钮显示为，分别表示左对齐、水平中心对齐和右对齐；当选择T和工具时，对齐方式按钮显示为，分别表示顶对齐、垂直中心对齐和底对齐。
- 设置文本颜色：确定输入文字的颜色。单击此色块，可以在打开的"拾色器"对话框中修改选择的文字颜色。
- 创建变形文本：设置输入文字的变形效果。只有在文件中输入文本后，此按钮才可被激活。
- 切换字符和段落面板：单击此按钮，可显示或隐藏【字符】和【段落】面板。

操作演示——文字工具

打开素材。

选择工具箱中的【直排文字工具】，在窗口左上侧输入文字并按【Ctrl+Enter】组合键确定。

选择工具箱中的【横排文字工具】，在窗口输入文字。

按住【Ctrl】键，打开调节框并放大旋转图像。

按【Ctrl+Enter】组合键，确定最终效果。

2.1.8 选框工具组

　　选框工具用于选择规则的图像，其包括【矩形选框工具】、【椭圆选框工具】、【单行选框工具】和【单列选框工具】。这4个工具在工具箱中位于同一个工具组，可以根据指定的几何形状来建立选区。

　　在工具箱的工具按钮上有一个小三角形，表示这是一个工具组，在该按钮上单击并按住不放，即可打开该工具组包含的所有工具。

　　选框工具组中各工具属性栏中相应选项的含义如下：

　　◎工具设定：单击旁边的小三角形，可打开如图2-1-9所示的工具选择列表，在其中可选择其他任意工具，并将属性栏改变成相应的样式。

图2-1-9

○▫▫▫▫选择范围运算：这4个图标用于计算当前要建立的选区与已经建立好的选区的关系。▫按钮用于建立单独的新选区；▫按钮用于将新建选区与原有选区合并，构成新的选区，简称为【加选】；▫按钮从原有选区基础上减去新建立的选区，将剩余部分构成选区，简称为【减选】；▫按钮用于将前后两次选区的交叉部分构成新的选区，简称为【选择相交】。

○羽化：在羽化输入框中可设定所选区域边界的羽化程度。

○消除锯齿：选中该复选框可将所选区域边界的锯齿边缘消除。

○样式：在该下拉列表框中可变换不同的选区创建形式。选择【正常】选项，选区大小由用户移动鼠标来控制；选择【固定长宽比】选项，只能按设置的【宽度】和【高度】的比例来创建选区，默认为1:1；选择【固定大小】选项，则按指定的【宽度】和【高度】值来创建选区。

1. 矩形选框工具

选择工具箱中的【矩形选框工具】▫后，在属性栏中会显示所选工具的选项，如图2-1-10所示。

图2-1-10

操作演示——矩形选框工具

| 选择工具箱中的【矩形选框工具】▫，便可在窗口随意绘制矩形选区。 | 按住【Shift+Alt】组合键，将以起始点为中心，等比例绘制矩形选区。 | 按【Shift+Ctrl+I】组合键，可反选选区。按【Delete】键，则可删除选区内容。 |

2. 椭圆选框工具

【椭圆选框工具】同样用于创建规则选区，配合快捷键的使用，能够方便地对图像进行操作。

操作演示——椭圆选框工具

| 打开素材，按【Ctrl+R】组合键，打开标尺并绘制参考线。 | 按住【Shift+Alt】组合键，以参考线交接处为中心点，向外等比例绘制正圆选区。 | 按【Shift+Ctrl+I】组合键，可反选选区。按【Delete】键，可删除内容。按【Ctrl+H】组合键，可隐藏参考线与选区。 |

3. 单行选框工具与单列选框工具

【单行选框工具】和【单列选框工具】用于选择高度为1像素或宽度为1像素的选区。

选择单行或单列选框工具，在要选择的区域旁边单击，然后拖移选框到确切的位置。如果看不见选框，则可增加图像视图的放大倍数。

操作演示——矩形选框工具

| 打开素材。 | 选择工具箱中的【单行选框工具】，在文件窗口中绘制单行选区。 | 选择工具箱中的【单列选框工具】，在文件窗口中绘制单列选区。 |

2.1.9 套索工具组

1. 多边形套索工具

【多边形套索工具】用于创建直线形的多边形选区。

多边形套索工具的用法是：将鼠标放在起点处单击形成直线的起点，移动鼠标，拖出直线，在第二点单击鼠标将两点间的直线固定，依此类推。当终点与起点重合时，指针处会出现代表封闭的小圆圈，单击鼠标就可形成完整的选区。

操作演示——多边形套索工具

| 打开素材。 | 沿阶梯色彩像素绘制选区。 | 回到起点，绘制出封闭选区并填充颜色。 |

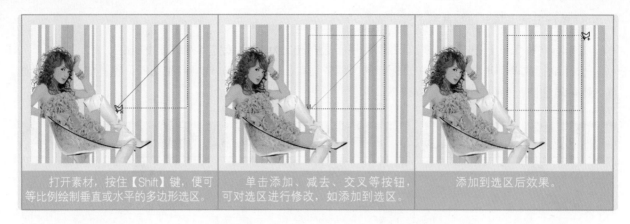

| 打开素材，按住【Shift】键，便可等比例绘制垂直或水平的多边形选区。 | 单击添加、减去、交叉等按钮，可对选区进行修改，如添加到选区。 | 添加到选区后效果。 |

2. 磁性套索工具

【磁性套索工具】用于自动捕捉图像中物体的边缘以形成选区。

选择工具箱中的【磁性套索工具】后，属性栏中显示其选项，如图2-1-11所示。

图2-1-11

磁性套索工具的用法是：在图像中需要选取的起始位置处单击鼠标，沿着对象的轮廓移动鼠标，便会有套索跟随鼠标移动，产生的套索会自动附着到图像周围，且每隔一段距离会有一个方形的定位点产生。当终点与起点重合时，图像中鼠标指针附近会出现一个极小的圆圈，只需单击，套索就变成了封闭的选区。

使用【磁性套索工具】时，不需按鼠标左键，直接移动鼠标便可根据颜色边界处自动跟踪选区虚线，并且边界越明显磁力越强。绘制完毕后将首尾连接便可完成选择。该工具一般用于对颜色差别比较大的图像进行选择。

操作演示——磁性套索工具

| 在窗口中沿着人物轮廓区域移动鼠标，便会有套索跟随鼠标移动。 | 当终点与起点重合时单击，套索将会变成了封闭的选区。 | 按【Shift+Ctrl+I】组合键，可反选选区。设置前景色为红色，并按【Alt+Delete】组合键，填充选区内容为红色。 |

2.1.10 图案图章工具

【图案图章工具】是以预先定义的图案为复制对象进行复制的，可以将定义的图案复制到图像中。其属性栏如图2-1-12所示。

图2-1-12

- 图案：在此下拉列表中可选择进行复制的图案。可以是系统预设的图案，也可以是自己定义的图案。
- 对齐：用于控制是否在复制时使用对齐功能。如果选中该复选框，即使在复制的过程中松开鼠标，分几次进行复制，得到的图像也会排列整齐，不会覆盖原来的图像。如果未选中该复选框，那么在复制的过程中松开鼠标后，继续进行复制时，将重新开始复制图像，而且将原来的图像覆盖。
- 印象派效果：选中该复选框，可对图案进行印象派艺术效果的处理。图案的笔触会变得扭曲、模糊。

在Photoshop CS4中，还可以自定义图案。操作方法是：先利用选框工具在图像中定义要复制的区域，再执行【编辑】|【定义图案】命令，打开【图案名称】对话框，在【名称】文本框中输入要自定义图案的名称，然后单击 确定 按钮即可。

图案图章工具使用的方法：先在工具箱中选择【图案图章工具】，然后在属性栏中选择用于填充的图案，最后在图像中拖移鼠标即可。若选中了【印象派效果】复选框，则会产生另一种效果。

操作演示——图案图章工具

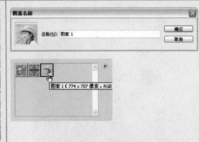

| 打开素材，选择工具箱中的【矩形选框工具】，绘制矩形选区。 | 执行【编辑】|【定义图案】命令，设置【名称】：图案1，并将选区内容存储备用。选择工具箱中的【图案图章工具】，并设置【图案拾色器】：图案1。 | 在窗口涂抹绘制，此时可观察图案图章效果。 |

2.1.11 裁剪工具

裁剪是指保留图像中的一部分，并将其余部分删除或是隐藏。Photoshop CS4中提供了多种裁剪图像的方法，【裁剪工具】可以很方便地裁剪图像。

选择工具箱中的【裁剪工具】，在图像中拖移光标绘制一个需要保留的区域，框外的区域会被阴影遮蔽，此时，将光标放置到裁切框上的任意位置，鼠标光标都将显示为双向箭头，按下鼠标并拖移，可缩放裁切框的大小。将光标放置到裁切框外时，显示为旋转符号，按下鼠标并拖移，可旋转裁切框。

另外，勾选属性栏中的【透视】复选框，调整裁切框各控制点的位置，可以对裁切框进行透视变形处理。单击✔按钮或按【Enter】键可裁切图像，如要取消本次裁切操作可单击◎按钮或是按【Esc】键。裁切属性栏如图2-1-13所示。

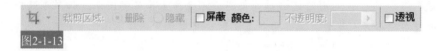

图2-1-13

用裁剪工具裁剪图像，可以使用【隐藏】或【删除】两种方式，其区别如下：

◎隐藏：这种方式不删除保留框外的图像，只是将其隐藏起来。

◎删除：这种方式是把保留框外的图像彻底从图像中删除。

用移动工具可以鉴别两种方式，用删除方式裁切后，移动图层，没有图像的地方是透明的，而用隐藏方式裁切后，移动图层，被隐藏的部分会显示出来。

若图像只有背景图层，则只能使用删除方式。若只是对图像进行简单裁切，还可以执行【图像】|【裁切】命令，即先用选框工具选中要保留的区域，然后执行【图像】|【裁切】命令，将选区以外的图像删除掉。

操作演示——裁剪工具

打开素材。

选择工具箱中的【裁剪工具】，在窗口拖移绘制裁剪区域。

在区域内部双击，此时可观察裁剪效果。

2.2 烫印设计

案例分析

制作本例的主要目的是使读者了解并掌握如何制作出衬衫烫印设计效果。本例主要讲解工具的使用，如【魔棒工具】、【钢笔工具】等。

行业知识

烫印指在纸张、纸板、织品、涂布等物体上，用烫压方法将烫印材料或烫印图案转移到被烫物上。烫印加工一般在封面上较多，其形式有多种，如单一料烫印、混合式烫印、套烫等。

光盘路径

素材：衬衫1.tif、衬衫2.tif
源文件：烫印设计.psd
视频：烫印设计.avi

STEP1 ▶▶ 执行【文件】|【新建】命令，打开【新建】对话框，设置【名称】：烫印设计，设置【宽度】：12厘米，【高度】：12厘米，【分辨率】：200像素/英寸，【颜色模式】：RGB颜色，如图2-2-1所示，单击【确定】按钮。

图2-2-1

STEP2 ▶▶ 设置前景色：蓝色（R:28,G:163,B:189），按【Alt+Delete】组合键填充前景色。单击【图层】面板下方的【创建新图层】按钮 ，新建"图层1"。选择工具箱中的【钢笔工具】 ，在图像窗口中绘制路径。按【Ctrl+Enter】组合键将路径转换为选区。设置前景色：绿色

（R:22,G:135,B:20），按【Alt+Delete】组合键填充前景色，按【Ctrl+D】组合键取消选区。图像效果如图2-2-2所示。

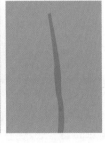

图2-2-2

STEP3 ▶▶ 继续在图像窗口中绘制叶片路径。按【Ctrl+Enter】组合键将路径转换为选区，前景色不改变，并填充颜色到"图层1"中。按【Ctrl+D】组合键取消选区。图像效果如图2-2-3所示。

提示

在选择了【钢笔工具】 的情况下，属性栏上的【添加到路径区域】按钮 默认被选中，所以当绘制完一个封闭的图形之后，可以继续绘制其他的路径，并共同存在于同一文件窗口中。

图2-2-3

图2-2-5

STEP4 ▶▶ 继续在图像窗口中绘制叶片路径。按【Ctrl+Enter】组合键将路径转换为选区，设置前景色：桃红（R:195,G:27,B:88），按【Alt+Delete】组合键填充前景颜色。按【Ctrl+D】组合键取消选区。图像效果如图2-2-4所示。

图2-2-4

STEP5 ▶▶ 继续在图像窗口中绘制叶片路径。按【Ctrl+Enter】组合键将路径转换为选区，设置前景色：棕色（R:79,G:37,B:35），按【Alt+Delete】组合键填充前景颜色。按【Ctrl+D】组合键取消选区。图像效果如图2-2-5所示。

提示

绘制不同形态和颜色的叶片，可使得设计丰富多彩。也可以选择工具箱中的【路径选择工具】后，单击该路径，按【Ctrl+Alt】组合键复制该路径。然后，再选择工具箱中的【直接选择工具】拖移节点调节位置。选择工具箱中的【转换点工具】框选某一节点，通过控制柄控制弧线的角度。

STEP6 ▶▶ 设置前景色：绿色（R:22,G:135,B:20），选择工具箱中的【画笔工具】，设置【画笔】：尖角37像素，通过在图像窗口中单击绘制圆点图案。图像效果如图2-2-6所示。

图2-2-6

STEP7 ▶▶ 选择工具箱中的【横排文字工具】T，设置【字体大小】：28点，【文本颜色】：白色，在窗口中输入文字，按【Ctrl+Enter】组合键确定。图像效果如图2-2-7所示。

提示

文字颜色与前景色保持一致。也可以通过更改属性栏上的文字颜色按钮改变文字的颜色。

图2-2-7

STEP8 ▶▶ 选择工具箱中的【魔棒工具】，设置【容差】：32，取消勾选【连续】复选框，单击白色文字将其载入选区。单击"文字图层"前的按钮，隐藏该图层。效果如图2-2-8所示。

图2-2-8

STEP9 ▶▶ 选择"图层1"，选择工具箱中的【画笔工具】✐，设置前景色：棕色（R;79,G:37,B:35），在第一个文字选区中涂抹颜色。设置前景色：绿色（R:22,G:135,B:20），在后面几个文字选区中涂抹颜色，设置前景色：桃红（R:195,G:27,B:88），在"H"字选区中涂抹颜色。按【Ctrl+D】组合键取消选区。图像效果如图2-2-9所示。

图2-2-9

STEP10 ▶▶ 同上述方法，制作其他文字效果。图像效果如图2-2-10所示。

图2-2-10

STEP11 ▶▶ 选择【图层】面板最顶层的"文字图层"，按住【Shift】键不放，单击"图层1"，同时选中连续的图层并按【Ctrl+E】组合键，合并图层为"图层1"。按【Ctrl+O】组合键，打开素材图片：衬衫1.tif。选择工具箱中的【魔棒工具】✦，设置【容差】：32，勾选【连续】复选框，单击白色背景将其载入选区。图像效果如图2-2-11所示。

图2-2-11

STEP12 ▶▶ 执行【选择】|【反向】命令，反向选区。按【Ctrl+J】组合键复制选区内容。选择工具箱中的【移动工具】➤+，将其导入"烫印设计"图像窗口中。按【Ctrl+T】组合键，打开自由变换调节框，在控制框外侧拖移并进行旋转，按【Enter】键确定。图像效果如图2-2-12所示。

图2-2-12

STEP13 ▶▶ 将"图层2"拖移至"图层1"的下方。选择"图层1"，按【Ctrl+T】组合键，打开自由变换调节框，等比例缩小图像并进行旋转，按【Enter】键确定。设置"图层1"的【图层混合模式】：正片叠底。图像效果如图2-2-13所示。

图2-2-13

STEP14 ▶▶ 同上述方法，按【Ctrl+O】组合键，打开素材图片：衬衫2.tif。将素材图片导入窗口中并拖移至"图层2"的下方。选择"图层1"，按【Ctrl+J】组合键复制生成副本图层，将其拖移至"图层3"的上方，设置"图层1副本"的【图层混合模式】：正片叠底。图像效果如图2-2-14所示。

图2-2-14

STEP15 ▶▶ 按【Ctrl+U】组合键，打开【色相/饱和度】对话框，设置参数：138，31，0，单击【确定】按钮。图像效果如图2-2-15所示。

组合键盖印可视图层。再次单击按钮 👁，显示背景图层。执行【图层】|【图层样式】|【投影】命令，打开【图层样式】对话框，参数保持默认值，单击【确定】按钮。最终效果如图2-2-16所示。

图2-2-15

图2-2-16

STEP16 ▶▶ 单击"背景"图层前面的【图层可见性】按钮 👁，隐藏该图层。按【Ctrl+Alt+Shift+E】

2.3 时尚海报设计

📠 案例分析

制作本例的主要目的是使读者了解并掌握如何制作出时尚海报设计。本例主要讲解的重点是【历史记录画笔工具】及【图像调整】命令的使用。

📚 行业知识

海报又名"招贴"或"宣传画"，属于户外广告，分布在各街道、影剧院、展览会、商业闹区、车站、码头、公园等公共场所。

💿 光盘路径

素材：动感美女.tif、光点.tif
源文件：时尚海报设计.psd
视频：时尚海报设计.av

STEP1 ▶▶ 执行【文件】|【打开】命令，打开素材图片：动感美女.tif，如图2-3-1所示。

提示

双击空白工作区也能快速显示【打开】对话框。

图2-3-1

STEP2 ▶▶ 执行【图像】|【调整】|【色阶】命令，打开【色阶】对话框，设置参数：29，1.18，229。图像效果如图2-3-2所示。

图2-3-2

STEP3 ▶▶ 执行【图像】|【调整】|【曲线】命令，打开【曲线】对话框，调整曲线弧度，单击【确定】按钮。图像效果如图2-3-3所示。

图2-3-3

STEP4 ▶▶ 执行【图像】|【调整】|【自然饱和度】命令，打开【自然饱和度】对话框，设置参数：70，50。图像效果如图2-3-4所示。

图2-3-4

STEP5 ▶▶ 执行【图像】|【调整】|【色彩平衡】命令，打开【色彩平衡】对话框，设置【色阶】：-71，-6，38。图像效果如图2-3-5所示。

图2-3-5

STEP6 ▶▶ 执行【图像】|【调整】|【黑白】命令，打开【黑白】对话框，勾选【色调】复选框，设置【色相】：300，【饱和度】：60，如图2-3-6所示。

图2-3-6

STEP7 ▶▶ 选择工具箱中的【矩形选框工具】，在图像窗口中拖移并绘制矩形选区，如图2-3-7所示。

图2-3-7

STEP8 ▶▶ 选中【历史记录】面板，设置【历史画笔源】的位置，即单击【色彩平衡】栏前方的小方格。选择工具箱中的【历史记录画笔工具】，在矩形选区内部绘制。效果如图2-3-8所示。

图2-3-8

STEP9 ▶▶ 按【Ctrl+D】组合键取消选区，选中【历史记录】面板，设置【历史画笔源】的位置，即单击【曲线】栏前面的小方格。选择工具箱中的【历史记录画笔工具】，在其人物皮肤内部拖移涂抹。效果如图2-3-9所示。

图2-3-9

STEP10 ▶▶ 执行【图像】|【调整】|【亮度/对比度】命令，打开【亮度/对比度】对话框，设置【亮度】：10，【对比度】：20。图像效果如图2-3-10所示。

图2-3-10

STEP11 ▶▶ 按【Ctrl+J】组合键，复制生成"图层1"，执行【滤镜】|【模糊】|【高斯模糊】命令，打开【高斯模糊】对话框，设置【半径】：3像素。图像效果如图2-3-11所示。

半径(R): 3

图2-3-11

STEP12 ▶▶ 设置该图层的【图层混合模式】：柔光。图像效果如图2-3-12所示。

图2-3-12

STEP13 ▶▶ 执行【文件】|【打开】命令，打开素材图片：光点.tif，选择工具箱中的【移动工具】，拖动"光点"图像窗口中的图像到"动感美女"图像窗口中。图像效果如图2-3-13所示。

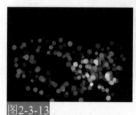

图2-3-13

STEP14 ▶▶ 设置该图层的【图层混合模式】：滤色。选择工具箱中的【橡皮擦工具】，在属性栏设置【画笔】：柔角100像素，【不透明度】：60%，在其右侧边缘轻微擦除。图像效果如图2-3-14所示。

图2-3-14

STEP15 ▶▶ 按【Ctrl+Shift+Alt+E】组合键盖印可视图层，此时【图层】面板自动生成"图层3"。执行【图像】|【调整】|【通道混合器】命令，打开【通道混合器】对话框，设置通道：红，调节【红色】：120%。图像的最终效果如图2-3-15所示。

图2-3-15

2.4 唯美插画设计

案例分析

制作本例的主要目的是使读者了解并掌握如何制作出唯美插画设计。本例主要讲解的重点是【橡皮擦工具】及【文字工具】的使用。

行业知识

"插画"就是指平常所看的报纸、杂志、各种刊物或儿童图画书里，在文字间所加插的图画。

光盘路径

素材：唯美新娘.tif
源文件：唯美插画设计.psd
视频：唯美插画设计.avi

STEP1 ▶▶ 执行【文件】|【打开】命令，打开素材图片：唯美新娘.tif，如图2-4-1所示。

图2-4-1

STEP2 ▶▶ 单击【图层】面板下方的【创建新图层】按钮，新建"图层1"，并将其放置在"唯美新娘"图层下方，设置前景色：白色，填充前景色。选中"唯美新娘"图层，选择工具箱中的【橡皮擦工具】，按【F5】键，打开【画笔】面板，单击【画笔笔尖形状】，设置【画笔】：散布枫叶，【间距】：150%，单击【形状动态】，设置【大小抖动】：100%，【最小直径】：25%，【角度抖动】：50%。单击【散布】，勾选【两轴】复选框，设置【散布】：400%，单击【其他动态】，设置【不透明度】：50%，如图2-4-2所示。

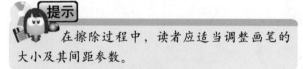

图2-4-2

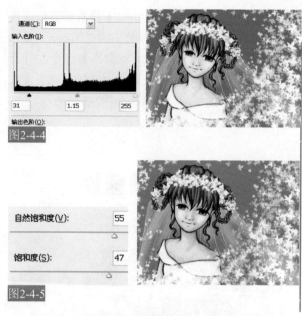

图2-4-4

图2-4-5

STEP3 ▶▶ 返回图像窗口，在其图像内部随意擦除。图像效果如图2-4-3所示。

提示

在擦除过程中，读者应适当调整画笔的大小及其间距参数。

图2-4-3

STEP4 ▶▶ 按【Ctrl+Shift+Alt+E】组合键盖印可见图层，此时【图层】面板自动生成"图层2"。执行【图像】|【调整】|【色阶】命令，打开【色阶】对话框，设置参数：31，1.15，255。图像效果如图2-4-4所示。

STEP5 ▶▶ 执行【图像】|【调整】|【自然饱和度】命令，打开【自然饱和度】对话框，设置【色阶】：55，47。图像效果如图2-4-5所示。

STEP6 ▶▶ 选择工具箱中的【橡皮擦工具】 ，在属性栏设置【画笔】：柔角60像素，在人物皮肤处涂抹擦除，如图2-4-6所示。

图2-4-6

STEP7 ▶▶ 选择工具箱中的【横排文字工具】 ，输入与背景相搭配的文字，如图2-4-7所示。

图2-4-7

STEP8 ▶▶ 双击"文字图层"后面的空白处,打开【图层样式】对话框,单击【描边】,打开【描边】面板,设置【大小】:1像素,【颜色】:黑色,单击【确定】按钮。最终效果如图2-4-8所示。

图2-4-8

2.5 电脑壁纸

案例分析

制作本例的主要目的是使读者了解并掌握如何制作电脑壁纸。本例主要讲解的重点是【渐变工具】、【钢笔工具】、【画笔工具】的使用。

行业知识

电脑壁纸(wallpaper):电脑屏幕所使用的各种背景图片,可以根据大小和分辨率进行相应调整。使用壁纸,可使电脑看起来更好看,更有个性。

光盘路径

素材:铁锈素材.tif、小装饰.tif
源文件:电脑壁纸.psd
视频:电脑壁纸.avi

STEP1 ▶▶ 执行【文件】|【新建】命令,打开【新建】对话框,设置【名称】:电脑壁纸,设置【宽度】:16厘米,【高度】:12厘米,【分辨率】:200像素/英寸,【颜色模式】:RGB颜色,如图2-5-1所示,单击【确定】按钮。

图2-5-1

STEP2 ▶▶ 选择工具箱中的【渐变工具】,在属性栏上单击【编辑渐变】按钮,打开【渐变编辑器】对话框,设置【渐变色】:0位置处颜色(R:230,G:89,B:9);100位置处颜色(R:103,G:25,B:7),单击【确定】按钮关闭对话框。单击属性栏上的【径向渐变】按钮,在图像窗口中由左上方向右下方拖移绘制渐变色。图像效果如图2-5-2所示。

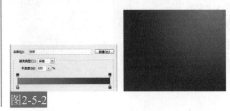

图2-5-2

STEP3 ▶▶ 新建"图层1"，选择工具箱中的【钢笔工具】，在图像窗口中绘制路径。按【Ctrl+Enter】组合键将路径转换为选区。设置前景色：红色（R:245,G:52,B:9），按【Alt+Delete】组合键填充选区。按【Ctrl+D】组合键取消选区。图像效果如图2-5-3所示。

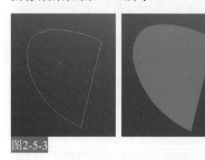

图2-5-3

STEP4 ▶▶ 设置前景色：深红色（R:156,G:41,B:12），同上述方法制作另一半心形。图像效果如图2-5-4所示。

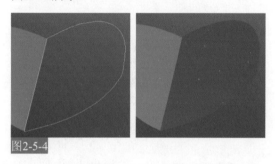

图2-5-4

STEP5 ▶▶ 选择工具箱中的【自定形状工具】，单击属性栏上的【自定形状拾色器】按钮，打开面板，单击其右上侧的【弹出菜单】按钮，选择【全部】命令，并在打开的询问框中单击【确定】按钮，返回【自定形状】面板，选择【形状】：红心，在图像窗口中绘制形状。设置前景色：红色（R:245,G:52,B:9），在心形中绘制另一个心形。图像效果如图2-5-5所示。

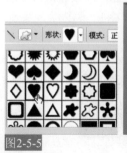

图2-5-5

STEP6 ▶▶ 执行【图层】|【图层样式】|【投影】命令，打开【图层样式】对话框，设置【颜色】：棕红（R:122,G:20,B:5），【角度】：39，【距离】：42，【扩展】：36%，【大小】：43，单击【确定】按钮。图像效果如图2-5-6所示。

图2-5-6

STEP7 ▶▶ 按【Ctrl+O】组合键，打开素材图片：铁锈素材.tif。选择工具箱中的【移动工具】，将其导入图像窗口中，生成"图层2"。设置【图层混合模式】：正片叠底。图像效果如图2-5-7所示。

图2-5-7

STEP8 ▶▶ 设置铁锈所在的"图层2"的【不透明度】：15%，效果如图2-5-8所示。

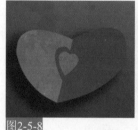

图2-5-8

STEP9 ▶▶ 新建"图层3"，选择工具箱中的【钢笔工具】，绘制半心形路径。选择工具箱中的【画笔工具】，设置【画笔】：尖角1像素，设置前景色：金黄（R:197,G:56,B:23）。选择工具箱中的【钢笔工具】，右击，弹出快捷菜单，选择【描边路径】命令，弹出对话框，勾选【模拟压力】复选框，单击【确定】按钮。按【Ctrl+Enter】组合键将路径转换为选区，按【Ctrl+D】组合键取消选区。图像效果如图2-5-9所示。

图2-5-9

STEP10 ▶▶ 新建"图层4"，选择工具箱中的【移动工具】，按住【Alt】组合键不放，拖移并复制出2个副本图层。分别选择并将其稍微错乱的调节到合适位置。选择工具箱中的【钢笔工具】绘制路径。图像效果如图2-5-10所示。

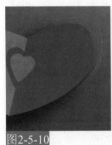
图2-5-10

STEP11 ▶▶ 选择工具箱中的【画笔工具】，设置【画笔】：尖角5像素，设置前景色：金色（R:246,G:71,B:30），选择工具箱中的【钢笔工具】，右击，选择【描边路径】命令，弹出对话框，单击【确定】按钮。按【Ctrl+Enter】组合键将路径转换为选区。按【Ctrl+D】组合键取消选区。选择工具箱中的【移动工具】，按住【Alt】组合键不放，拖移并复制出几个副本图层，将其稍微错乱地放在合适位置。图像效果如图2-5-11所示。

图2-5-11

STEP12 ▶▶ 新建"图层5"，设置前景色：黄色（R:240,G:194,B:93），同上述方法，继续在图像窗口中绘制路径并进行画笔描边。图像效果如图2-5-12所示。

图2-5-12

STEP13 ▶▶ 选择工具箱中的【移动工具】，按住【Alt】组合键不放，拖移并复制出几个副本图层。将其稍微错乱地放在合适位置。选择工具箱中的【钢笔工具】，继续绘制路径，图像效果如图2-5-13所示。

提示

通过不断的复制、错位放置，能够在很短的时间内制作出丰富的画面效果。

图2-5-13

STEP14 ▶▶ 新建"图层6"，选择工具箱中的【渐变工具】，单击属性栏上的【编辑渐变】按钮，打开【渐变编辑器】对话框，设置【渐变色】：0位置处颜色（R:226,G:97,B:20）；19位置处颜色（R:250,G:248,B:106）；35位置处颜色（R:255,G:252,B:223）；49位置处颜色（R:253,G:223,B:97）；100位置处颜色（R:249,G:72,B:31），单击【确定】按钮关闭对话框。单击【线性渐变】按钮，在选区中拖移绘制渐变色。按【Ctrl+D】组合键取消选区。图像效果如图2-5-14所示。

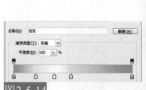

图2-5-14

，设置【画笔】：柔角35像素，在窗口中涂抹颜色。设置"图层4"的【图层混合模式】：正片叠底，【不透明度】：59%。图像效果如图2-5-17所示。

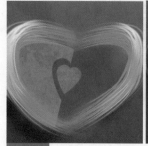

图2-5-17

STEP15 ▶▶ 选择工具箱中的【移动工具】，拖移并复制出几个副本图层，然后将其稍微错乱的放置。合并"图层3"和"图层6"之间的所有副本图层为"图层3"。按【Ctrl+J】组合键2次，复制生成新图层。图像效果如图2-5-15所示。

图2-5-15

STEP16 ▶▶ 按【Ctrl+E】组合键向下合并图层，按【Ctrl+J】组合键复制生成副本图层。按【Ctrl+T】组合键，打开自由变换调节框，选择【水平翻转】命令，翻转图像并将其移动到合适位置，按【Enter】键确定。效果如图2-5-16所示。

图2-5-16

STEP17 ▶▶ 新建"图层4"，设置前景色：金黄（R:244,G:64,B:9）。选择工具箱中的【画笔工具】

STEP18 ▶▶ 新建"图层5"，将其拖移至"图层2"的上方。选择工具箱中的【钢笔工具】，绘制路径。选择工具箱中的【画笔工具】，设置【画笔】：尖角7像素。选择工具箱中的【钢笔工具】，右击，弹出快捷菜单，选择【描边路径】命令，弹出对话框，取消勾选【模拟压力】复选框，单击【确定】按钮。按【Ctrl+Enter】组合键，将路径转换为选区，按【Ctrl+D】组合键取消选区。图像效果如图2-5-18所示。

图2-5-18

STEP19 ▶▶ 选择工具箱中的【钢笔工具】，绘制路径。设置前景色：橘黄色（R:245, G:141,B:43），选择工具箱中的【画笔工具】，设置【画笔】为：尖角3像素。选择【钢笔工具】，右击，弹出快捷菜单，选择【描边路径】命令，在弹出的对话框中单击【确定】按钮。按【Ctrl+Enter】组合键将路径转换为选区，按【Ctrl+D】组合键取消选区。图像效果如图2-5-19所示。

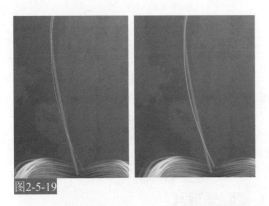

图2-5-19

色。设置"图层6"的【图层混合模式】：正片叠底，【不透明度】：50%。图像效果如图2-5-22所示。

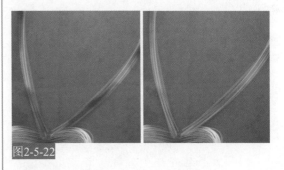

图2-5-22

STEP20 ▶▶ 选择工具箱中的【移动工具】，按住【Alt】组合键不放，拖移并复制出几个副本图层。将其稍微错乱的放在合适位置。合并图层5及其副本图层为"图层5"。图像效果如图2-5-20所示。

STEP23 ▶▶ 选择"图层6"，按住【Shift】键不放，单击"图层5"，同时选中连续的图层并按【Ctrl+E】组合键，合并图层为"图层5"。执行【图层】|【图层样式】|【投影】命令，打开【图层样式】对话框，设置【颜色】：棕红（R:149,G:16,B:3），【距离】：9像素，【大小】为：16像素，单击【确定】按钮。图像效果如图2-5-23所示。

图2-5-20

STEP21 ▶▶ 按【Ctrl+J】组合键复制生成"图层5副本"。按【Ctrl+T】组合键，打开自由变换调节框，选择【水平翻转】命令，翻转图像并将其移动到合适位置，按【Enter】键确定。图像效果如图2-5-21所示。

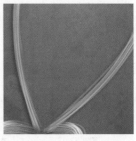

图2-5-23

STEP24 ▶▶ 新建"图层6"并将其拖移至面板最上方，打开素材文件：小装饰.tif。绘制一些装饰项链和吊坠的小细节。最终效果如图2-5-24所示。

图2-5-21

STEP22 ▶▶ 新建"图层6"，设置前景色：棕红（R:154,G:36,B:7），选择工具箱中的【画笔工具】，设置【画笔】：柔角35像素，在窗口中涂抹颜

图2-5-24

2.6 唯美风景设计

案例分析
制作本例的主要目的是使读者了解并掌握如何制作出唯美风景设计。本例主要讲解的重点是【模糊工具】、【云彩命令】、【自由变换】的使用。

行业知识
唯美的画面往往凭幻想进行创作，它所创作的东西与现实不太符合。

光盘路径
素材：草地.tif、地球.tif
源文件：唯美风景设计.psd
视频：唯美风景设计.avi

STEP1 ▶▶ 执行【文件】|【新建】命令，打开【新建】对话框，设置【名称】：云朵效果，【宽度】：12厘米，【高度】：9厘米，【分辨率】：150像素/英寸，【颜色模式】：RGB颜色，【背景内容】：白色，如图2-6-1所示，单击【确定】按钮。

图2-6-1

STEP2 ▶▶ 执行【滤镜】|【渲染】|【云彩】命令，图像效果如图2-6-2所示。

STEP3 ▶▶ 执行【滤镜】|【渲染】|【分层云彩】命令，图像效果如图2-6-3所示。

图2-6-2

图2-6-3

STEP4 ▶▶ 按【Ctrl+F】组合键，重复上一步滤镜操作，图像效果如图2-6-4所示。

提示
【云彩】命令及【分层云彩】命令所产生的效果是随机的，读者在执行【分层云彩】命令时，操作至图像中白色像素及中间色居多即可。

图2-6-4

STEP5 ▶▶ 选中【通道】面板，选中【红】通道，拖动【红】通道到【通道】面板下方的【创建新通道】按钮 🔲 上，复制生成【红 副本】通道。按【Ctrl+L】组合键，打开【色阶】对话框，设置参数：0，1.12，135。图像效果如图2-6-5所示。

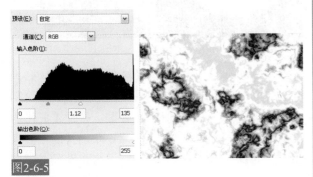
图2-6-5

STEP6 ▶▶ 按住【Ctrl】键，单击【红 副本】通道的缩览图，载入其选区。选中【RGB】通道，返回【图层】面板，按【Ctrl+J】组合键，复制出选区内容，如图2-6-6所示。

图2-6-6

STEP7 ▶▶ 执行【文件】|【打开】命令，打开素材图片：草地.tif。返回"云朵效果"图像窗口，选择工具箱中的【移动工具】 ▶+ ，拖动"云朵效果"图像窗口中的图像到"草地"文件窗口中，如图2-6-7所示。

图2-6-7

STEP8 ▶▶ 设置该图层的【图层混合模式】：滤

色。选择工具箱中的【橡皮擦工具】 ✐ ，设置属性栏上的【画笔】：柔角90像素，【不透明度】：70%，擦除其边缘生硬部分，如图2-6-8所示。

图2-6-8

STEP9 ▶▶ 选择工具箱中的【模糊工具】 ◌ ，设置属性栏上的【画笔】：柔角150像素，【强度】：100%，在其内部涂抹，使云层模糊，如图2-6-9所示。

STEP10 ▶▶ 按【Ctrl+T】组合键，打开自由变换调节框，分别调整其节点，使其成为不规则的云层，按【Enter】键确定。图像效果如图2-6-10所示。

图2-6-9

图2-6-10

STEP11 ▶▶ 选择工具箱中的【多边形套索工具】 ◿ ，在云层中绘制选区。按【Shift+F6】组合键，打开【羽化选区】对话框，设置参数：20像素。按【Ctrl+J】组合键，复制生成选区内容，并按【Ctrl+T】组合键，打开自由变换调节框调节图像，按【Enter】键确定。图像效果如图2-6-11所示。

羽化半径(R)：20 像素
图2-6-11

STEP12 ▶▶ 按【Ctrl+E】组合键，向下合并图层，并设置该图层的【图层混合模式】：滤色。同上所述，读者可用同样的方法制作出其余的云朵效果，如图2-6-12所示。

提示

制作完成云朵效果后，应合并所有的云朵图层，以便后期处理。

图2-6-12

STEP13 ▶▶ 按住【Ctrl】键，单击"云朵"图层的缩览图，载入其选区，设置前景色：蓝色（R:89,G:127,B:194），选择工具箱中的【画笔工具】，设置属性栏上的【画笔】：柔角100像素，【不透明度】：40%，在其选区边缘涂抹，如图2-6-13所示。按【Ctrl+D】组合键取消选区。

图2-6-13

STEP14 ▶▶ 执行【文件】|【打开】命令，打开素材图片：地球.tif。选择工具箱中的【移动工具】，将其素材拖移至"草地"图像窗口中，并将其放置在"云朵"图层下方。按【Ctrl+T】组合键，等比例缩小图像，如图2-6-14所示。

图2-6-14

STEP15 ▶▶ 选择工具箱中的【椭圆选框工具】，按住【Shift+Alt】组合键不放，在地球下方绘制正圆选区。按【Shift+F6】组合键，打开【羽化选区】对话框，设置参数：10像素，单击【确定】按钮。按【Delete】键，删除选区内容。设置该图层的【不透明度】：40%，按【Ctrl+J】组合键，复制生成"地球 副本"图层，并调整其位置，如图2-6-15所示。

图2-6-15

STEP16 ▶▶ 选中"云朵"图层，单击【图层】面板下方的【创建新的填充或调整图层】按钮，打开快捷菜单，选择【色彩平衡】命令，打开【色彩平衡】对话框，设置参数：0，0，62，其他参数保持默认值，图像效果如图2-6-16所示。

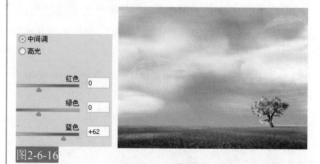

图2-6-16

STEP17 ▶▶ 设置前景色：黑色，选择工具箱中的【画笔工具】，设置属性栏上的【画笔】：柔角50像素，【不透明度】：100%，在其草地及树木内部涂抹隐藏部分色彩平衡效果，如图2-6-17所示。

图2-6-17

STEP18 ➡➡ 单击【图层】面板下方的【创建新的填充或调整图层】按钮 ⊘.，打开快捷菜单，选择【色阶】命令，打开【色阶】对话框，设置参数：6，1.00，246，其他参数保持默认值，图像效果如图2-6-18所示。

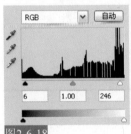 

图2-6-18

STEP19 ➡➡ 按【Ctrl+Shift+Alt+E】组合键盖印可见图层，此时【图层】面板自动生成新图层。执行【滤镜】|【模糊】|【高斯模糊】命令，打开【高斯模糊】对话框，设置【半径】：3像素，如图2-6-19所示，单击【确定】按钮。

图2-6-19

STEP20 ➡➡ 设置该图层的【图层混合模式】：强光，【不透明度】：70%。图像效果如图2-6-20所示。

图2-6-20

STEP21 ➡➡ 按【Ctrl+Shift+Alt+E】组合键盖印可见图层，此时【图层】面板自动生成新图层。执行【滤镜】|【渲染】|【镜头光晕】命令，打开【镜头光晕】对话框。设置【亮度】：100%，【镜头类型】：50-300毫米变焦，在【预览】窗口左上角处单击，并形成光晕效果。图像最终效果如图2-6-21所示。

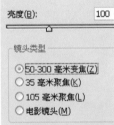

图2-6-21

2.7 夸张风格设计

案例分析

制作本例的主要目的是使读者了解并掌握如何制作出夸张风格的图像。本例主要运用【加深工具】和【减淡工具】，加深减淡图像的颜色，突出图像的暗部和高光，制作出唯美风格的图片。

行业知识

夸张是运用丰富的想象力，在客观现实的基础上有目的地放大或缩小事物的形象特征，以增强表达效果的修辞手法，也叫夸饰或铺张。

光盘路径

素材：唯美图片.tif、蓝天白云.tif
源文件：夸张风格设计.psd
视频：夸张风格设计.avi

STEP1 ▶▶ 执行【文件】|【打开】命令，打开素材图片：唯美图片.tif，如图2-7-1所示。

图2-7-1

STEP2 ▶▶ 按【Ctrl+J】组合键，复制"背景"图层为"图层1"。选择工具箱中的【加深工具】 ，设置属性栏上的【画笔】：柔角200像素，【范围】：中间调，【曝光度】：36%，在图像窗口的四周涂抹，加深颜色。继续使用【加深工具】 ，设置属性栏上的【画笔】：柔角100像素，【范围】为：中间调，【曝光度】为：20%，在窗口

中的人物皮肤上涂抹，加深其颜色。效果如图2-7-2所示。

图2-7-2

STEP3 ▶▶ 选择工具箱中的【加深工具】 ，设置属性栏上的【画笔】：柔角100像素，【范围】：阴影，【曝光度】：20%，在人物的衣服上涂抹，加深颜色。选择工具箱中的【减淡工具】 ，设置属性栏上的【画笔】：柔角250像素，【范围】：高光，【曝光度】：30%，在窗口中间涂抹，使其颜色减淡，效果如图2-7-3所示。

提示

在加深人物的衣服时，注意尽量涂抹人物衣服的褶皱处，突出衣服的暗部轮廓感。

图2-7-3

STEP4 ▶▶ 继续使用【减淡工具】🔍，设置属性栏上的【画笔】：柔角100像素，【范围】·高光，【曝光度】：30%，涂抹人物的衣服的部分区域，使其颜色减淡。按【Ctrl+O】组合键，打开素材图片：蓝天白云.tif，如图2-7-4所示。

图2-7-4

STEP5 ▶▶ 选择【通道】面板，按住【Ctrl】键，单击【红】通道的缩览图，载入选区。回到【图层】面板，选择工具箱中的【移动工具】▶╋，拖动选区内容到"唯美图片"图像件窗口的左下方，自动生成"图层2"。按【Ctrl+T】组合键，按住【Shift】键，等比例缩小图像大小，按【Enter】键确定，如图2-7-5所示。

提示

这里的白云选区是通过载入【红】通道而得到的。除此方法之外，还可以运用选择工具箱中的【魔棒工具】🪄，在"蓝天白云"图像窗口中单击白色像素，得到白云的选区。

图2-7-5

STEP6 ▶▶ 单击【图层】面板下方的【添加图层蒙版】按钮▢，为"图层2"添加蒙版，按【D】键恢复默认前景色与背景色▮。选择工具箱中的【画笔工具】🖊，设置属性栏上的【画笔】：柔角100像素，【不透明度】：50%，【流量】：40%，涂抹"图层2"的边缘，隐藏部分图像，并设置【图层混合模式】：柔光。按【Ctrl+J】组合键，复制生成"图层2副本"，按【Ctrl+T】组合键，打开自由变换调节框，右击，弹出快捷菜单，选择【水平翻转】命令，并水平向右移动图像到窗口右下角，如图2-7-6所示。

图2-7-6

STEP7 ▶▶ 按【Ctrl+J】组合键两次，复制生成"图层2副本2"和"图层2副本3"，分别执行【自由变换】命令，改变图像的位置，并设置【不透明度】：70%。按【Ctrl+Shift+Alt+E】组合键盖印可见图层，自动生成"图层3"。选择工具箱中的【减淡工具】🔍，设置属性栏上的【画笔】：柔角100像素，【范围】：中间调，【曝光度】：11%，涂抹人物部分区域，使其颜色减淡。图像效果如图2-7-7所示。

图2-7-7

图2-7-8

STEP8 ▶▶ 选择工具箱中的【加深工具】，设置属性栏上的【画笔】：柔角250像素，【范围】：中间调，【曝光度】：11%，在窗口中涂抹，使其颜色加深。继续使用【加深工具】，设置属性栏上的【画笔】：柔角60像素，【范围】：阴影，【曝光度】：20%，涂抹人物五官及头发的暗部，加深颜色。效果如图2-7-8所示。

STEP9 ▶▶ 选择工具箱中的【减淡工具】，设置属性栏上的【画笔】：柔角50像素，【范围】：高光，【曝光度】：11%，涂抹人物的五官及头发高光部分，使其颜色减淡，如图2-7-9所示。

STEP10 ▶▶ 继续使用【减淡工具】，设置属性栏上的【画笔】：柔角100像素，涂抹窗口中的云朵，减淡颜色。图像的最终效果如图2-7-10所示。

图2-7-9

图2-7-10

2.8 矢量花木设计

案例分析

制作本例的主要目的是使读者了解并掌握如何制作出是矢量花木设计。本例主要讲解的重点是【钢笔工具】及【描边路径】的使用。

行业知识

插图的表现风格从简入繁的划分为：圆形的应用，方形的应用，三角形的应用，圆、方、三角形的综合应用，造型化、卡通化、与写实表现等风格。

光盘路径

素材：无

源文件：矢量花木设计.psd

视频：矢量花木设计.avi

STEP1 ▶▶ 执行【文件】|【新建】命令，打开【新建】对话框，设置【名称】：矢量花木设计，【宽度】：12厘米，【高度】：12厘米，【分辨率】：150像素/英寸，【颜色模式】：RGB颜色，【背景内容】：白色，如图2-8-1所示，单击【确定】按钮。

图2-8-1

STEP2 ▶▶ 单击【图层】面板下方的【创建新图层】按钮，新建"图层1"，设置前景色：白色，按【Alt+Delete】填充前景色，双击"图层1"后面的空白处，打开【图层样式】对话框，单击【图案叠加】，打开【图案叠加】面板，单击面板上的【图案拾取器】按钮，打开下拉面板，单击右上角的【弹出菜单】按钮，选择【彩色纸】命令。此时将自动弹出询问框，单击【确定】按钮即可。返回面板，选择图案：红色犊皮纸，返回【图案叠加】面板，如图2-8-2所示。

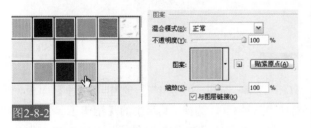

图2-8-2

STEP3 ▶▶ 单击【内发光】，打开【颜色叠加】面板，设置【叠加颜色】：黄色（R:255,G:204,B:67），【不透明度】：40%，单击【确定】按钮。图像效果如图2-8-3所示。

STEP4 ▶▶ 按【Ctrl+E】组合键，向下合并图层，双击"背景"图层，对其解锁。按【Ctrl+T】组合键，打开自由变换调节框，分别调整其节点，按【Enter】键确定。图像效果如图2-8-4所示。

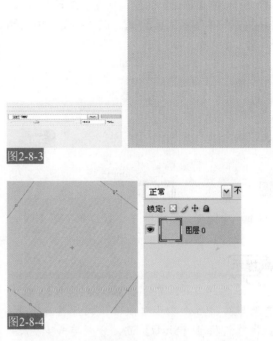

图2-8-3

图2-8-4

STEP5 ▶▶ 选中【路径】面板，新建"路径1"，选择工具箱中的【钢笔工具】，单击属性栏上【路径】按钮，在图像窗口中绘制树干路径。图像效果如图2-8-5所示。

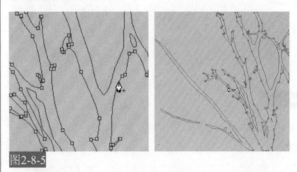

图2-8-5

提示

在绘制完成一条所需的路径时，按住【Ctrl】键单击图像窗口中的空白处，则可再次绘制新的路径。

STEP6 ▶▶ 返回【图层】面板，新建"图层1"，按【Ctrl+Enter】组合键，将其路径转换为选区，设置前景色：白色，按【Alt+Delete】组合键，填充前景色，如图2-8-6所示。按【Ctrl+D】组合键取消选区。

STEP7 ▶▶ 选中【路径】面板，新建"路径2"，选择工具箱中的【钢笔工具】，在图像窗口中绘制树叶路径，如图2-8-7所示。

图2-8-6　　　　图2-8-7

STEP8 ▶▶ 选择工具箱中的【路径选择工具】，单击选中路径，调整其位置，如图2-8-8所示。

提示

在选择工具箱中的【路径选择工具】，单击选中路径后，也可对该路径执行【自由变换】操作。按住【Shift】键，分别单击多个路径，则可同时选中这些路径。

 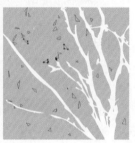

图2-8-8

STEP9 ▶▶ 新建"图层2"，按【Ctrl+Enter】组合键，将其路径转换为选区，按【Alt+Delete】组合键，填充前景色，如图2-8-9所示。按【Ctrl+D】组合键取消选区。

STEP10 ▶▶ 新建"图层3"，并将其放置"图层1"下方，选择工具箱中的【自定形状工具】，单击属性栏上的【自定形状拾色器】按钮，打开面板，单击右上侧的【弹出菜单】按钮，选择【自然】命令，在弹出的询问框中单击【确定】按钮，返回【自定形状】面板，选择【形状】：叶子 5，在其图像内部绘制叶子路径。按【Ctrl+T】组合键，打开自由变换调节框调整其角度，如图2-8-10所示。

图2-8-9　　　　图2-8-10

STEP11 ▶▶ 按【Ctrl+Enter】组合键，将其路径转换为选区，设置前景色：棕色（R:137, G:33,B:38），选择工具箱中的【画笔工具】，设置属性栏上的【画笔】：柔角80像素，在其内部涂抹颜色，如图2-8-11所示。

图2-8-11

STEP12 ▶▶ 同上所述，读者可使用同样的方法设置不同的颜色，在其图像内部绘制其余的枫叶效果。图像效果如图2-8-12所示。

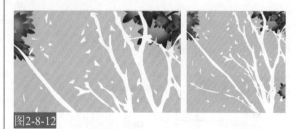

图2-8-12

STEP13 ▶▶ 新建"图层4"，选中【路径】面板，新建"路径3"，选择工具箱中的【钢笔工具】，在属性栏上单击【路径】按钮，在图像窗口中绘制花瓣路径，如图2-8-13所示。

图2-8-13

STEP14 ▶▶ 设置前景色：棕色（R:149,G:91,
B:63），选择工具箱中的【画笔工具】，设置属
性栏上的【画笔】：尖角2像素，选中【路径】面
板，单击【路径】面板下方的【用画笔描边路径】
按钮○，描边路径，单击【路径】面板空白处隐藏
该路径，如图2-8-14所示。

图2-8-14

STEP15 ▶▶ 再次选中"路径3"，按【Ctrl+Enter】
组合键，将其路径转换为选区。新建"图层5"，
分别设置前景色：粉色（R:224,G:76,B:103），黄色
（R:220,G:144,B:93），在其边缘及内部涂抹，如
图2-8-15所示。

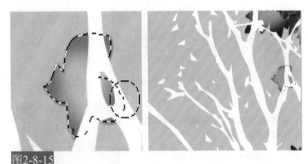
图2-8-15

STEP16 ▶▶ 同上所述，读者可用同样的方法制作其
花蕊效果。按【Ctrl+E】组合键合并"图层4"，
"图层5"及其花蕊图层，按【Ctrl+J】组合键若干
次，复制出若干花的图层，按【Ctrl+T】组合键，
打开自由变换调节框，分别调整其位置与大小。效
果如图2-8-16所示。

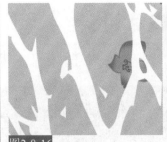

图2-8-16

STEP17 ▶▶ 选中【图层】面板中最顶层的图层，
单击【创建新的填充或调整图层】按钮○，选择
【色阶】命令，设置参数：42，1.27，240，其他参
数保持默认值，图像效果如图2-8-17所示。

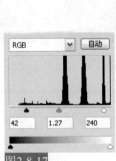

图2-8-17

STEP18 ▶▶ 单击【创建新的填充或调整图层】按钮
○，选择【色彩平衡】命令，设置参数：-2，29，
图像最终效果如图2-8-18所示。

图2-8-18

2.9 3D球体设计

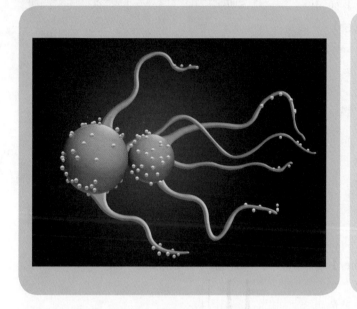

案例分析

制作本例的主要目的是使读者了解并掌握如何制作3D球体的方法。本例主要讲解的重点是【3D】下几个命令的使用。

行业知识

封面设计首先应该做的是立意，而此分子图形带有一定的创意性，因此可以作为特定的化学书籍封面图案。

光盘路径

素材：无

源文件：3D球体设计.psd

视频：3D球体设计.avi

STEP1 ▶▶ 执行【文件】|【新建】命令，打开【新建】对话框，设置【名称】：3D球体设计，设置【宽度】：20厘米，【高度】：15厘米，【分辨率】：200像素/英寸，【颜色模式】：RGB颜色，如图2-9-1所示，单击【确定】按钮。

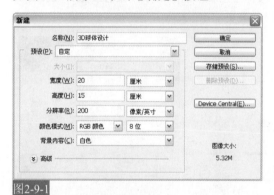

图2-9-1

STEP2 ▶▶ 选择工具箱中的【渐变工具】，单击属性栏上的【编辑渐变】按钮，打开【渐变编辑器】对话框，设置【渐变色】：0位置处颜色（R:27,G:53,B:104）；100位置颜色（R:1,G:2,B:4），单击【确定】按钮关闭对话框。单击属性栏上的【径向渐变】按钮，在图像窗口

中拖移，绘制渐变色。图像效果如图2-9-2所示。

图2-9-2

STEP3 ▶▶ 新建"图层1"，执行【3D】|【从图层新建形状】|【球体】命令。图像效果如图2-9-3所示。

图2-9-3

STEP4 ▶▶ 双击"图层1"下面的【纹理图层1】，打开新窗口。选择工具箱中的【渐变工具】█，单击【编辑渐变】按钮████，打开【渐变编辑器】对话框，设置【渐变色】：0位置处颜色（R:93,G:133,B:216）；42位置处颜色（R:164,G:157,B:251）；77位置处颜色（R:239,G:133,B:251）；100位置处颜色（R:240,G:238,B:253），单击【确定】按钮关闭对话框。单击工具箱中的【线性渐变】按钮█，在图像窗口中拖移，绘制渐变色。效果如图2-9-4所示。

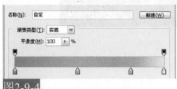

图2-9-4

STEP5 ▶▶ 返回"3D球体设计"窗口，球体纹理产生了相应的变化。选择工具箱中的【3D环绕工具】🔄，将球体旋转到合适位置。选择工具箱中的【3D缩放工具】，等比例缩小球体。图像效果如图2-9-5所示。

图2-9-5

STEP6 ▶▶ 右键单击"图层1"后面的空白处，弹出快捷菜单，选择【栅格化3D】命令。按【Ctrl+M】组合键，打开【曲线】对话框，拖动弧线到合适位置，单击【确定】按钮。图像效果如图2-9-6所示。

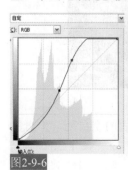

图2-9-6

STEP7 ▶▶ 按【Ctrl+J】组合键，复制生成"图层1副本"，将其拖移至"图层1"的下方。按【Ctrl+T】组合键，打开自由变换调节框，按住【Alt+Shift】组合键不放，等比例缩小图像，按【Enter】键确定。图像效果如图2-9-7所示。

图2-9-7

STEP8 ▶▶ 新建"图层2"，将其拖移至"背景"图层的上方。选择工具箱中的【钢笔工具】✒，绘制触角路径。按【Ctrl+Enter】组合键将路径转换为选区，设置前景色：白色，按【Alt+Delete】组合键填充选区颜色，按【Ctrl+D】组合键取消选区。效果如图2-9-8所示。

图2-9-8

STEP9 ▶▶ 执行【图层】|【图层样式】|【内阴影】命令，打开【图层样式】对话框，设置【颜色】：蓝色（R:88,G:118,B:209），【不透明度】：77%，【角度】：30度，【距离】：5，【阻塞】：4%，【大小】：13。单击【斜面和浮雕】选项，设置【深度】：246%，【大小】：13像素，【软化】：5像素，【阴影颜色】：蓝色（R:69,G:101,B:177），单击【确定】按钮。图像效果如图2-9-9所示。

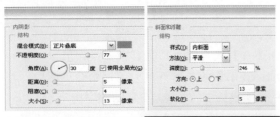

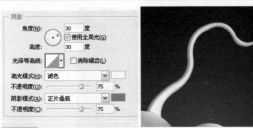

图2-9-9

STEP10 ▶▶ 执行【图层】|【图层样式】|【光泽】命令，设置【混合模式】：正常，【颜色】：紫红（R:216,G:43,B:236），【不透明度】：66%，【角度】：19度，【距离】：5像素，【大小】：51像素，单击【确定】按钮。图像效果如图2-9-10所示。

提示
在上一步设置【图层样式】参数的时候提前单击【确定】按钮，是为了让读者能清楚地看到【内阴影】和【斜面和浮雕】的效果。实际操作中可以直接设置下面的【光泽】参数。

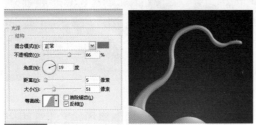

图2-9-10

STEP11 ▶▶ 同上述方法，制作其他几根触角。图像效果如图2-9-11所示。

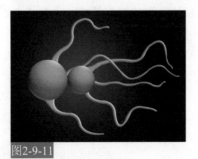

图2-9-11

STEP12 ▶▶ 新建"图层8"，执行【3D】|【从图层新建形状】|【球体】命令，图像效果如图2-9-12所示。

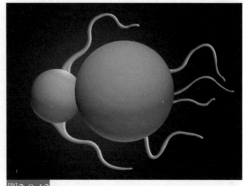

图2-9-12

STEP13 ▶▶ 双击"图层8"下面的【纹理-图层8】，打开新窗口。选择工具箱中的【渐变工具】 ，单击属性栏上的【编辑渐变】按钮 ，打开【渐变编辑器】对话框，设置【渐变色】：0位置处颜色（R;60,G:107,B:236）；100位置处颜色（R:255,G:225,B:255），单击【确定】按钮关闭对话框。单击【径向渐变】按钮 ，在窗口中拖移，绘制渐变色。图像效果如图2-9-13所示。

图2-9-13

STEP14 ▶▶ 返回"3D球体设计"窗口，球体纹理产生了相应的变化。图像效果如图2-9-14所示。

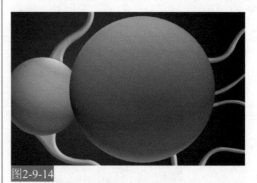

图2-9-14

STEP15 ▶▶ 右击"图层8"后面的空白处，弹出快捷菜单，选择【栅格化3D】命令。按【Ctrl+M】组合键，打开【曲线】对话框，拖动弧线到合适位置，单击【确定】按钮。图像效果如图2-9-15所示。

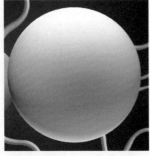

图2-9-15

STEP16 ▶▶ 按【Ctrl+T】组合键，打开自由变换调节框，按住【Alt+Shift】组合键不放，拖动调节框的控制点，等比例缩小图像，按【Enter】键确定。选择工具箱中的【移动工具】，按住【Shift+Alt】组合键不放，拖移复制出多个副本图层，并将其放置窗口中的合适位置。图像效果如图2-9-16所示。

提示

在拖移复制的过程中，注意将边缘上的小蓝球放置在大球的下方，这样画面才能更立体。

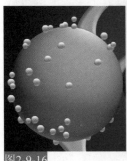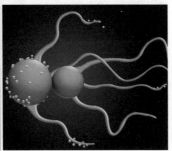

图2-9-16

STEP17 ▶▶ 合并所有小蓝球的图层为"图层8"。按【Ctrl+J】组合键复制生成副本图层，并拖移至"图层8"的下方。选择工具箱中的【移动工具】，将其向旁边移动少许位置，设置其【不透明度】：20%。图像效果如图2-9-17所示。

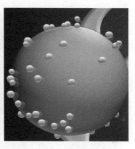

图2-9-17

STEP18 ▶▶ 选择工具箱中的【橡皮擦工具】，设置【画笔】：尖角25像素，将多余的倒影擦除。图像效果如图2-9-18所示。

提示

一般情况下，只有在大球体上才会有小球倒影，所以可将其他位置的倒影擦除。

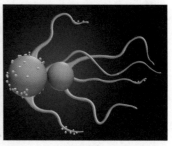

图2-9-18

STEP19 ▶▶ 同上述方法制作小粉球，最终效果如图2-9-19所示。

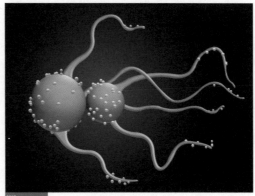

图2-9-19

2.10 个性签名图片

📠 案例分析

　　制作本例的主要目的是使读者了解并掌握如何制作个性签名图片。本例主要讲解的重点是如何用【抓手】和【放大】工具放大图片，制作细节部位。

📚 行业知识

　　一幅成功的封面作品，能恰如其份地以形象给人的感受为基础展开艺术联想，由此及彼，由表及里，使读者得到美的享受。

💿 光盘路径

素材：个性美女.tif、蝴蝶.tif
源文件：个性签名图片.psd
视频：个性签名图片.avi

STEP1 ▶▶ 按【Ctrl＋O】组合键，打开素材图片：个性美女.tif。选择工具箱中的【缩放工具】🔍，在属性栏上单击【放大】按钮🔍，单击图像将其放大到适合进行操作的像素，如图2-10-1所示。

图2-10-1

STEP2 ▶▶ 新建"图层1"，设置前景色：深蓝（R:21,G:72,B:132），选择工具箱中的【画笔工具】✏，设置【画笔】：柔角60像素，在人物眼睛周围涂抹颜色。设置"图层1"的【图层混合模式】：叠加。图像效果如图2-10-2所示。

图2-10-2

STEP3 ▶▶ 选择工具箱中的【抓手工具】✋，拖移图像使人物嘴唇部分显示在窗口中。新建"图层2"，在人物嘴巴上涂抹颜色。设置"图层2"的【图层混合模式】：叠加。按【Ctrl+J】组合键复制生成副本图层，效果如图2-10-3所示。

图2-10-3

STEP4 ▶▶ 新建"图层3",设置前景色:蓝色(R:46,G:87,B:135),在眼珠上涂抹颜色。设置"图层3"的【图层混合模式】:叠加。图像效果如图2-10-4所示。

图2-10-4

STEP5 ▶▶ 按【Ctrl+J】组合键,复制生成副本图层为"图层3 副本"。图像效果如图2-10-5所示。

图2-10-5

STEP6 ▶▶ 新建"图层4",选择工具箱中的【钢笔工具】，在眼珠上绘制血丝路径。设置前景色:黑色,选择工具箱中的【画笔工具】，设置【画笔】:尖角1像素。选择工具箱中的【钢笔工具】，右击,弹出快捷菜单,选择【描边路径】命令,打开对话框,勾选【模拟压力】复选框,单击【确定】按钮。按【Ctrl+Enter】组合键将路径转换为选区,按【Ctrl+D】组合键取消选区。图像效果如图2-10-6所示。

图2-10-6

STEP7 ▶▶ 设置"图层4"的【不透明度】:65%,按【Ctrl+J】组合键2次复制图层。设置"图层4副

本"的【不透明度】:40%,"图层4副本2"的【不透明度】:15%。图像效果如图2-10-7所示。

提示
复制血丝图层后,应分别适当调整副本图层的位置,使血丝效果更明显。

图2-10-7

STEP8 ▶▶ 同上述方法,绘制人物另外一只眼睛里的血丝,效果如图2-10-8所示。

图2-10-8

STEP9 ▶▶ 按【Ctrl+O】组合键,打开素材图片:蝴蝶.tif。选择工具箱中的【移动工具】，将其导入到窗口中的合适位置,效果如图2-10-9所示。

图2-10-9

STEP10 ▶▶ 执行【图层】|【图层样式】|【投影】命令,设置【不透明度】:77%,【角度】:

74度，【距离】：8像素，【大小】：13像素，单击
【确定】按钮。图像效果如图2-10-10所示。

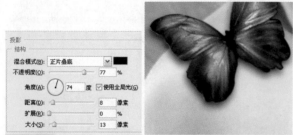

图2-10-10

STEP11 ▶▶ 按【Ctrl+J】组合键复制生成副本图
层，按【Ctrl+T】组合键，打开自由变换调节框，
等比例缩小图像并将其旋转拖移到合适位置，按
【Enter】键确定。图像效果如图2-10-11所示。

图2-10-11

Chapter

3 ——菜单命令与案例解析

　　本章重点采用菜单命令与工具相结合的方法制作出各种特效案例，如水晶按钮、水晶球效果、3D球体等。在本章的学习过程中，读者应当将注意力放在命令的操作上，且能够举一反三地对没有涉及的菜单命令也进行逐一的尝试与观察。只有全面的学习各项菜单命令并进行大量的综合练习，才能让初学者在工作中熟能生巧，游刃有余。

3.1 常用菜单命令介绍

本章节主要通过3D命令、云彩、分层云彩、可选颜色、色阶、亮度对比度、杂色、动感模糊、旋转扭曲等调整与滤镜命令，为读者详细介绍菜单命令的运用方法与使用技巧，希望读者能够掌握这些基础知识点并反复练习。

3.1.1 3D命令

根据所选的 3D 菜单命令，最终可以快速获得一个 3D 模型（单一网格或多个网格对象）。

操作演示——3D命令

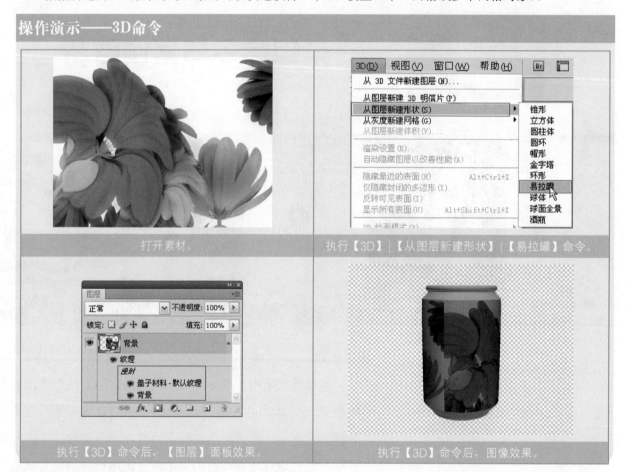

打开素材。

执行【3D】|【从图层新建形状】|【易拉罐】命令。

执行【3D】命令后，【图层】面板效果。

执行【3D】命令后，图像效果。

3.1.2 云彩、分层云彩命令

【云彩】滤镜的原理是使用前景色和背景色相融合，随机生成云彩状图案并填充到当前图层或选区中。【分层云彩】和【云彩】滤镜类似，都是使用前景色和背景色随机产生云彩图案，不同的是【分层云彩】生成的云彩图案不会替换原图，而是按差值模式与原图混合产生的图像效果。

操作演示——云彩、分层云彩命令

打开素材，按【D】键默认恢复默认前景色与背景色。

执行【滤镜】|【渲染】|【云彩】命令效果。

按【Ctrl+Z】组合键，返回上一步操作并绘制椭圆选区。

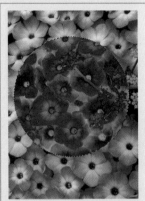

执行【滤镜】|【渲染】|【分层云彩】命令效果。

3.1.3 填充与调整命令

1. 填充图层

填充图层是一种由纯色、渐变效果或图案填充的图层，不包含任何图像，通常与剪贴路径一起使用。填充图层与其他图层一起使用也可以达到一些特殊的效果。

2. 调整图层

在Photoshop中可以创建多种类型的调整图层，包括色阶、曲线、色彩平衡、亮度/对比度、色相/饱和度、可选颜色、通道混合器、渐变映射、反相、阈值、色调分离等，从而可以按多种方式来调整图像的色彩和色调。

【色相/饱和度】命令可以调整图像中单个颜色成分的色相、饱和度和亮度，还可以通过给像素指定新的色相和饱和度，为灰度图像添加颜色。

执行【图像】|【调整】|【色相/饱和度】命令，打开【色相/饱和度】对话框，如图3-1-1所示。

- 编辑：在其下拉列表框中可选择作用范围。如选择【全图】选项，则将对图像中所有颜色的像素起作用，而其余选项则表示对某一颜色成分的像素起作用。
- 着色：使一幅灰色或黑白图像变成一幅单彩色的图像。
- 色相：就是颜色。在数字框中输入数字或拖动下方的滑块可改变图像的颜色。

图3-1-1

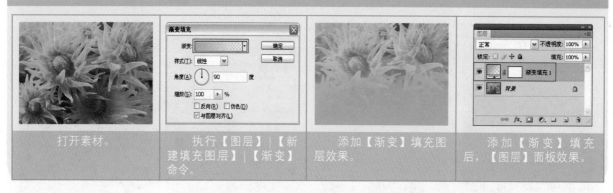

操作演示——渐变填充

| 打开素材。 | 执行【图层】|【新建填充图层】|【渐变】命令。 | 添加【渐变】填充图层效果。 | 添加【渐变】填充后,【图层】面板效果。 |

操作演示——色相/饱和度

| 单击【图层】面板下侧的【创建新的填充或调整图层】按钮,打开快捷菜单,选择【色相/饱和度】命令,设置参数:-49,0,0。 | 添加【色相/饱和度】调整命令效果。 | 添加【色相/饱和度】调整命令后,【图层】面板将自动生成"色相/饱和度1"调整图层。 |

3.1.4 可选颜色命令

【可选颜色】命令用于对所选的某种颜色范围进行有针对性的修改,它只修改图像中某种原色的数量但不影响其他原色。

执行【图像】|【调整】|【可选颜色】命令,打开【可选颜色】对话框,如图3-1-2所示。

- 颜色:设置要调整的颜色,包括【红色】、【黄色】、【绿色】、【青色】、【蓝色】、【白色】、【洋红】、【中性色】、【黑色】等颜色选项。

- 方法:选择增减颜色模式。选择【相对】选项,按CMYK总量的百分比来调整颜色;选择【绝对】选项,按CMYK总量的绝对值来调整颜色。

图3-1-2

打开素材。	执行【图像】|【调整】|【可选颜色】命令，设置【颜色】：蓝，参数：-100%，100%，100%，100%。	执行【可选颜色】命令后的图像效果。

3.1.5 色阶调整命令

【色阶】命令用于调整图像的明暗程度。色阶调整是使用高光、中间调和暗调3个变量进行图像色调调整的。这个命令不仅可以对整个图像进行操作，也可以对图像的某一选取范围、某一图层图像，或者某一个颜色通道进行操作。

执行【图像】|【调整】|【色阶】命令，打开如图3-1-3所示的【色阶】对话框。

- 通道：选择需要调整的颜色通道。
- 输入色阶：其中第一个编辑框用来设置图像的暗部色调，低于该值的像素将变为黑色，取值范围为0~253；第二个编辑框用来设置图像的中间色调，取值范围为0.10~9.99；第三个编辑框用来设置图像的亮部色调，高于该值的像素将变为白色，取值范围为1~255。
- 输出色阶：左边的编辑框用来提高图像的暗部色调，取值范围为0~255；右边的编辑框用来降低亮部的亮度，取值范围为0~255。

图3-1-3

- 自动(A)：单击该按钮，Photoshop CS4将以0.5的比例来调整图像，把最亮的0.5%像素调整为白色，而把最暗的5%像素调整为黑色。
- 载入(L)...：单击该按钮可载入格式为*.ALV的文件设置。
- 存储(S)...：单击该按钮可保存该设置。
- 预览：勾选该复选框，可以在图像窗口中预览图像效果。
- 吸管 吸管 吸管：这3个吸管工具位于对话框的右下方，用鼠标双击其中某一吸管即可打开【拾色器】对话框，并在【拾色器】对话框中输入亮光、中间调和暗调的值。使用黑色吸管单击图像，图像上所有像素的亮度值都会减去该选取色的亮度值，使图像变暗；使用灰色吸管单击图像，Photoshop CS4将用吸管单击处的像素亮度来调整图像所有像素的亮度；使用白色吸管单击图像，图像上所有像素的亮度值都会加上该选取色的亮度值，从而使图像变亮。

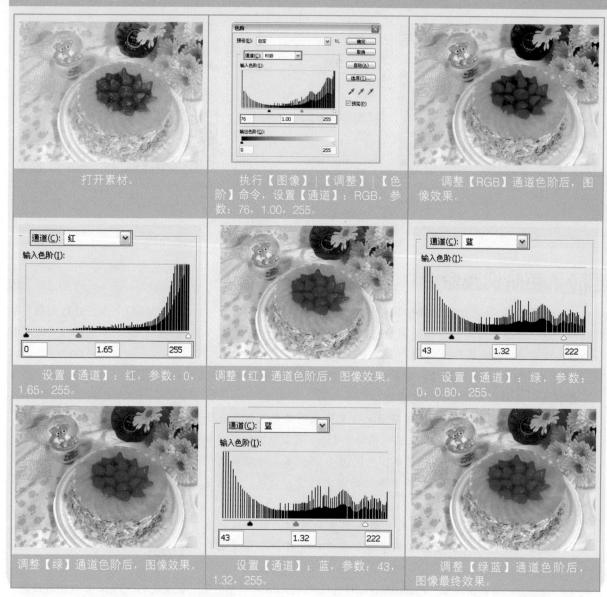

操作演示——色阶命令

打开素材。

执行【图像】|【调整】|【色阶】命令，设置【通道】：RGB，参数：76，1.00，255。

调整【RGB】通道色阶后，图像效果。

设置【通道】：红，参数：0，1.65，255。

调整【红】通道色阶后，图像效果。

设置【通道】：绿，参数：0，0.80，255。

调整【绿】通道色阶后，图像效果。

设置【通道】：蓝，参数：43，1.32，255。

调整【绿蓝】通道色阶后，图像最终效果。

3.1.6 亮度/对比度调整命令

使用【亮度/对比度】命令可以调整图像的亮度和对比度。默认情况下，【亮度/对比度】命令处于隐藏状态，执行【图像】|【调整】|【显示所有菜单项目】命令可将其显示出来。

执行【图像】|【调整】|【亮度/对比度】命令，打开【亮度/对比度】对话框，如图3-1-4所示。

- 亮度：当输入数值为负时，将降低图像的亮度；当输入的数值为正时，将增加图像的亮度；当输入的数值为0时，图像无变化。
- 对比度：当输入数值为负时，将降低图像的对比度；当输入的数值为正时，将增加图像的对比度；当输入的数值为0时，图像无变化。

图3-1-4

操作演示——亮度/对比度

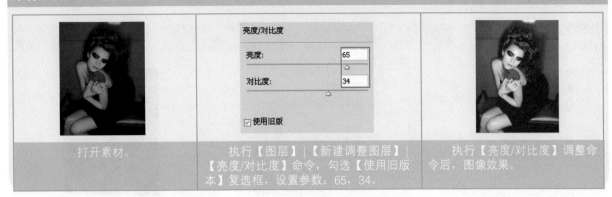

打开素材。

执行【图层】|【新建调整图层】|【亮度/对比度】命令，勾选【使用旧版本】复选框，设置参数：65，34。

执行【亮度/对比度】调整命令后，图像效果。

3.1.7 杂色、动感模糊、旋转扭曲等命令

1. 添加杂色

可以使用该滤镜命令在图像上添加随机像素，并且配合【动感模糊】、【径向模糊】等滤镜可制作出纹理特效。

- 数量：设置杂色的数量，值越大效果越明显。
- 分布：设置杂色的分布方式。选择【平均分布】，则颜色杂点统一平均分布；选择【高斯分布】，则颜色杂点按高斯曲线分布。
- 单色：设置是否为单色色素，勾选此复选框，杂点只影响原图像像素的亮度而不改变其颜色。

2. 动感模糊

【动感模糊】滤镜是以某种方向和强度来模糊图像，使被模糊的部分产生高速运动的效果。拖动【角度】转盘可调整模糊的方向，拖动【距离】滑块可调整模糊的强度。

- 角度：设置运动模糊的方向。
- 距离：设置像素移动的距离，即模糊的强度。

操作演示——动感模糊

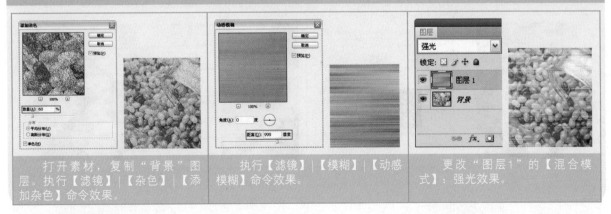

打开素材，复制"背景"图层。执行【滤镜】|【杂色】|【添加杂色】命令效果。

执行【滤镜】|【模糊】|【动感模糊】命令效果。

更改"图层1"的【混合模式】：强光效果。

3. 旋转扭曲

该命令使图像产生一种中心位置比边缘位置扭曲更强烈的效果。

○ 角度：其变化范围为-999~999，当设置【角度】为正值时，图像沿顺时针方向旋转；为负值时，沿逆时针方向旋转。

操作演示——旋转扭曲

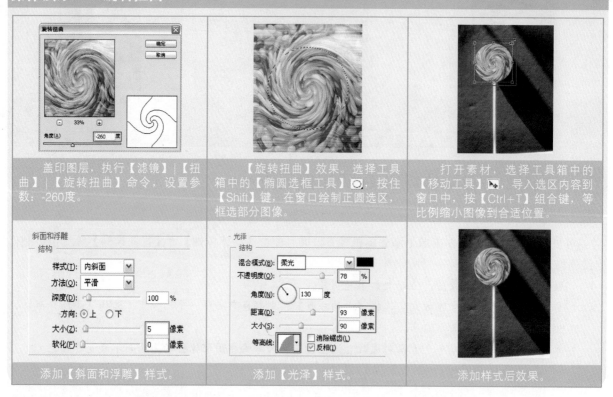

盖印图层，执行【滤镜】|【扭曲】|【旋转扭曲】命令，设置参数：-260度。

【旋转扭曲】效果。选择工具箱中的【椭圆选框工具】○，按住【Shift】键，在窗口绘制正圆选区，框选部分图像。

打开素材，选择工具箱中的【移动工具】，导入选区内容到窗口中，按【Ctrl+T】组合键，等比例缩小图像到合适位置。

添加【斜面和浮雕】样式。

添加【光泽】样式。

添加样式后效果。

3.1.8 色彩范围命令

　　【色彩范围】命令位于【选择】菜单中，用于在图像窗口中指定颜色来定义选区，并可通过指定其他颜色来增加或减少活动选区。默认情况下，在【色彩范围】对话框中，选区部分呈白色显示。

操作演示——色彩范围

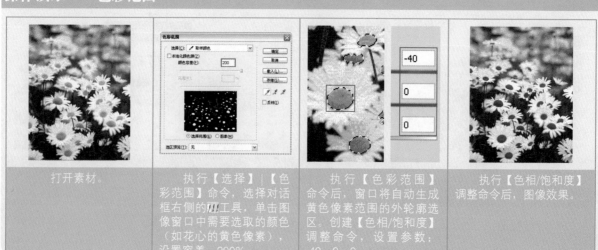

打开素材。

执行【选择】|【色彩范围】命令，选择对话框右侧的工具，单击图像窗口中需要选取的颜色（如花心的黄色像素），设置容差：200%。

执行【色彩范围】命令后，窗口将自动生成黄色像素范围的外轮廓选区。创建【色相/饱和度】调整命令，设置参数：-40，0，0。

执行【色相/饱和度】调整命令后，图像效果。

3.1.9 去色调整命令

【去色】命令可除去图像中的饱和度信息。

执行【图像】|【调整】|【去色】命令，将图像中所有颜色的饱和度都变为0，从而将图像变为彩色模式下的灰色图像。若在当前图层建立一个选区，可只对图像的选区范围使用【去色】命令。

操作演示——去色命令

打开素材，绘制椭圆选区并反选选区。

执行【图像】|【调整】|【去色】命令，去掉选区内图像色彩。

3.1.10 渐变映射调整命令

【渐变映射】命令可以改变图像的色彩，并使用各种渐变模式对图像的颜色进行调整。

执行【图像】|【调整】|【渐变映射】命令，打开【渐变映射】对话框，如图3-1-5所示。

图3-1-5

- 灰度映射所用的渐变：在其下拉列表中可选择要使用的渐变色。
- 仿色：选中该复选框，将实行抖动渐变。
- 反向：选中该复选框，将实行反转渐变。

【渐变映射】命令的使用方法是：在【渐变映射】对话框中单击预置列表中预置的颜色，即可将渐变映射运用到图像上；如果不选择预置的渐变色，可单击渐变色块打开【渐变编辑器】对话框进行渐变色的设置，如图3-1-6所示。完成后，单击【渐变编辑器】对话框的 确定 按钮回到【渐变映射】对话框，如图3-1-7所示，然后单击【渐变映射】对话框的 确定 按钮即可。

图3-1-6

图3-1-7

操作演示——渐变映射

| 打开素材。 | 执行【图层】\|【图层样式】\|【渐变映射】命令，设置【渐变】：蓝—红—绿—黄。 | 单击【确定】按钮，添加【渐变映射】效果。 |

3.1.11 反相调整命令

【反相】命令能把图像的色彩反相，从而转化为负片，也可将负片还原为图像。

执行【图像】\|【调整】\|【反相】命令，可以将图像的色彩反转（如黑色变成白色），而且不会丢失图像的颜色信息。当再次使用该命令时，图像会被还原。如果将一幅照片反相，可得到底片效果。

操作演示——反相命令

| 打开素材。 | 执行【图像】\|【调整】\|【反相】命令效果。 |

3.1.12 曲线调整命令

曲线调整是选项最丰富、功能最强大的颜色调整工具，它允许调整图像色调曲线上的任意一点。执行【图像】\|【调整】\|【曲线】命令或按【Ctrl+M】组合键，打开【曲线】对话框，如图3-1-8所示。

- 输入：显示原来图像的亮度值，与色调曲线的水平轴相同。

- 输出：显示图像处理后的亮度值，与色调曲线的垂直轴相同。

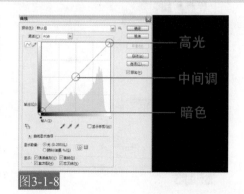

图3-1-8

◎光谱条：单击图标下边的光谱条，可在黑色和白色之间切换。

◎ 🗠：🗠工具用来在图表中各处制造节点而产生色调曲线。拖动
鼠标可改变节点位置，向上拖动时色调变亮，向下拖动则变
暗。若想将曲线调整成比较复杂的形状，可多次产生节点并进
行调整。

◎ ✎：✎工具用来随意在图表上画出需要的色调曲线，选中它，
然后将光标移至图表中，待鼠标变成画笔，可用该画笔徒手绘
制色调曲线，如图3-1-9所示。

在曲线上可随意添加控制点，方法是：直接在需要添加控制点的
位置单击，Photoshop CS4中最多允许在曲线上添加16个控制点。

删除控制点的方法有以下3种。

◎选中控制点拖到曲线图外。

◎按住【Ctrl】键，单击需要删除的控制点。

◎选择需要删除的控制点，按【Delete】键删除。

调整曲线的形状可使图像的颜色、亮度、对比度等发生改变。使用下列任意方法均可调整曲线。

◎用鼠标拖动曲线。

◎在曲线上添加控制点或选择一个控制点，然后在【输入】和【输出】框中分别输入新的纵横坐标值。

◎单击对话框下面的铅笔按钮✎，在曲线图中绘制新曲线，然后单击右边的【平滑】按钮使曲线平滑。

图3-1-9

操作演示——曲线命令

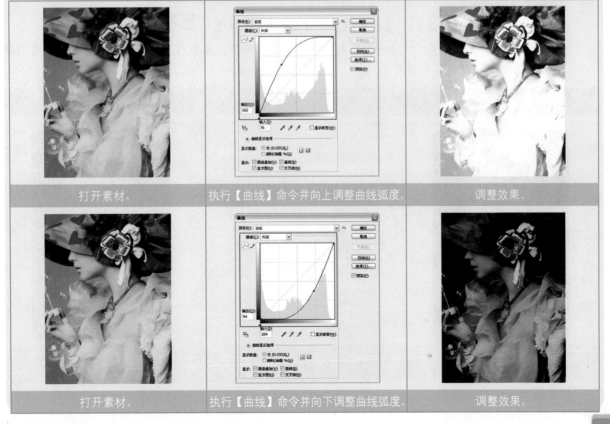

打开素材。　　执行【曲线】命令并向上调整曲线弧度。　　调整效果。

打开素材。　　执行【曲线】命令并向下调整曲线弧度。　　调整效果。

操作演示——曲线命令

打开素材。

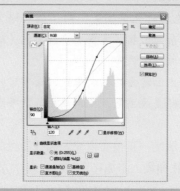

执行【曲线】命令并向调整曲线弧度为S形。

调整效果。

3.1.13 色彩平衡调整命令

【色彩平衡】命令可以调整图像整体的色彩平衡。

执行【图像】|【调整】|【色彩平衡】命令,打开【色彩平衡】
对话框,如图3-1-10所示。

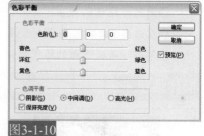

图3-1-10

- 色彩平衡:分别用来显示3个滑块的滑块值,也可直接在色阶框中输入相应的值来调整颜色均衡。调整色彩平衡前后的图像效果见操作演示区。

- 色调平衡:包括【暗调】、【中间调】、【高光】3个单选项,选中其中某一选项,就会对相应色调的像素进行调整。勾选【保持亮度】复选框,可在调整图像色彩时使图像亮度保持不变。

操作演示——色彩平衡

打开素材。

打开【色彩平衡】对话框并设置参数。

调整效果。

3.1.14 匹配颜色命令

【匹配颜色】命令可以使多个图像文件、图层、色彩选区之间进行颜色的匹配。使用该命令，注意将颜色模式设置为RGB颜色。执行【图像】|【调整】|【匹配颜色】命令，打开【匹配颜色】对话框，如图3-1-11所示。

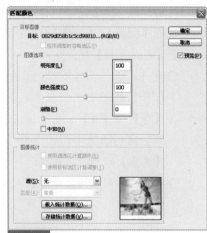

图3-1-11

- 调整时忽略选区：选择该复选框后，软件会将调整应用到整个目标图层上，而忽略图层中的选区。
- 亮度：调整当前图层中图像的亮度。
- 颜色强度：调整图像中颜色的饱和度。
- 渐隐：拖动滑块，可控制应用到图像中的调整量。
- 中和：选择该复选框，可自动消除目标图像中色彩的偏差。
- 使用源选区计算彩色：勾选该复选框，可使用源图像中选区的颜色计算调整度。取消勾选该复选框，则会忽略图像中的选区，使用原图层中的颜色计算调整度。
- 使用目标选区计算调整：选择该复选框，使用目标图层中选区的颜色计算调整度。
- 源：在其下拉列表中选择要将其颜色匹配到目标图像中的原图像。
- 图层：在该下拉列表中选择源图像中带有需要匹配的颜色的图层。
- 载入统计数据(O)... ：载入已存储的设置文件。
- 存储统计数据(V)... ：单击该按钮，保存所做的设置。

操作演示——匹配颜色命令

打开素材。

执行【曲线】命令并向调整曲线弧度为S形。

调整效果。

打开【匹配颜色】对话框设置参数。

【匹配颜色】效果。

3.1.15 通道混合器命令

【通道混合器】命令可以通过颜色通道的混合修改颜色通道，产生图像合成的效果。

执行【图像】|【调整】|【通道混合器】命令，打开如图3-1-12所示的【通道混合器】对话框。

图3-1-12

- 输出通道：在其下拉列表中可以选择要调整的颜色通道。若打开的是RGB色彩模式的图像，则列表中的选项为【红】、【绿】、【蓝】三原色通道；若打开的是CMYK色彩模式的图像，则列表框中的选项为【青色】、【洋红】、【黄色】、【黑色】四种颜色通道。

- 源通道：用鼠标拖动滑块或直接在右侧的文本框中输入数值调整源通道在输出通道中所占的百分比，其取值在-200%~ 200%之间。

- 常数：用鼠标拖动滑块或在右侧的文本框中输入数值可改变输出通道的不透明度。其取值在-200%~ 200%之间。输入负值时，通道的颜色偏向黑色；输入正值时，通道的颜色偏向白色。

- 单色：选择该复选框，将彩色图像变成只含灰度值的灰度图像。

操作演示——通道混合器

打开素材。

执行【通道混合器】命令并设置参数：
55%，-12%，-71%，-28%。

【通道混合器】效果。

3.1.16 照片滤镜命令

【照片滤镜】命令可把带颜色的滤镜放在照相机镜头前方调整图片的颜色，还可通过选择色彩预置，调整图像的色相。

执行【图像】|【调整】|【照片滤镜】命令，打开【照片滤镜】对话框如图3-1-13所示。

图3-1-13

- 滤镜：在下拉列表中选择预置滤镜，这些预置包括可以调整图像中白色平衡的色彩转换滤镜或以较小幅度调整图像色彩质量的光线平衡滤镜。

- 颜色：单击该单选项中的色块来设置滤镜的颜色。

- 浓度：调整应用到图像中的颜色量。值越高，色彩就越接近设置的滤镜颜色。

- 保留亮度：选择该复选框，图像的明度不会因为其他选项的设置而改变。

操作演示——照片滤镜

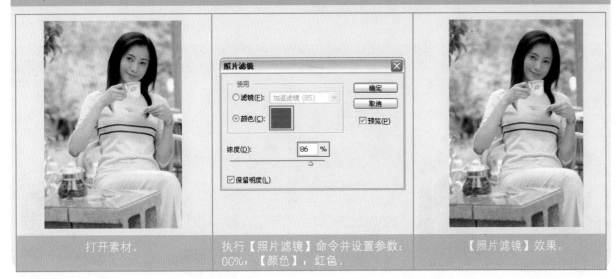

打开素材。　　　　　执行【照片滤镜】命令并设置参数：　　　　　【照片滤镜】效果。
　　　　　　　　　　0096，【颜色】：红色。

3.1.17 阴影/高光命令

【阴影/高光】命令不是单纯地使图像变亮或变暗，而是通过计算，对图像局部进行明暗处理。

执行【图像】|【调整】|【阴影/高光】命令，打开【阴影/高光】对话框，如图3-1-14所示，勾选【显示更多选项】复选框，可将该命令下的所有选项显示出来，如图3-1-15所示。

图3-1-14　　　　　　　　　　　　　图3-1-15

- 数量：分别调整阴影和高光的数量，可以调整光线的校正量。数值越大，则阴影越亮而高光越暗；反之则阴影越暗高光越亮。
- 色调密度：控制所要修改的阴影或高光中的色调范围。
- 半径：调整应用阴影和高光效果的范围，设置该尺寸，可决定某一像素是属于阴影还是属于高光。
- 颜色校正：该命令可以微调彩色图像中已被改变区域的颜色。
- 中间调对比度：调整中间色调的对比度。

⊙ 存储为默认值(D)：单击该按钮，可将当前设置存储为【阴影/高光】命令的默认设置。若要恢复默认值，按住【Shift】键，将鼠标移到 存储为默认值(D) 按钮上，该按钮会变成【恢复默认值】，单击该按钮即可。

操作演示——阴影/高光

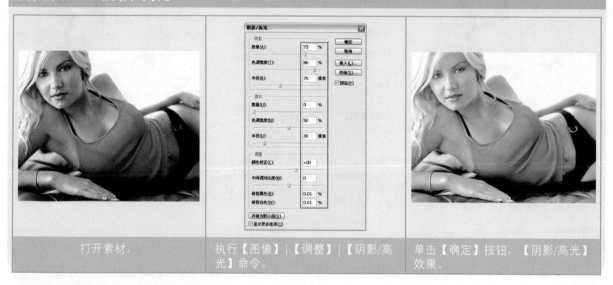

| 打开素材。 | 执行【图像】\|【调整】\|【阴影/高光】命令。 | 单击【确定】按钮，【阴影/高光】效果。 |

3.2 水晶球效果

📠 案例分析

本例主要讲解的是如何用【编辑】下的命令和工具绘制出水晶球的效果，该效果一般用于写真。其中，【画笔工具】、【钢笔工具】、【图层样式】都是重点。

📚 行业知识

水晶球效果经常应用于写真，写真一般是指户内使用的，它输出的画面一般就只有几个平米大小。如在展览会上厂家使用的广告小画面。

💿 光盘路径

素材：欧式美女.tif

源文件：水晶球效果.psd

视频：水晶球效果.avi

STEP1 ▶▶ 按【Ctrl＋O】组合键，打开素材图片：欧式美女.tif，如图3-2-1所示。

图3-2-1

STEP2 ▶▶ 新建"图层1"，选择工具箱中的【椭圆选框工具】◯，按住【Shift】键，在图像窗口右边拖移绘制正圆选区，并设置背景色：白色。执行【编辑】|【填充】命令，打开【填充】对话框，设置【内容使用】：背景色，单击【确定】按钮。按【Ctrl+D】组合键取消选区。图像效果如图3-2-2所示。

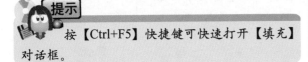

提示

按【Ctrl+F5】快捷键可快速打开【填充】对话框。

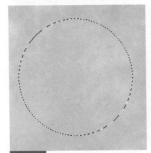

图3-2-2

STEP3 ▶▶ 选择工具箱中的【钢笔工具】◊，在圆圈右下方绘制路径，按【Ctrl+Enter】组合键将路径转换为选区。设置前景色：淡灰色（R:217, G:209, B:200），选择工具箱中的【画笔工具】✐，设置【画笔】：柔角70像素，【不透明度】：80%，【流量】：75%，在选区中涂抹颜色，按【Ctrl+D】组合键取消选区，如图3-2-3所示。

图3-2-3

STEP4 ▶▶ 设置前景色：淡橙色（R:216, G:186, B:166）。选择工具箱中的【钢笔工具】◊，在圆圈左下方绘制选区。选择工具箱中的【画笔工具】✐，在选区中涂抹绘制颜色，按【Ctrl+D】组合键取消选区，效果如图3-2-4所示。

提示

在涂抹绘制颜色的过程中，需要不断调节【画笔大小】和【不透明度】，才能使画面更符合要求。

图3-2-4

STEP5 ▶▶ 选择工具箱中的【钢笔工具】◊，在圆圈中间绘制路径，按【Ctrl+Enter】组合键将路径转换为选区。选择工具箱中的【画笔工具】✐，在选区中涂抹绘制颜色，按【Ctrl+D】组合键取消选区。图像效果如图3-2-5所示。

提示

操作到此步，可观察到，每块面都是渐变色的涂抹效果。但本案例中并没有直接使用【渐变工具】填充每块光面，而是用【画笔工具】逐一涂抹。是因为【画笔工具】更便于把握色彩和光面，对于着重绘制细节的案例来说，【画笔工具】是更好的选择。

图3-2-5

STEP6 ▶▶ 选择工具箱中的【钢笔工具】，在圆圈左方绘制路径，按【Ctrl+Enter】组合键将路径转换为选区。选择工具箱中的【画笔工具】，在选区中涂抹绘制颜色，按【Ctrl+D】组合键取消选区。图像效果如图3-2-6所示。

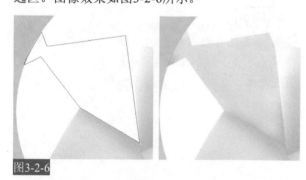

图3-2-6

STEP7 ▶▶ 选择工具箱中的【钢笔工具】，在圆圈左上方绘制路径，按【Ctrl+Enter】组合键将路径转换为选区。设置前景色：浅棕（R:183, G:158, B:136），选择工具箱中的【画笔工具】，在选区中涂抹绘制颜色，按【Ctrl+D】组合键取消选区。图像效果如图3-2-7所示。

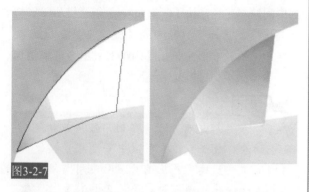

图3-2-7

STEP8 ▶▶ 选择工具箱中的【钢笔工具】，在

圆圈左边绘制路径，按【Ctrl+Enter】组合键将路径转换为选区。设置前景色：淡灰（R:172, G:159, B:150），选择工具箱中的【画笔工具】，在选区中涂抹绘制颜色，按【Ctrl+D】组合键取消选区，效果如图3-2-8所示。

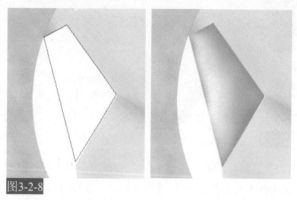

图3-2-8

STEP9 ▶▶ 同上述方法绘制其他块面，如图3-2-9所示。

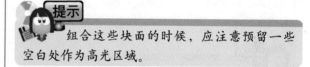

提示

组合这些块面的时候，应注意预留一些空白处作为高光区域。

图3-2-9

STEP10 ▶▶ 新建"图层2"，选择工具箱中的【钢笔工具】，在水晶球下方绘制路径，并按【Ctrl+Enter】组合键将其转换为选区。设置前景色：红色（R:223, G:35, B:31），按【Alt+Delete】组合键填充选区颜色。按【Ctrl+D】组合键取消选区。设置前景色：棕色（R:126, G:94, B:44），选择工具箱中的【画笔工具】，设置【不透明度】：100%，涂抹绘制圆心部分。图像效果如图3-2-10所示。

图3-2-10

STEP11 ▶▶ 执行【图层】|【图层样式】|【斜面和浮雕】命令，设置【深度】：399%，【大小】：32像素，【软化】：2像素，【阴影颜色】：棕红（R:102, G:21, B:11），单击【确定】按钮。图像效果如图3-2-11所示。

图3-2-11

STEP12 ▶▶ 新建"图层3"，设置前景色：白色，选择工具箱中的【画笔工具】 ，设置【画笔】：柔角80像素，在水晶球上绘制高光。图像效果如图3-2-12所示。

图3-2-12

STEP13 ▶▶ 新建"图层4"，选择工具箱中的【钢笔工具】 ，绘制路径。按【Ctrl+Enter】组合键将路径转换为选区，按【Alt+Delete】组合键将选区填充为白色，按【Ctrl+D】组合键取消选区。图像效果如图3-2-13所示。

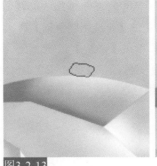

图3-2-13

STEP14 ▶▶ 执行【图层】|【图层样式】|【斜面和浮雕】命令，设置【深度】：286%，【大小】：32像素，【软化】：2像素，【阴影颜色】（R:102, G:21, B:11），单击【确定】按钮。图像效果如图3-2-14所示。

图3-2-14

STEP15 ▶▶ 选择工具箱中的【移动工具】 ，按住【Shi-ft+Alt】组合键，垂直拖移并复制出副本图层，分别将其放置到合适位置。图像效果如图3-2-15所示。

图3-2-15

STEP16 ▶▶ 新建"图层5"，选择工具箱中的【钢笔工具】 ，在水晶球上绘制路径并将其转换为选区，选择工具箱中的【渐变工具】 ，单击【编辑渐变】按钮 ，设置【渐变色】：0位置处颜色（R:255, G:255, B:255；100位置处颜色（R:255, G:255, B:255），单击色带上的【不透明度色标】，设置【不透明度】：0%，单击【确定】按钮，在选区中从上向下拖移绘制渐变色，按【Ctrl+D】组合键取消选区。图像效果如图3-2-16所示。

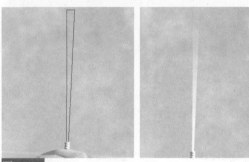
图3-2-16

STEP17 ▶▶ 选择工具箱中的【移动工具】，按住【Shift+Alt】组合键，拖移并复制出副本图层，按【Ctrl+T】组合键，拖移并旋转图像，按【Enter】键确定。图像效果如图 3-2-17所示。

图3-2-17

STEP18 ▶▶ 选择"图层5副本"，按住【Shift】键，单击"图层1"，同时选中连续的图层，按【Ctrl+E】组合键合并图层。图像效果如图3-2-18所示。

图3-2-18

STEP19 ▶▶ 选择工具箱中的【移动工具】，按住【Shift+Alt】组合键，拖移并复制出副本图层，将副本图层摆放在合适位置。图像效果如图3-2-19所示。

图3-2-19

STEP20 ▶▶ 执行【滤镜】|【模糊】|【高斯模糊】命令，设置【参数】：9像素，单击【确定】按钮。设置"图层1副本"的【不透明度】：29%，图像效果如图3-2-20所示。

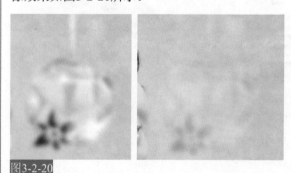
图3-2-20

STEP21 ▶▶ 继续拖移并复制出其他副本图层，模糊图像并改变其【不透明度】，最终效果如图3-2-21所示。

图3-2-21

3.3 黑白照片上色

制作本例的主要目的是使读者了解并掌握如何在Photoshop软件中给黑白照片上色。本例主要讲解的重点是【图像】、【图层混合模式】、【画笔工具】的使用。

行业知识

从原理上来讲，打印出来的照片是不可能做到与原来的图像看起来完全一样的，我们能够做的就是将差异控制在较小的范围内。Photoshop中的Adobe Gamma工具就可以调整屏幕的色彩。

光盘路径

素材：黑白美女.tif
源文件：黑白照片上色.psd
视频：黑白照片上色.avi

STEP1 ▶ 按【Ctrl＋O】组合键，打开素材图片：黑白美女.tif。新建"图层1"，选择工具箱中的【钢笔工具】，沿人物背景绘制路径，如图3-3-1所示。

图3-3-1

STEP2 ▶ 按【Ctrl+Enter】组合键将路径转换为选区，设置前景色：蓝色（R:43, G:65, B:78），按【Alt+Delete】组合键填充选区颜色，按【Ctrl+D】组合键取消选区。设置"图层1"的【图层混合模式】：叠加。图像效果如图3-3-2所示。

图3-3-2

STEP3 ▶ 选择工具箱中的【橡皮擦工具】，设置【画笔】：柔角100像素，【不透明度】：80%，【流量】：80%，在背景中擦除亮部的颜色，保留阴影部分的颜色，如图3-3-3所示。

提示

进行这一步的操作是为了更好的显露出背景的立体感。

图3-3-3

STEP4 ▶▶ 新建"图层2"，设置前景色：肉色（R:205, G:145, B:119），选择工具箱中的【钢笔工具】 🖊，沿人物皮肤绘制路径。按【Ctrl+Enter】组合键将路径转换为选区，按【Alt+Delete】组合键填充选区颜色。图像效果如图3-3-4所示。

图3-3-4

STEP5 ▶▶ 设置"图层2"的【图层混合模式】：叠加。选择工具箱中的【橡皮擦工具】 🖋，设置【画笔】：尖角20像素，【不透明度】：100%，【流量】：100%，将除人物皮肤以外的图像擦除。图像效果如图3-3-5所示。

图3-3-5

STEP6 ▶▶ 新建"图层3"，选择工具箱中的【画笔工具】 🖊，设置【画笔】：柔角50，在人物皮肤的阴影区域再次涂抹一层颜色，按【Ctrl+D】组合键取消选区。设置【图层混合模式】：正片叠底。图像效果3-3-6所示。

图3-3-6

STEP7 ▶▶ 新建"图层4"，选择工具箱中的【钢笔工具】 🖊，沿嘴唇绘制路径并转换为选区。设置前景色：紫红（R:255, G:70, B:201），按【Alt+Delete】组合键填充选区颜色，按【Ctrl+D】组合键取消选区。图像效果如图3-3-7所示。

图3-3-7

STEP8 ▶▶ 设置"图层4"的【图层混合模式】：叠加，【不透明度】：60%。图像效果如图3-3-8所示。

图3-3-8

STEP9 ▶▶ 新建"图层5",设置前景色:黄色
(R:255, G:255, B:0),选择工具箱中的【画笔工
具】 ✐,设置【画笔】:尖角10像素,沿人物身上
的油漆副本涂抹绘制颜色,效果如图3-3-9所示。

图3-3-9

STEP10 ▶▶ 设置"图层5"的【图层混合模式】:叠
加。图像效果如图3-3-10所示。

图3-3-10

STEP11 ▶▶ 新建"图层6",设置前景色:紫色
(R:121, G:39, B:97),继续给人物身上的油漆涂抹
颜色,图像效果如图3-3-11所示。

图3-3-11

STEP12 ▶▶ 设置"图层6"的【图层混合模式】:叠
加,图像效果如图3-3-12所示。

图3-3-12

STEP13 ▶▶ 新建"图层7",设置前景色:棕色
(R:130, G:88, B:73),给人物头发涂抹颜色,图像
效果如图3-3-13所示。

提示

在涂抹头发的过程中,需根据头发的位
置调整画笔的大小和硬度。

图3-3-13

STEP14 ▶▶ 设置"图层7"的【图层混合模式】:
叠加,图像效果如图3-3-14所示。

图3-3-14

STEP15 ▶▶ 新建"图层8",选择工具箱中的
【钢笔工具】 ⚲,沿人物头饰绘制路径,按
【Ctrl+Enter】组合键将其转换为选区。设置前
景色:天蓝色(R:0, G:114, B:255),按【Alt+
Delete】组合键填充选区颜色,按【Ctrl+D】组合
键取消选区。图像效果如图3-3-15所示。

图3-3-15

图3-3-18

STEP16 ▶▶ 设置"图层8"的【图层混合模式】：叠加，图像效果如图3-3-16所示。

STEP19 ▶▶ 新建"图层10"，设置前景色：白色，继续在人物首饰上涂抹颜色。设置【图层混合模式】：叠加。图像效果如图3-3-19所示。

图3-3-16

图3-3-19

STEP17 ▶▶ 执行【图层】|【图层样式】|【投影】命令，打开【图层样式】对话框，设置【颜色】：碧蓝色（R:1, G:70, B:92），【不透明度】：67%，【角度】：60度，【距离】：6像素，【大小】：9像素，单击【确定】按钮，效果如图3-3-17所示。

STEP20 ▶▶ 新建"图层11"，设置前景色：灰红色（R:175, G:107, B:120），在人物眼睛上涂抹眼影。图像效果如图3-3-20所示。

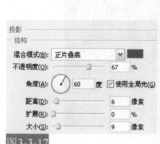

图3-3-17

图3-3-20

STEP18 ▶▶ 新建"图层9"，设置前景色：深棕（R:126, G:48, B:26），选择工具箱中的【画笔工具】，设置【画笔】：柔角50像素，在人物首饰上涂抹颜色。设置【图层混合模式】：叠加，图像效果如图3-3-18所示。

STEP21 ▶▶ 设置"图层11"的【图层混合模式】：叠加，图像效果如图3-3-21所示。

提示

通过以上的操作步骤，可观察出使用【叠加】命令可将颜色叠入图像质感中，使其自然结合。

图3-3-21

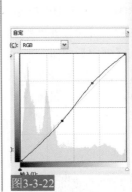

图3-3-22

STEP22 ▶ 按【Ctrl + Alt+ Shift+E】组合键盖印可见图层。执行【图像】|【调整】|【曲线】命令，打开【曲线】对话框，拖动弧线到合适位置，单击【确定】按钮。最终效果如图3-3-22所示。

3.4 网店促销广告

📠 案例分析
　　本例主要讲解如何制作网点促销广告，并运用了【圆角矩形工具】、【椭圆工具】和【图层样式】，制作具有质感的图像。

📚 行业知识
　　网络广告一般有两种表现形式：文字和图形。

💿 光盘路径
素材：街道.tif、红绿灯.tif、五星.tif、人物.tif
源文件：网店促销广告.psd
视频：网店促销广告.avi

STEP1 ▶ 执行【文件】|【新建】命令，打开【新建】对话框，设置【名称】：网店促销广告，设置【宽度】：16厘米，【高度】：7厘米，【分辨率】：150像素/英寸，【颜色模式】：RGB颜色，如图3-4-1所示，单击【确定】按钮。

新建			
名称(N)：	网店促销广告		确定
预设(P)：	自定		取消
大小(I)：			存储预设(S)...
宽度(W)：	16	厘米	删除预设(D)...
高度(H)：	7	厘米	
分辨率(R)：	150	像素/英寸	Device Central(E)...
颜色模式(M)：	RGB 颜色	8 位	
背景内容(C)：	白色		图像大小：
高级			1.12M

图3-4-1

STEP2 ▶▶ 选择工具箱中的【渐变工具】 □，单击【编辑渐变】按钮 ███████▼，打开对话框，设置【渐变色】：0位置处颜色（R:160, G:33, B:97）；37位置处颜色（R:39, G:53, B:98）；100位置处颜色（R:112, G:207, B:203），单击【确定】按钮。新建"图层1"，单击属性栏上的【线性渐变】按钮 □，在图像窗口中从上向下拖移填充渐变色。图像效果如图3-4-2所示。

图3-4-2

STEP3 ▶▶ 选择工具箱中的【减淡工具】 ，设置属性栏上的【画笔】：柔角200像素，【范围】：中间调，【曝光度】：50%，在窗口下方涂抹使其颜色减淡。选择工具箱中的【加深工具】 ，设置属性栏上的【画笔】：柔角200像素，【范围】：中间调，【曝光度】：17%，在窗口上方涂抹使其颜色加深，效果如图3-4-3所示。

图3-4-3

STEP4 ▶▶ 新建"图层2"，设置前景色：白色。选择工具箱中的【画笔工具】 ，设置属性栏上的【画笔】：柔角150像素，【不透明度】：100%，【流量】：70%，在图像窗口下方涂抹绘制颜色。执行【滤镜】|【模糊】|【高斯模糊】命令，打开【高斯模糊】对话框，设置【半径】：8像素，单击【确定】按钮，效果如图3-4-4所示。

图3-4-4

STEP5 ▶▶ 选择工具箱中的【橡皮擦工具】 ，设置属性栏上的【画笔】：柔角100像素，【不透明度】：50%，【流量】：45%，擦除部分图像。按【Ctrl+Shift+Alt+E】组合键，盖印可见图层，自动生成"图层3"。执行【图像】|【调整】|【亮度/对比度】命令，打开【亮度/对比度】对话框，设置参数：27，34，单击【确定】按钮，效果如图3-4-5所示。

图3-4-5

STEP6 ▶▶ 按【Ctrl＋O】组合键，打开素材图片：街道.tif，选择工具箱中的【移动工具】 ，拖动"街道"图像窗口中的图像到"网店促销广告"图像窗口中，自动生成"街道"图层，如图3-4-6所示。

图3-4-6

STEP7 ▶▶ 选择工具箱中的【橡皮擦工具】 ，设置属性栏上的【画笔】：柔角150像素，【不透明度】：60%，【流量】：35%，涂抹擦除部分图像。按【Ctrl＋O】组合键，打开素材图片：红绿灯.tif。选择工具箱中的【移动工具】 ，拖动"红绿灯"图像窗口中的图像到"网店促销广告"图像窗口中，自动生成"红绿灯"图层，如图3-4-7所示。

图3-4-7

STEP8 ▶▶ 选择工具箱中的【自定形状工具】 ，单击属性栏上的【自定形状拾色器】按钮 ，打开面板，选择【形状】：五角星 。新建"图层4"，设置前景色：白色，在窗口中绘制若干个五角星形状。设置该图层的【图层混合模式】：柔光，选择工具箱中的【橡皮擦工具】，擦除部分图像。效果如图3-4-8所示。

图3-4-8

STEP9 ▶▶ 新建"图层5"，设置前景色：黑色。选择工具箱中的【圆角矩形工具】，单击属性栏上的【填充像素】按钮，在图像窗口中绘制圆角矩形。按【Ctrl+T】组合键，打开自由变换调节框，按住【Ctrl】键，拖动调节框的各个控制点，改变图像形状，按【Enter】键确定，效果如图3-4-9所示。

图3-4-9

STEP10 ▶▶ 新建"图层6"，设置前景色：灰色（R:25, G:25, B:25），继续使用【圆角矩形工具】，在"图层5"上绘制圆角矩形。双击"图层6"后面的空白处，打开【图层样式】对话框，单击【图案叠加】项，打开【图案叠加】面板，设置【混合模式】：叠加，【不透明度】：53%，【图案】：粗麻布，其他参数保持默认值，如图3-4-10所示。

> **提示**
> 设置【图案】参数时，单击【图案拾色器】按钮，打开面板，单击右上侧的【弹出菜单】按钮，选择【填充纹理】命令，在弹出的询问框中单击【确定】按钮，返回【图案叠加】面板，选择【图案】：粗麻布。

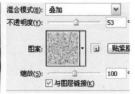

图3-4-10

STEP11 ▶▶ 单击【内发光】项，打开【描边】面板，设置【大小】：5像素，【颜色】：黑色，其他参数保持默认值，单击【确定】按钮，如图3-4-11所示。

图3-4-11

STEP12 ▶▶ 选择工具箱中的【横排文字工具】，设置属性栏上的【字体系列】：文鼎特粗黑简，【字体大小】：28点，【文本颜色】：白色，在"图层6"上输入文字，按【Ctrl+Enter】组合键确定。双击文字图层后面的空白处，打开【图层样式】对话框，单击【投影】项，打开【投影】面板，设置【距离】：7像素，其他参数保持默认值，如图3-4-12所示。

图3-4-12

STEP13 ▶▶ 单击【渐变叠加】项，打开【渐变叠加】面板，单击【编辑渐变】按钮，打开【渐变编辑器】对话框，设置渐变色：0位置处颜色（R:220, G:159, B:233）；44位置处颜色（R:250, G:244, B:251）；100位置处颜色（R:217, G:147, B:236）；其他参数保持默认值。单击【描边】项，打开【描边】面板，设置【颜色】：黑色，其他参数保持默认值，单击【确定】按钮，效果如图3-4-13所示。

图3-4-13

STEP14 ▶▶ 用同样的方法，为其他文字设置效果。新建"图层7"，设置前景色：黑色。选择工具箱中的【圆角矩形工具】□，在图像窗口中绘制圆角矩形，如图3-4-14所示。

提示

这里输入文字之后，可以右键单击"心动折上折"图层后面的空白处，打开快捷菜单，选择【拷贝图层样式】命令。右键单击新输入的文字层，选择【粘贴图层样式】命令，为图层添加相同的图层样式。

图3-4-14

STEP15 ▶▶ 按【Ctrl+T】组合键，打开自由变换调节框，右击打开快捷菜单，选择【扭曲】命令，拖动调节框的各个控制点，改变图像形状，按【Enter】键确定。新建"图层8"，选择工具箱中的【椭圆工具】◎，在"图层7"上绘制椭圆，如图3-4-15所示。

图3-4-15

STEP16 ▶▶ 按【Ctrl+E】组合键，向下合并图层："图层7"。双击"图层7"后面的空白处，打开【图层样式】对话框，单击【斜面和浮雕】项，打开【斜面和浮雕】面板，设置【深度】：256%，【大小】：6像素，单击【使用全局光】复选框，取消其勾选状态，并设置【角度】：79度，【高度】：64度，其他参数保持默认值。单击【描边】项，打开【描边】面板，设置【颜色】：灰色（R:58, G:55, B:55），其他参数保持默认值，单击【确定】按钮，如图3-4-16所示。

图3-4-16

STEP17 ▶▶ 按【Ctrl+J】组合键，复制生成"图层7副本"。删除"图层7副本"的【图层样式】效果图层。按住【Ctrl】键，单击"图层7"的缩览图载入选区，设置前景色：灰色（R:35, G:33, B:33），按【Alt+Delete】组合键，填充"图层7副本"：灰色。按【Ctrl+T】组合键，打开自由变换调节框，按住【Shift】键，拖动调节框的控制点，等比例缩小图像大小，按【Enter】键确定。选择工具箱中的【矩形选框工具】□，在"图层7副本"上拖移并绘制矩形选区，框选部分图像，如图3-4-17所示。

图3-4-17

STEP18 ▶▶ 单击【图层】面板下方的【添加图层蒙版】按钮□，为"图层7副本"添加蒙版，隐藏部分图像。选择工具箱中的【椭圆选框工具】◎，按住【Shift】键，在图像窗口中拖移绘制正圆选区，如图3-4-18所示。

图3-4-18

STEP19 ▶▶ 选择工具箱中的【渐变工具】□，单击属性栏上的【编辑渐变】按钮▐▬▬▌，打开【渐变编辑器】对话框，设置渐变色：0位置处颜色（R:125, G:1, B:19）；100位置处颜色（R:125, G:2,

B:88），单击【确定】按钮。新建"图层8"，单击【线性渐变】按钮■，在选区中从左向右拖移填充渐变色。按【Ctrl+D】组合键取消选区，如图3-4-19所示。

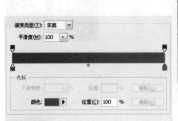 

图3-4-19

STEP20 ▶▶ 双击"图层8"后面的空白处，打开【图层样式】对话框，单击【投影】项，打开【投影】面板，参数保持默认值。单击【外发光】项，打开【外发光】面板，设置【发光颜色】：黑黄色（R:62，G:62，B:17），其他参数保持默认值，如图3-4-20所示。

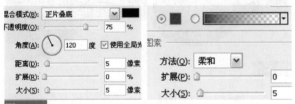

图3-4-20

STEP21 ▶▶ 单击【斜面和浮雕】项，打开【斜面和浮雕】面板，设置【深度】：62%，【大小】：79像素，【软化】：10像素，其他参数保持默认值，单击【确定】按钮，效果如图3-4-21所示。

图3-4-21

STEP22 ▶▶ 选择工具箱中的【加深工具】■，设置属性栏上的【画笔】：柔角100像素，在"图层8"上涂抹加深颜色。选择工具箱中的【减淡工具】■，设置属性栏上的【画笔】：柔角100像

素，涂抹"图层8"，使其颜色减淡，效果如图3-4-22所示。

图3-4-22

STEP23 ▶▶ 执行【图像】|【调整】|【色阶】命令，打开【色阶】对话框，设置参数：20，1.00，206，如图3-4-23所示，单击【确定】按钮。

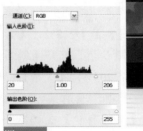 

图3-4-23

STEP24 ▶▶ 按【Ctrl+E】组合键2次，向下合并图层为"图层7"。设置前景色：白色，选择工具箱中的【画笔工具】■，设置属性栏上的【画笔】：柔角45像素，【不透明度】：40%，【流量】：25%，在"图层7"上涂抹，以绘制高光。执行【图像】|【调整】|【色阶】命令，打开【色阶】对话框，设置参数：5，1.00，226，单击【确定】按钮。效果如图3-4-24所示。

图3-4-24

STEP25 ▶▶ 按【Ctrl+O】组合键，打开素材图片：五星.tif。选择工具箱中的【移动工具】■，拖动"五星"图像窗口中的图像到"网店促销广告"图像窗口中。选择工具箱中的【横排文字工具】

【T】，设置属性栏上的【字体系列】：文鼎特粗黑简，【字体大小】：30点，【文本颜色】：黄色（R:242, G:228, B:0），在图像窗口中输入文字，按【Ctrl+Enter】组合键确定。效果如图3-4-25所示。

图3-4-25

STEP26 ▶▶ 打开"折起"文字图层的【投影】面板，设置【阴影颜色】：橙色（R:235, G:144, B:27），【距离】：8像素，【扩展】：3%，【大小】：4像素，其他参数保持默认值。打开【斜面和浮雕】面板，设置【深度】：205%，【大小】：1像素，单击【使用全局光】项，取消其勾选状态。设置【高光模式】的【不透明度】：80%，【阴影颜色】：深橙色（R:189, G:133, B:0），【阴影模式】的【不透明度】：100%，其他参数保持默认值，如图3-4-26所示。

图3-4-26

STEP27 ▶▶ 打开【等高线】面板，单击属性栏上的【自定形状拾色器】按钮，打开面板，选择【等高线】：画圆步骤，其他参数保持默认值。单击【渐变叠加】项，打开【渐变叠加】面板，单击【编辑渐变】按钮，打开【渐变编辑器】对话框，设置渐变色：0位置处颜色（R:255, G:218, B:98）；63位置处颜色（R:255, G:255, B:255）；

100位置处颜色（R:255, G:149, B:0），其他参数保持默认值，单击【确定】按钮，如图3-4-27所示。

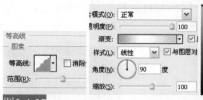

图3-4-27

STEP28 ▶▶ 选择工具箱中的【横排文字工具】【T】，用同样的方法输入文字：低至。右键单击"折起"图层后面的空白处，打开快捷菜单，选择【拷贝图层样式】命令。右键单击"低至"图层，打开快捷菜单，选择【粘贴图层样式】命令。效果如图3-4-28所示。

图3-4-28

STEP29 ▶▶ 按住【Ctrl】键，单击"低至"图层的缩览图载入选区。新建"图层8"，设置前景色：橙色（R:220, G:119, B:5），按【Alt+Delete】组合键，为"图层1"填充橙色。按【Ctrl+D】组合键取消选区。按【Ctrl+T】组合键，打开自由变换调节框，按住【Shift】键，拖动调节框的控制点，放大图像，按【Enter】键确定。将"图层8"拖到"低至"图层的下方。效果如图3-4-29所示。

图3-4-29

STEP30 ▶▶ 选择工具箱中的【横排文字工具】T，设置属性栏上的【字体系列】：Arial Black，【字体大小】：100点，在窗口中输入文字，按【Ctrl+Enter】组合键确定，并将其拖到"图层8"下方。按【Ctrl+T】组合键，打开自由变换调节框，按住【Ctrl】键，拖动调节框的各个控制点，改变图像形状，按【Enter】键确定。效果如图3-4-30所示。

图3-4-30

STEP31 ▶▶ 打开"3"文字图层的【投影】面板，设置【不透明度】：65%，【距离】：3像素，【扩展】：3像素，【大小】：9像素，取消勾选【使用全局光】复选框。打开【斜面和浮雕】面板，设置【深度】：297%，【大小】：6像素，取消勾选【使用全局光】复选框，设置【角度】：174度，【高度】：37度，【高光模式】的【不透明度】：80%，【阴影颜色】：深黄色（R:168, G:121, B:9），【阴影模式】的【不透明度】：100%，其他参数保持默认值，如图3-4-31所示。

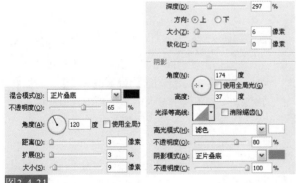

图3-4-31

STEP32 ▶▶ 打开【等高线】面板，单击属性栏上的【自定形状拾色器】按钮·，打开面板，选择【等高线】：高斯，其他参数保持默认值。单击【渐变

叠加】项，打开【渐变叠加】面板，单击【编辑渐变】按钮▭，打开【渐变编辑器】对话框，设置渐变色为：0位置处颜色（R:255, G:218, B:98）；63位置处颜色（R:255, G:255, B:255）；100位置处颜色（R:255, G:149, B:0），单击【确定】按钮。效果如图3-4-32所示。

图3-4-32

STEP33 ▶▶ 新建"图层9"，并移到最顶层。设置前景色：橙色（R:229, G:121, B:0），选择工具箱中的【画笔工具】，设置属性栏上的【画笔】：柔角画笔，在文字上涂抹绘制颜色。设置该图层的【图层混合模式】：叠加。效果如图3-4-33所示。

提示

在文字上涂抹颜色时，可按住【Ctrl+Shift】组合键，载入文字选区，在选区中绘制颜色。绘制过程中，注意适当的改变画笔的大小、不透明度和流量值。

图3-4-33

STEP34 ▶▶ 按住【Shift】键，同时选中"图层9"至"折起"文字图层，并复制选中图层。按【Ctrl+E】组合键合并图层为"图层9副本"，设置【图层混合模式】：柔光。按住【Ctrl】键，单击"图层9副本"的缩览图载入选区，单击【图层】面板下方的【创建新的填充或调整图层】按钮，打开快捷菜单，选择【色阶】命令，打开【色阶】对话框，设置参数：25，1.26，206。图像效果如图3-4-34所示。

图3-4-34

STEP35 ▶▶ 新建"图层10"，设置前景色：白色，
选择工具箱中的【画笔工具】✐，设置【画笔】：
柔角和交叉排线1，在文字上绘制星光。按住
【Shift】键，同时选中"图层10"至"图层7"，
按【Ctrl+E】合并图层为"图层10"。按【Ctrl+J】
组合键，复制生成"图层10副本"，并拖动到"图
层10"下方。按【Ctrl+T】组合键，打开自由变换
调节框，右击，打开快捷菜单，选择【垂直翻转】
命令，并改变图像的位置，按【Enter】键确定。选
择工具箱中的【橡皮擦工具】✐，擦除部分图像，
效果如图3-4-35所示。

图3-4-35

STEP36 ▶▶ 按【Ctrl＋O】组合键，打开素材图片：
人物.tif。选择工具箱中的【移动工具】▶₊，拖动
"人物"图像窗口中的图像到"网点促销广告"图
像窗口中，如图3-4-36所示。

图3-4-36

STEP37 ▶▶ 按【Ctrl+Shift+Alt+E】组合键盖印可见
图层，自动生成"图层11"。执行【图像】|【调
整】|【色阶】命令，打开【色阶】对话框，设置参
数：14，1.18，240，单击【确定】按钮。图像的最
终效果如图3-4-37所示。

图3-4-37

3.5 皮包创意广告

📠 案例分析
    本例主要讲解如何制作皮包创意广告，其主
要运用了【图层】下的【色相/饱和度】命令，将
皮包调整为不同的颜色。再运用【自由变换】命
令，变换复制的图像，做成人物的头发形状。

📚 行业知识
    色彩的表现一般是通过色彩对比和色彩调和
来实现的。

💿 光盘路径
素材：个性美女.tif 、皮包一.tif 、皮包二.tif 、
       皮包三.tif
源文件：皮包创意广告.psd
视频：皮包创意广告.avi

STEP1 ▶▶ 执行【文件】|【打开】命令，打开素材图片：个性美女.tif，如图3-5-1所示。

图3-5-1

STEP2 ▶▶ 拖动"背景"图层到【图层】面板下方的【创建新图层】按钮□上，复制出"背景副本"图层。设置【图层】面板上的【图层混合模式】：滤色。选择工具箱中的【橡皮擦工具】，设置属性栏上的【画笔】：柔角200像素，【不透明度】：80%，【流量】：60%，擦除擦除人物皮肤以外的图像，效果如图3-5-2所示。

图3-5-2

STEP3 ▶▶ 新建"图层1"，设置前景色：白色，按【Alt+Delete】组合键，为"图层1"填充白色，设置【图层】面板上的【图层混合模式】：柔光。选择工具箱中的【橡皮擦工具】，擦除人物皮肤以外的图像，效果如图3-5-3所示。

图3-5-3

STEP4 ▶▶ 按【Ctrl+Shift+Alt+E】组合键盖印可见图层，此时【图层】面板自动生成"图层2"。选择"图层2"，设置【图层】面板上的【图层混合模式】：正片叠底，【不透明度】：68%，如图3-5-4所示。

图3-5-4

STEP5 ▶▶ 单击【图层】面板下方的【创建新的填充或调整图层】按钮 ，打开快捷菜单，选择【曲线】命令，打开【曲线】对话框，调整曲线弧度，如图3-5-5所示。

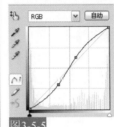

图3-5-5

STEP6 ▶▶ 执行【文件】|【打开】命令，打开素材图片：皮包一.tif。选择工具箱中的【移动工具】 ，拖动"皮包一"图像窗口中的图像到"个性美女"图像窗口中，自动生成"皮包一"图层。按【Ctrl+T】组合键，打开自由变换调节框，拖移并旋转图像，同时按住【Shift】键，拖动调节框的控制点，等比例缩小图像，按【Enter】键确定。按【Ctrl+J】组合键，复制生成"皮包一副本"。单击"皮包一副本"前面的【指示图层可视性】按钮 ，隐藏该图层。图像效果如图3-5-6所示。

提示

　　隐藏复制生成的"皮包一副本"图层，是为了编辑"皮包一"图层时观察效果，将"皮包一副本"放在后面使用。

图3-5-6

STEP7 ▶▶选择"皮包一"图层，执行【图像】|【调整】|【色阶】命令，打开【色阶】对话框，设置参数：34，1.41，179，如图3-5-7所示，单击【确定】按钮。

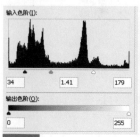

图3-5-7

STEP8 ▶▶单击"皮包一副本"前面的【指示图层可视性】按钮 👁，显示并选中该图层。执行【图像】|【调整】|【色相/饱和度】命令，打开【色相/饱和度】对话框，设置参数：15，38，0，如图3-5-8所示，单击【确定】按钮。

图3-5-8

STEP9 ▶▶执行【文件】|【打开】命令，打开素材图片：皮包二.tif。选择工具箱中的【移动工具】▶╋，拖动"皮包二"图像窗口中的图像到"个性美女"图像窗口中，自动生成"皮包二"图层。按【Ctrl+T】组合键，打开自由变换调节框，拖移并旋转图像，同时按住【Shift】键，拖动调节框的控制点，等比例缩小图像，并摆放在合适的位置，按【Enter】键确定，如图3-5-9所示。

图3-5-9

STEP10 ▶▶执行【图像】|【调整】|【可选颜色】命令，打开【可选颜色】对话框，设置【颜色】：红色，并设置参数：-17%，6%，18%，5%，如图3-5-10所示，单击【确定】按钮。

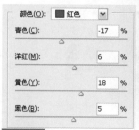

图3-5-10

STEP11 ▶▶选择"皮包二"窗口，按【Ctrl+J】组合键，复制生成"皮包二副本"。执行【图像】|【调整】|【色相/饱和度】命令，打开【色相/饱和度】对话框，设置参数：-67，+2，0，如图3-5-11所示，单击【确定】按钮。

图3-5-11

STEP12 ▶▶选择工具箱中的【移动工具】▶╋，拖动"皮包二副本"到"个性美女"图像窗口中，自动生成"皮包二副本"。执行【自由变换】命令，旋转图像并改变大小。选择"皮包二"图像窗口，用相同的方法复制生成"皮包二副本2"，并对其执行【图像】|【调整】|【色相/饱和度】命令，设置参数：-154，+10，0，单击【确定】按钮。图像效果如图3-5-12所示。

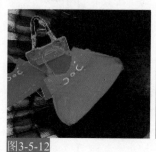

图3-5-12

STEP13 ▶▶ 选择工具箱中的【移动工具】⊕,拖动"皮包二副本2"到"个性美女"图像窗口中,自动生成"皮包二副本2"。执行【自由变换】命令,旋转并改变图像大小。按【Ctrl+O】组合键,打开素材图片:皮包三.tif,如图3-5-13所示。

图3-5-13

STEP14 ▶▶ 执行【图像】|【调整】|【色相/饱和度】命令,打开【色相/饱和度】对话框,设置参数:0,+48,0,如图3-5-14所示,单击【确定】按钮。

图3-5-14

STEP15 ▶▶ 按【Ctrl+J】组合键,复制生成"皮包三副本"。执行【图像】|【调整】|【色相/饱和度】命令,打开【色相/饱和度】对话框,设置参数:-149,-45,0,如图3-5-15所示,单击【确定】按钮。

图3-5-15

STEP16 ▶▶ 按住【Ctrl】键,同时选中"皮包三"和"皮包三副本"图层。选择工具箱中的【移动工具】⊕,拖动选中图层到"个性美女"图像窗口中,自动生成"皮包三"和"皮包三副本"图层。按【Ctrl+T】组合键,旋转图形并改变图像大小。选择"皮包一"图像窗口,按【Ctrl+J】组合键,复制生成"皮包一副本",如图3-5-16所示。

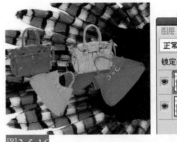 

图3-5-16

STEP17 ▶▶ 执行【图像】|【调整】|【色相/饱和度】命令,打开【色相/饱和度】对话框,设置参数:-149,+21,0,如图3-5-17所示,单击【确定】按钮。

图3-5-17

STEP18 ▶▶ 选择工具箱中的【移动工具】⊕,拖动"皮包一副本"到"个性美女"图像窗口中。按【Ctrl+T】组合键,旋转图像并改变图像大小。图像效果如图3-5-18所示。

图3-5-18

STEP19 ▶▶单击工具箱中的【移动工具】 ▶+，按住【Shift+ Alt】组合键，分别拖移并复制若干皮包图层。对图像执行【自由变换】命令，旋转图像并改变图像的大小，沿人物的头发区域摆放皮包的位置，如图3-5-19所示。

提示

在复制摆放皮包时，尽量使相同颜色的皮包分隔开来，使整个图像的颜色更多彩。

图3-5-19

STEP20 ▶▶按住【Shift】键选中所有皮包图层，按【Ctrl+E】组合键，合并图层并更名为"皮包"。按【Ctrl+Shift+Alt+E】组合键盖印可见图层，自动生成"图层3"。单击【图层】面板下方的【创建新的填充或调整图层】按钮 ◑.，选择【亮度/对比度】命令，设置参数：-20，52，最终效果如图3-5-20所示。

图3-5-20

3.6 饮料广告设计

案例分析

制作本例的主要目的是使读者了解并掌握如何在Photoshop软件中制作出是唯美插画设计。

行业知识

从现代广告信息的传播角度来分析，广告信息是借助于电视媒体，通过各种艺术技巧和形式的表现的。

光盘路径

素材：饮料瓶.tif、柠檬.tif、柠檬片.tif、扬手美女.tif、文字.tif
源文件：饮料广告.psd
视频：唯美插画设计.avi

STEP1 ▶▶ 执行【文件】|【新建】命令，打开【新建】对话框，设置【名称】：饮料广告设计，【宽度】：12厘米，【高度】：9厘米，【分辨率】：150像素/英寸，【颜色模式】：RGB颜色，【背景内容】：白色，如图3-6-1所示，单击【确定】按钮。

图3-6-1

STEP2 ▶▶ 选择工具箱中的【渐变工具】■，单击属性栏上的【编辑渐变】按钮，打开【渐变编辑器】对话框，设置渐变：0位置处颜色（R:251, G:215, B:2）；100位置处颜色（R:225, G:88, B:22），单击属性栏上的【径向渐变】按钮■，在图像窗口中拖移，以绘制渐变色，如图3-6-2所示。

图3-6-2

STEP3 ▶▶ 选择工具箱中的【钢笔工具】，单击属性栏上的【路径】按钮，绘制路径，按【Ctrl+Enter】组合键，将其路径转换为选区。新建"图层1"，设置前景色：黄色（R:245, G:228, B:9），选择工具箱中的【画笔工具】，设置属性栏上的【画笔】：柔角60像素，在其选区内部轻微绘制颜色。图像效果如图3-6-3所示。

图3-6-3

STEP4 ▶▶ 同上所述，读者可用同样的方法绘制出其余的线条效果，图像效果如图3-6-4所示。

提示

在绘制过程中，读者可适当设置较浅或较深的颜色过度，使其层次丰富。

图3-6-4

STEP5 ▶▶ 新建"图层2"，选择工具箱中的【椭圆选框工具】，在图像窗口中绘制椭圆形选区。执行【选择】|【修改】|【羽化】命令，打开【羽化选区】对话框，设置【羽化半径】：15像素，图像效果如图3-6-5所示。

图3-6-5

STEP6 ▶▶ 设置前景色：淡黄色（R:255, G:238, B:3），按【Alt+Delete】组合键，填充前景色，如图3-6-6所示。按【Ctrl+D】组合键取消选区。

图3-6-6

STEP7 ▶▶ 按【Ctrl+O】组合键，打开素材图片：饮料瓶.tif。执行【选择】|【色彩范围】命令，打开【色彩范围】对话框，设置【色彩范围】对话框中的【颜色容差】：0，在图像窗口中单击白色像素，如图3-6-7所示，单击【确定】按钮。

提示

如果所需抠选图像与边缘颜色相似，则使用【魔棒工具】无法迅速地将其整体分离，而使用【色彩范围】命令则能较为方便地控制选择区域。

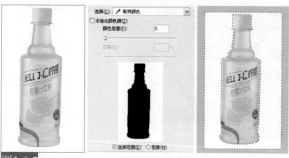
图3-6-7

STEP8 ▶▶ 执行【选择】|【反向】命令，反向选区。选择工具箱中的【移动工具】，拖动选区内容到"饮料广告设计"图像窗口右侧。图像效果如图3-6-8所示。

图3-6-8

STEP9 ▶▶ 执行【图像】|【调整】|【曲线】命令，打开【曲线】对话框，调整曲线弧度，单击【确定】按钮。图像效果如图3-6-9所示，

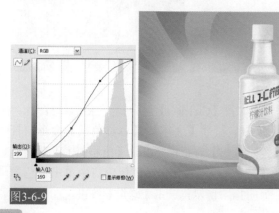
图3-6-9

STEP10 ▶▶ 按【Ctrl+J】组合键4次，复制生成4个新的饮料瓶图层，按【Ctrl+T】组合键，分别调整其位置与大小，效果如图3-6-10所示。

图3-6-10

STEP11 ▶▶ 选中"饮料瓶 副本2"图层，按【Ctrl+U】组合键，打开【色相/饱和度】对话框，设置参数：41，0，0，单击【确定】按钮。图像效果如图3-6-11所示。

图3-6-11

STEP12 ▶▶ 选中"饮料瓶 副本3"图层，按【Ctrl+U】组合键，打开【色相/饱和度】对话框，设置参数：-41，0，0。单击【确定】按钮。图像效果如图3-6-12所示。

图3-6-12

STEP13 ▶▶ 选中"饮料瓶 副本4"图层，按【Ctrl+U】组合键，打开【色相/饱和度】对话框，设置参数：-108，0，0，单击【确定】按钮。图像效果如图3-6-13所示。

图3-6-13

STEP14 ▶▶ 同时选中所有"饮料瓶副本"图层，拖动选中图层到【图层】面板下方的【创建新图层】按钮 上复制图层。按【Ctrl+E】组合键，合并复制生成的图层，按【Ctrl+T】组合键，打开自由变换调节框，右击，弹出快捷菜单，选择【垂直翻转】命令，并调整其位置，按【Enter】键确定，效果如图3-6-14所示。

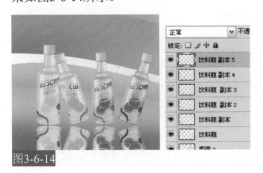

图3-6-14

STEP15 ▶▶ 单击【图层】面板下方的【添加图层蒙版】按钮 ，为该图层添加蒙版，按【D】键恢复默认前景色与背景色 ，选择工具箱中的【渐变工具】 ，打开【渐变编辑器】对话框，设置渐变色为前景色到背景色渐变，单击属性栏上的【线性渐变】按钮 ，打开【渐变编辑器】对话框，进行相应设置，在图像窗口中从上至下拖移绘制渐变色，制作倒影效果。图像效果如图3-6-15所示。

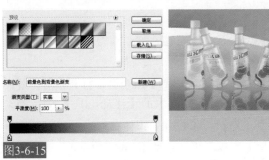

图3-6-15

STEP16 ▶▶ 按【Ctrl+O】组合键，打开素材图片：柠檬.tif。选择工具箱中的【移动工具】 ，拖动素材到"饮料广告设计"图像窗口中，并将该图层放置"饮料瓶"图层下方。按【Ctrl+T】组合键，等比例缩小图像，如图3-6-16所示。

图3-6-16

STEP17 ▶▶ 执行【图像】|【调整】|【曲线】命令，打开【曲线】对话框，调整曲线弧度，按【Ctrl+J】组合键若干次，复制生成若干柠檬图层，按【Ctrl+T】组合键，分别调整其大小与位置。图像效果如图3-6-17所示。

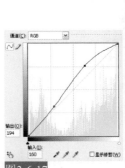

图3-6-17

STEP18 ▶▶ 按【Ctrl+O】组合键，打开素材图片：柠檬片.tif。选择工具箱中的【椭圆选框工具】 ，沿柠檬片边缘拖移绘制选区。按【Shift+F6】组合键，设置羽化参数：1像素，选择工具箱中的【移动工具】 ，拖动选区内容像到"饮料广告设计"图像窗口中，效果如图3-6-18所示。

提示

在抠选选区内图像时，对其执行羽化命令，可使其抠选图像边缘较为柔和。

图3-6-18

STEP19 ▶▶ 新建"图层3",并将其放置【图层】
面板最顶层。选择工具箱中的【椭圆选框工具】
⬭,拖移绘制选区。设置前景色:深黄色(R:254,
G:152, B:27),选择工具箱中的【画笔工具】✎,
设置【画笔】:柔角10像素,【不透明度】:100%,
在选区边缘绘制颜色。设置前景色:白色,继续在
其内部绘制高光。按【Ctrl+D】组合键取消选区,
效果如图3-6-19所示。

提示

读者在绘制过程中,可按【Ctrl+H】组合
键隐藏选区,以便观察绘制效果。

图3-6-19

STEP20 ▶▶ 同上所述,读者可用同样的方法制作出
其余的气泡效果,如图3-6-20所示。

图3-6-20

STEP21 ▶▶ 按【Ctrl+O】组合键,打开素材图片:
扬手美女.tif。选择工具箱中的【移动工具】▶♦,

拖动素材到"饮料广告设计"图像窗口右侧,如
图3-6-21所示。

图3-6-21

STEP22 ▶▶ 新建"图层4",并将其放置在扬手美
女图层下方,选择工具箱中的【椭圆选框工具】
⬭,绘制选区。按【Shift+F6】组合键,设置羽
化参数:4像素,设置前景色:黑色,按【Alt+
Delete】组合键,填充前景色,制作出人物阴影,
如图3-6-22所示。

图3-6-22

STEP23 ▶▶ 同上所述,读者可用同样的方法制作出
人物旁边的阴影效果,如图3-6-23所示。

图3-6-23

STEP24 ▶▶ 按【Ctrl+O】组合键,打开素材图片:
文字.tif。选择工具箱中的【移动工具】▶♦,拖动
素材到"饮料广告设计"图像窗口中,并将其放置
【图层】面板最顶层,如图3-6-24所示。

图3-6-24

【色阶】命令,打开【色阶】对话框,设置参数:
19,1.05,244。图像最终效果如图3-6-25所示。

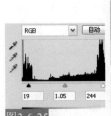 

图3-6-25

STEP25 ▶▶ 单击【图层】面板下方的【创建新的
填充或调整图层】按钮 ⊘.,打开快捷菜单,选择

3.7 葡萄酒广告

案例分析

　　制作本例的主要目的是使读者了解并掌握
如何制作出葡萄酒广告。本例主要讲解的重点
是【选择】菜单下几个命令的使用。

行业知识

　　很多葡萄酒包装以黑色为主色调,配以鲜艳
的彩图案,实现视觉上的突破,且其消费群锁定
为崇尚时尚、渴望活力四射的年轻人。

光盘路径

素材:广告素材.tif
源文件:葡萄酒广告.psd
视频:葡萄酒广告.avi

STEP1 ▶▶ 执行【文件】|【新建】命令,打开
【新建】对话框,设置【名称】:葡萄酒广告,设
置【宽度】:10厘米,【高度】:15厘米,【分辨
率】:200像素/英寸,【颜色模式】:RGB颜色,
如图3-7-1所示,单击【确定】按钮。

图3-7-1

STEP2 ▶▶ 选择工具箱中的【渐变工具】▢，在属性栏上单击【编辑渐变】按钮▇▇▇，打开对话框，设置【渐变色】：0位置处颜色（R:250, G:147, B:5）；100位置处颜色（R:196, G:30, B:8），单击【确定】按钮关闭对话框。单击【径向渐变】按钮▢，在图像窗口中由左上方向右下方拖移鼠标，绘制渐变色。图像效果如图3-7-2所示。

图3-7-2

STEP3 ▶▶ 新建"图层1"，选择工具箱中的【钢笔工具】▢，在图像窗口中绘制叶梗路径。按【Ctrl+Enter】组合键将路径转换为选区，如图3-7-3所示。

提示
　　使用【钢笔工具】绘制叶梗的过程中，应注意叶梗的弯曲处需自然协调。

图3-7-3

STEP4 ▶▶ 选择工具箱中的【渐变工具】▢，单击【编辑渐变】按钮▇▇▇，打开对话框，设置【渐变色】：0位置处颜色（R:38, G:3, B:1）；50位置处颜色（R:254, G:138, B:29）；100位置处颜色（R:38, G:3, B:1），单击【确定】按钮关闭对话框。单击【线性渐变】按钮▢，在选区中拖移鼠标，绘制渐变色，按【Ctrl+D】组合键取消选区。图像效果如图3-7-4所示。

图3-7-4

STEP5 ▶▶ 同上述方法，在图像窗口中绘制其他4根叶梗。执行【选择】|【所有图层】命令，选中所有叶梗图层，按【Ctrl+E】组合键合并图层为"图层1"。图像效果如图3-7-5所示。

提示
　　绘制其他叶梗的时候，应该注意每只叶梗的形态都应不一样，这样才能使画面效果更加丰富。

图3-7-5

STEP6 ▶▶ 新建"图层2"，选择工具箱中的【椭圆选框工具】▢，在其中一只叶梗尖端拖移绘制正圆选区。执行【选择】|【修改】|【平滑】命令，打开对话框，设置【参数】：1，单击【确定】按钮。图像效果如图3-7-6所示。

图3-7-6

STEP7 ▶▶ 选择工具箱中的【渐变工具】▢，单击【编辑渐变】按钮▇▇▇，打开对话框，设置

【渐变色】：0位置处颜色（R:255, G:160, B:44）；50位置处颜色（R:214, G:81, B:3）；100位置处颜色（R:79, G:14, B:4），单击【确定】按钮，单击【径向渐变】按钮 ，在选区中由中间向右上方拖移鼠标，绘制渐变色，按【Ctrl+D】组合键取消选区。图像效果如图3-7-7所示。

图3-7-7

STEP8 ▶▶ 同上述方法，在图像窗口中的其他叶梗尖端绘制的圆球。执行【选择】|【所有图层】命令，选中所有圆球图层，按【Ctrl+E】组合键合并图层为"图层2"，效果如图3-7-8所示。

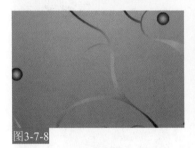
图3-7-8

STEP9 ▶▶ 按【Ctrl+E】组合键向下合并图层，按【Ctrl+J】组合键复制生成副本图层。选择工具箱中的【移动工具】 ，将副本图层进行适当的移动，效果如图3-7-9所示。

图3-7-9

STEP10 ▶▶ 新建"图层3"，选择工具箱中的【钢

笔工具】 ，在叶梗尖端绘制叶片路径，按【Ctrl+Enter】组合键将路径转换为选区。图像效果如图3-7-10所示。

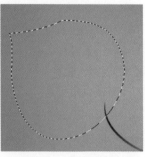
图3-7-10

STEP11 ▶▶ 选择工具箱中的【渐变工具】 ，在选区中拖移鼠标绘制渐变色，按【Ctrl+D】组合键取消选区。图像效果如图3-7-11所示。

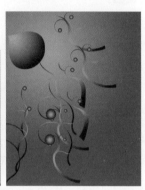
图3-7-11

STEP12 ▶▶ 选择工具箱中的【钢笔工具】 ，继续在叶片上绘制叶脉路径，按【Ctrl+Enter】组合键将路径转换为选区。执行【选择】|【修改】|【扩展】命令，打开【扩展】对话框，设置【参数】：1，单击【确定】按钮。图像效果如图3-7-12所示。

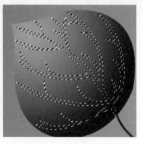
图3-7-12

STEP13 ▶▶ 选择工具箱中的【渐变工具】 ，单击【编辑渐变】按钮 ，打开对话框，设置【渐

变色】：0位置处颜色（R:255, G:233, B:169）；20位置处颜色（R:250, G:169, B:55）；40位置处颜色（R:255, G:233, B:169）；60位置处颜色（R:250, G:169, B:55）；80位置处颜色（R:255, G:233, B:169）；100位置处颜色（R:250, G:169, B:55），单击【确定】按钮，单击【线性渐变】按钮，在选区中拖移绘制渐变色，按【Ctrl+D】组合键取消选区。图像效果如图3-7-13所示。

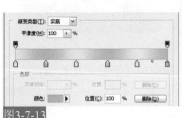

图3-7-13

STEP14 选择工具箱中的【移动工具】，按住【Shift+ Alt】组合键，拖移并复制出副本图层，分别对副本图层执行【自由变换】操作，适当改变其大小和旋转方向。图像效果如图3-7-14所示。

提示

为追求更高效果，读者也可以依次重新绘制这些叶片，使其叶片的形状更加丰富。

图3-7-14

STEP15 执行【文件】|【打开】命令，打开素材图片：广告素材.tif。选择工具箱中的【移动工具】，将其导入"葡萄酒广告"图像窗口中的合适位置。图像效果如图3-7-15所示。

图3-7-15

STEP16 按【Ctrl + Alt+ Shift+E】组合键盖印可见图层。执行【图像】|【调整】|【色阶】命令，打开【色阶】对话框，设置【参数】：29，0.97，255，单击【确定】按钮。最终效果如图3-7-16所示。

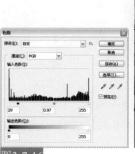

图3-7-16

3.8 儿童写真设计

案例分析

本例主要讲解如何制作儿童写真图像，其主要运用了【渐变工具】、【矩形工具】等绘制图像的背景内容，再运用【椭圆选框工具】、【多边形套索工具】绘制蓝色的玻璃球。

行业知识

儿童写真的设计要以儿童本身为主体，突出表现儿童天真烂漫的同时还应突出表现儿童丰富的表情是丰富的。

光盘路径

素材：白云.tif 、绿叶.tif 、手.tif 、宝宝.tif 、光芒.tif

源文件：儿童写真设计.psd

视频：儿童写真设计.avi

STEP1 ▶▶ 执行【文件】|【新建】命令，打开【新建】对话框，设置【名称】：儿童写真设计，设置【宽度】：15厘米，【高度】：20厘米，【分辨率】：150像素/英寸，【颜色模式】：RGB颜色，如图3-8-1所示，单击【确定】按钮。

图3-8-1

STEP2 ▶▶ 选择工具箱中的【渐变工具】，在属性栏上单击【编辑渐变】按钮，打开对话框，设置【渐变色】：0位置处颜色（R:89, G:183, B:68）；53位置处颜色（R:39, G:90, B:77）；100位置处颜色（R:16, G:124, B:179），单击【确定】按

钮。在属性栏上单击【线性渐变】按钮，在图像窗口从上向下拖移，填充渐变色，效果如图3-8-2所示。

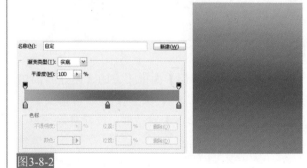

图3-8-2

STEP3 ▶▶ 选择工具箱中的【减淡工具】，设置属性栏上的【画笔】：柔角500像素，【范围】：中间调，【曝光度】：30%，涂抹窗口左上方和下方减淡颜色。选择工具箱中的【加深工具】，设置属性栏上的【画笔】：柔角500像素，【范围】：中间调，【曝光度】：50%，涂抹窗口右下角使其颜色加深。图像效果如图3-8-3所示。

图3-8-3

STEP4 ▶▶ 新建"图层1"，设置前景色：深蓝色（R:0, G:6, B:36），选择工具箱中的【画笔工具】，设置属性栏上的【画笔】：柔角400像素，【不透明度】：100%，【流量】：80%，在图像窗口右下角涂抹绘制颜色，并设置该图层的【不透明度】：54%，效果如图3-8-4所示。

图3-8-4

STEP5 ▶▶ 单击【图层】面板下方的【创建新的填充或调整图层】按钮，选择【亮度/对比度】命令，打开【亮度/对比度】对话框，设置参数：20，34，效果如图3-8-5所示。

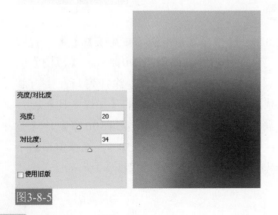

图3-8-5

STEP6 ▶▶ 新建"图层2"，设置前景色：白色。选择工具箱中的【矩形工具】，单击属性栏上的【填充像素】按钮，在窗口中绘制细长矩形条。按【Ctrl+T】组合键，打开自由变换调节框，按住【Ctrl】键，拖动改变图像形状，按【Enter】键确定，效果如图3-8-6所示。

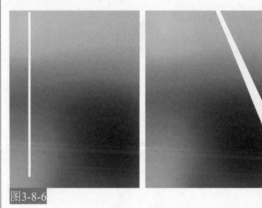

图3-8-6

STEP7 ▶▶ 设置【图层】面板的【不透明度】：20%。按【Ctrl+J】组合键，复制"图层2"多次，分别执行【自由变换】命令，旋转图像并改变图像的大小和位置，如图3-8-7所示。按住【Shift】键，同时选中"图层2"及副本，按【Ctrl+E】合并并更名"竖条"。

图3-8-7

STEP8 ▶▶ 按【Ctrl+J】组合键，复制"竖条"图层3次。分别执行【自由变换】命令，旋转图像并改变位置，按【Ctrl+E】组合键2次，向下合并图层为"竖条"。选择工具箱中的【橡皮擦工具】，设置属性栏上的【画笔】：柔角200像素，【不透明度】：40%，【流量】：35%，涂抹擦除部分图像。图像效果如图3-8-8所示。

图3-8-8

STEP9 ▶▶ 设置"竖条"图层的【图层混合模式】：叠加。按【Ctrl+J】组合键，复制生成"竖条副本"，设置【图层】面板上的【图层混合模式】：正常，【不透明度】：62%，效果如图3-8-9所示。

图3-8-9

STEP10 ▶▶ 按【Ctrl+O】组合键，打开素材图片：白云.tif，选择工具箱中的【移动工具】，拖动"云"图像窗口中的图像到"儿童写真设计"图像窗口下方。按【Ctrl+O】组合键，打开素材图片：绿叶.tif"，用相同的方法，将其拖动到"儿童写真设计"窗口中，如图3-8-10所示。

图3-8-10

STEP11 ▶▶ 选择"绿叶"图层，设置【图层混合模式】：正片叠底。新建"图层2"，设置前景色：白色。选择工具箱中的【画笔工具】，设置属性栏上的【画笔】：柔角和交叉排线1，在像窗左上方绘制星光，效果如图3-8-11所示。

图3-8-11

STEP12 ▶▶ 选择工具箱中的【钢笔工具】，单击属性栏上的【路径】按钮，在窗口下方绘制路径。按【Ctrl+Enter】组合键，将路径转换为选区。执行【选择】|【修改】|【羽化】命令，打开【羽化选区】对话框，设置【羽化半径】：2像素，单击【确定】按钮。新建"图层3"，选择【画笔工具】，设置属性栏上的【画笔】：柔角200像素，【不透明度】：60%，【流量】：40%，在选区边缘涂抹绘制颜色。按【Ctrl+D】组合键取消选区，效果如图3-8-12所示。

图3-8-12

STEP13 ▶▶ 按【Ctrl+J】组合键，复制"图层3"2次。分别按【Ctrl+T】组合键，打开自由变换调节框，旋转并改变图像的位置。选择工具箱中的【椭圆选框工具】，按住【Shift】键，在图像窗口中拖移鼠标，绘制正圆选区，效果如图3-8-13所示。

图3-8-13

STEP14 ▶▶ 执行【选择】|【修改】|【羽化】命令，设置参数为：4像素，单击【确定】按钮。选择【渐变工具】，单击属性栏上的按钮，设置【渐变色】为：位置：0颜色：（R:104, G:179, B:234）；位置：100 颜色：（R:12, G:14, B:138）；单击【确定】按钮。新建"图层4"，单击【线性渐变】按钮，在选区中从上向下填充渐变色。按【Ctrl+D】组合键，取消选区，如图3-7-14所示。

图3-8-14

STEP15 ▶▶ 双击"图层4"后面的空白处，打开【图层样式】对话框，选择【外发光】选项，设置【不透明度】：100%，【大小】：2像素，其他参数保持默认值，如图3-8-15所示，单击【确定】按钮。

图3-8-15

STEP16 ▶▶ 载入"图层4"的选区，新建"图层5"，设置前景色：白色，选择工具箱中的【画笔工具】，设置属性栏上的【画笔】：柔角200像素，在选区中涂抹绘制高光色。按【Ctrl+D】组合键取消选区。按【Ctrl+O】组合键打开素材：手.tif。选择工具箱中的【移动工具】，拖动"手"到图像窗口下方，如图3-8-16所示。

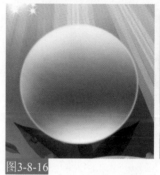
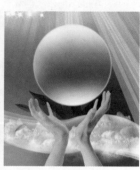

图3-8-16

STEP17 ▶▶ 新建"图层6"，选择工具箱中的【椭圆工具】，单击属性栏上的【填充像素】按钮，在窗口中绘制正圆。选择工具箱中的【椭圆选框工具】，按住【Shift】键，在"图层6"上拖移绘制正圆选区，如图3-8-17所示。

提示

绘制正圆选区时，注意应绘制在"图层6"正中，使选区以外的"图层6"呈对称状态。

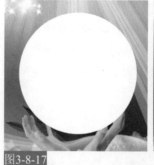

图3-8-17

STEP18 ▶▶ 按【Ctrl+Shift+I】组合键，反向选区。单击【图层】面板下方的【添加图层蒙版】按钮，为"图层6"添加蒙版，隐藏部分图像，并设置【不透明度】：27%。选择工具箱中的【橡皮擦工具】，设置属性栏上的【画笔】：尖角100像素，擦除"图层6"的部分图像，效果如图3-8-18所示。

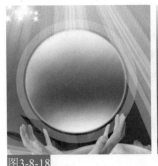

图3-8-18

STEP19 ▶▶ 选择工具箱中的【多边形套索工具】，在图像窗口中绘制箭头选区。新建"图层7"，设置前景色：白色。按【Alt+Delete】组合键，为"图层1"填充白色。按【Ctrl+D】组合键取消选区，效果如图3-8-19所示。

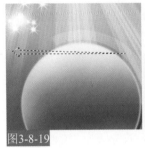

图3-8-19

STEP20 ▶▶ 双击"图层7"后面的空白处，打开【图层样式】对话框，单击【外发光】选项，打开【外发光】面板，设置【发光颜色】：灰色（R:61，G:61, B:61），其他参数保持默认值。单击【斜面和浮雕】选项，打开【斜面和浮雕】面板，设置【深度】：378%，【大小】：10像素，【阴影颜色】：灰色（R:162, G:162, B:162），其他参数保持默认值，单击【确定】按钮，效果如图3-8-20所示。

图3-8-20

STEP21 ▶▶ 按【Ctrl+T】组合键，打开自由变换调节框，在图像上右击，选择【变形】命令，改变图像的形状和位置，按【Enter】键确定。按住【Ctrl】键，单击"图层7"的缩览图载入选区。执行【选择】|【修改】|【收缩】命令，打开【收缩】对话框，设置参数：2像素，单击【确定】按钮，如图3-8-21所示。

图3-8-21

STEP22 ▶▶ 为"图层7"添加图层蒙版，隐藏选区以外的图像。按【Ctrl+J】组合键，复制"图层7"两次，并分别执行【自由变换】命令，改变图像的位置，如图3-8-22所示。

提示

在变换"图层7"副本时，注意根据实际需要改变图像的形状。

图3-8-22

STEP23 ▶▶ 按【Ctrl+O】组合键，打开素材图片：宝宝.tif，选择工具箱中的【移动工具】，拖动"宝宝"到"儿童写真设计"图像窗口中，如图3-8-23所示。

图3-8-23

STEP24 ▶▶ 按 【Ctrl＋O】组合键，打开素材图片：光芒.tif。选择工具箱中的【移动工具】 ▶️，拖动"光芒"到"儿童写真设计"图像窗口中，如图3-8-24所示。

STEP25 ▶▶ 单击【图层】面板下方的【创建新的填充或调整图层】按钮 ⊘.，选择【色阶】命令，打开【色阶】对话框，设置参数：12，1.00，255，其他参数保持默认值。图像的最终效果如图3-8-25所示。

图3-8-24

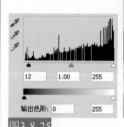

图3-8-25

3.9 时尚美发广告设计

案例分析

制作本例的主要目的是使读者了解并掌握如何在Photoshop软件中制作出是时尚美发广告设计。本例主要讲解的重点是【滤镜】命令的使用。

行业知识

滤镜主要是用来实现图像的各种特殊效果，其在Photoshop中具有非常神奇的作用。

光盘路径

素材：粉帽美女.tif、光点.tif
源文件：时尚美发广告设计.psd
视频：时尚美发广告设计.avi

STEP1 ▶▶ 执行【文件】|【新建】命令，打开【新建】对话框，设置【名称】：毛发效果，【宽度】：15厘米，【高度】：15厘米，【分辨率】：150像素/英寸，【颜色模式】：RGB颜色，【背景内容】：白色，如图3-9-1所示，单击【确定】按钮。

图3-9-1

STEP2 ▶▶ 按【D】键恢复默认前景色与背景色■，执行【渲染】|【云彩】命令，选中【通道】面板，单击【图层】面板下方的【创建新通道】按钮，新建"Alpha 1"，如图3-9-2所示。

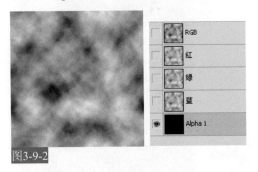
图3-9-2

STEP3 ▶▶ 执行【滤镜】|【杂色】|【添加杂色】命令，打开【添加杂色】对话框，设置【数量】：300%，【分布】：高斯分布，勾选【单色】复选框，图像效果如图3-9-3所示。

图3-9-3

STEP4 ▶▶ 执行【滤镜】|【模糊】|【动感模糊】命令，打开【动感模糊】对话框，设置【角度】：90度，【距离】：36像素，单击【确定】按钮，效果如图3-9-4所示。

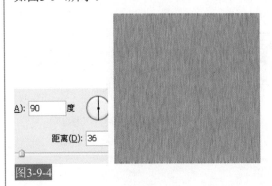
图3-9-4

STEP5 ▶▶ 执行【图像】|【调整】|【色阶】命令，打开【色阶】对话框，设置参数：60，1.00，145，单击【确定】按钮，效果如图3-9-5所示。

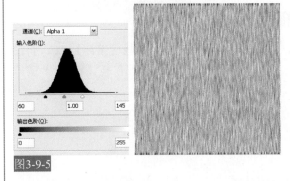
图3-9-5

STEP6 ▶▶ 执行【滤镜】|【扭曲】|【旋转扭曲】命令，打开【旋转扭曲】对话框，设置【角度】：50度，单击【确定】按钮，效果如图3-9-6所示。

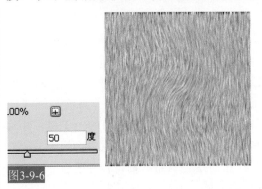
图3-9-6

STEP7 ▶▶ 执行【滤镜】|【扭曲】|【波浪】命令，打开【波浪】对话框，设置【生成器数】：5，

【最小波长】：762，【最大波长】：999，【最小波幅】：12，【最大波幅】：63，【水平比例】：100%，【垂直比例】：100%，【类型】：正弦，【未定义区域】：折回，单击【确定】按钮，效果如图3-9-7所示。

提示

在设置波长波幅参数时，应先设置最大波长波幅参数值，再设置最小波长波幅值。

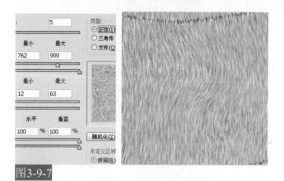
图3-9-7

STEP8 ▶▶ 选择工具箱中的【裁剪工具】，将图像边缘部分区域进行裁剪处理，按【Enter】键确定，图像效果如图3-9-8所示。

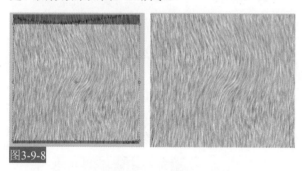
图3-9-8

STEP9 ▶▶ 选中【RGB】通道，返回【图层】面板。按【Ctrl+J】组合键，复制生成"图层1"，选中【通道】面板，按住【Ctrl】键，单击【Alpha 1】通道的缩览图，载入其选区。再次返回【图层】面板，选中"图层1"，按【Delete】键，删除选区内容，并设置该图层的【图层混合模式】：差值。按【Ctrl+E】组合键，向下合并图层。图像效果如图3-9-9所示。

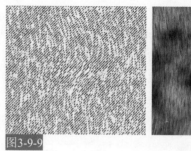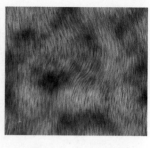
图3-9-9

STEP10 ▶▶ 单击【图层】面板下方的【创建新的填充或调整图层】按钮，打开快捷菜单，选择【色相/饱和度】命令，打开【色相/饱和度】对话框，勾选【着色】复选框，并设置参数：8，100，18。图像效果如图3-9-10所示。

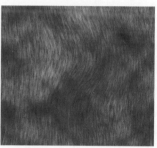
图3-9-10

STEP11 ▶▶ 单击【图层】面板下方的【创建新的填充或调整图层】按钮，打开快捷菜单，选择【色阶】命令，打开【色阶】对话框，设置参数：18，1.06，245。图像效果如图3-9-11所示。

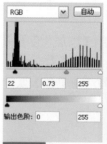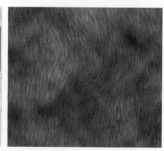
图3-9-11

STEP12 ▶▶ 按【Ctrl+Shift+Alt+E】组合键盖印可见图层，此时【图层】面板自动生成"图层1"。执行【编辑】|【自由变换】命令，打开自由变换调节框，调整图像大小及角度，按【Enter】键确定。图像效果如图3-9-12所示。

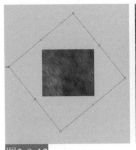 

图3-9-12

STEP13 ▶▶ 设置该图层的【图层混合模式】：亮光，【不透明度】：50%。选择工具箱中的【橡皮擦工具】，设置属性栏上的【画笔】：柔角100像素，【不透明度】：40%。再次盖印可见图层，自动生成"图层2"。图像效果如图3-9-13所示。

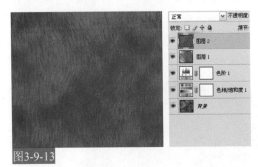

图3-9-13

STEP14 ▶▶ 执行【文件】|【打开】命令，打开素材图片：粉帽美女.tif。将其"毛发效果"图像窗口中的图像拖移至"粉帽美女"图像窗口中，自动生成"图层1"，按【Ctrl+T】组合键，等比例缩小图像。图像效果如图3-9-14所示。

图3-9-14

STEP15 ▶▶ 单击"图层1"前面的【指示图层可视性】按钮，隐藏该图层。选择工具箱中的【钢笔工具】，单击属性栏上的【路径】按钮，在图像窗口中沿人物帽子区域绘制路径。按【Ctrl+Enter】组合键，将其路径转换为选区，按【Shift+F6】组合键，打开【羽化选区】对话框，

设置参数：6像素图像效果如图3-9-15所示。

图3-9-15

STEP16 ▶▶ 显示"图层1"，按【Ctrl+Shift+I】组合键，反向选区，按【Delete】键，删除选区内容。按【Ctrl+D】组合键取消选区。图像效果如图3-9-16所示。

图3-9-16

STEP17 ▶▶ 执行【文件】|【新建】命令，打开【新建】对话框，设置【名称】：毛发笔刷，【宽度】：1厘米，【高度】：1厘米，【分辨率】：150像素/英寸，【颜色模式】：RGB颜色，【背景内容】：透明，如图3-9-17所示，单击【确定】按钮。

图3-9-17

STEP18 ▶▶ 设置前景色：黑色，选择【画笔工具】，设置属性栏上的【画笔】：尖角3像素，在其内部随意绘制黑点。执行【编辑】|【定义画笔预

设】命令，打开【画笔名称】对话框，设置名称：
毛发笔刷。图像效果如图3-9-18所示。

提示　　在绘制过程中，读者可将其画布放大至
最大，以便观察绘制。

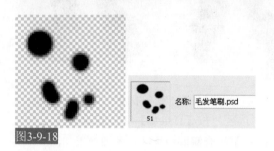

名称：毛发笔刷.psd

图3-9-18

STEP19 ▶▶▶ 返回"粉帽美女"图像窗口，选择工
具箱中的【涂抹工具】，按【F5】键打开【画
笔】面板，单击【画笔笔尖形状】选项，设置【画
笔】：毛发笔刷，【直径】：20%，单击【形状动
态】选项，设置【大小抖动】：0%，【控制】：渐
隐 100，在属性栏上设置【强度】：38%。在其毛
发边缘涂抹。图像效果如图3-9-19所示。

提示　　在涂抹过程中，读者应适当调整【涂抹
工具】的硬度及其渐隐参数。

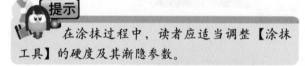

大小抖动		0%
控制：渐隐		100
最小直径		0%

图3-9-19

STEP20 ▶▶▶ 按【Ctrl+J】组合键，复制生成"图层
1 副本"图层，设置该图层的【图层混合模式】：
线性加深，选择工具箱中的【橡皮擦工具】，
设置属性栏上的【画笔】：柔角40像素，【不透
明度】：30%，在其内部轻微擦除。图像效果如
图3-9-20所示。

线性加深

锁定：

图层1 副本
图层1
粉帽美女

图3-9-20

STEP21 ▶▶▶ 新建"图层2"，分别设置前景色：暗
红色（R:214, G:56, B:55），黑色，选择工具箱中的
【画笔工具】，设置属性栏上的【画笔】：柔角
30像素，【不透明度】：10%，在其毛发内部轻微
涂抹。设置该图层的【图层混合模式】：颜色，图
像效果如图3-9-21所示。

图3-9-21

STEP22 ▶▶▶ 执行【文件】|【打开】命令，打开素材
图片：光点.tif。将其素材拖移至"粉帽美女"图像
窗口中，图像效果如图3-9-22所示。

图3-9-22

STEP23 ▶▶▶ 按【Ctrl+Alt+Shift+E】组合键盖印可见
图层。执行【滤镜】|【模糊】|【高斯模糊】命令，
打开【高斯模糊】对话框，设置【半径】：2像
素，单击【确定】按钮。图像效果如图3-9-23所示。

图3-9-23

STEP24 ▶▶ 设置"图层3"的【图层混合模式】：柔光，【不透明度】：80%，图像效果如图3-9-24所示。

图3-9-24

STEP25 ▶▶ 单击【图层】面板下方的【创建新的填充或调整图层】按钮，打开快捷菜单，选择【色阶】命令，打开【色阶】对话框，设置参数：2，0.93，227。设置前景色：黑色，选择工具箱中的【画笔工具】，设置属性栏上的【画笔】：柔角50像素，【不透明度】：100%，在其毛发内部涂抹，隐藏部分色阶效果，图像的最终效果如图3-9-25所示。

图3-9-25

Chapter

4 ——面板应用与案例解析

本章重点学习如何在案例中应用面板。常用的面板包括：图层面板、路径面板、蒙版面板、3D面板等。面板中的各项按钮或菜单命令都有其独特的快捷功能，能够快速实现菜单命令与工具所不能及的功能。所以能够熟练使用常用面板也是提高工作效率的有效途径。

4.1 常用面板介绍

本节主要介绍常用面板的运用方法，其中包括【画笔】面板、【路径】面板、【图层】面板的图层混合模式、【图层】面板的蒙版、【3D】面板等常用面板的操作技巧与运用方法，希望读者能够掌握并了解其中要点，从而为以后的设计之路打下良好的基础。

4.1.1 画笔面板

1. 画笔面板

【画笔】面板用于选择预设画笔和自定义画笔。不同的画笔决定了绘图和修图工具的笔触大小和形状的不同，它直接影响到图像处理的最终效果。掌握好画笔的使用对学好Photoshop CS4是十分重要的，它会使用户创作出很多意想不到的特殊效果。

可以如同在"画笔预设"选取器中一样在【画笔】面板中选择预设画笔，还可以修改现有画笔并设计新的自定画笔。【画笔】面板包含一些可用于确定如何向图像应用颜料的画笔笔尖选项。

此面板底部的画笔描边预览可以显示使用当前画笔选项时绘画描边的外观。

2. 面板的选项设置

【画笔】面板位于画笔工具的属性栏右侧，单击 按钮可以打开【画笔】面板，如图4-1-1所示。选择预设画笔的方法是：单击面板左侧的"画笔预设"，从右边的列表框中选择预设画笔，在下方的预览窗口中可以看到画笔绘制的效果。拖移"主直径"上的滑块，可以设定画笔的大小。

3. 定义画笔笔尖

在【画笔】面板中可以定制画笔笔尖的形状。单击面板左侧的"画笔笔尖形状"，从右上部的列表中选择预设画笔，可以设定笔尖的"直径"、"角度"、"间距"等参数，如图4-1-2所示。

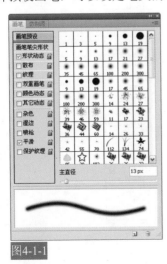

图4-1-1

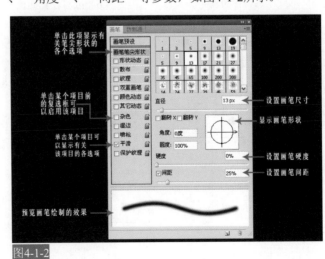

图4-1-2

- 直径：调整画笔大小，以像素为单位。
- 使用取样大小：当对预设画笔的直径进行调整后，单击此按钮，可使画笔复位到它的原始直径。
- 角度：指定椭圆画笔或样本画笔的长轴与水平方向的旋转角度。

◗ 圆度：指定画笔短轴和长轴的比率。100%表示圆形画笔，0%表示线性画笔，介于两者之间的值表示椭圆画笔。

◗ 间距：控制描边中两个画笔笔迹之间的距离，是画笔直径的百分比值。当选择此复选框时，可设置间距值。

使用预设画笔时，输入法在英文状态下。按【[】键可减小画笔宽度，按【]】键可增加画笔宽度。对于实边圆、柔边圆和书法等画笔，按【Shift+[】组合键可减小画笔硬度，按【Shift+]】组合键可增加画笔硬度。

4. 设置动态画笔

在【画笔】面板中进行相应设置后，可使画笔在绘图过程中发生动态变化。例如，可以在描边路径中改变画笔笔迹的大小、颜色和不透明度等。动态画笔的各个设置面板如图4-1-3所示。

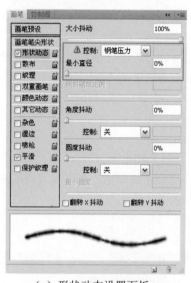
（a）形状动态设置面板

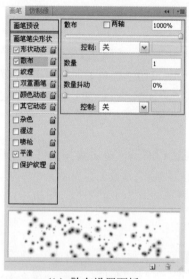
（b）散布设置面板

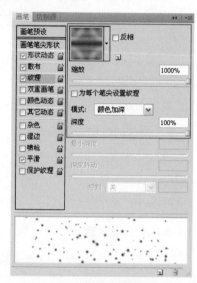
（c）纹理设置面板

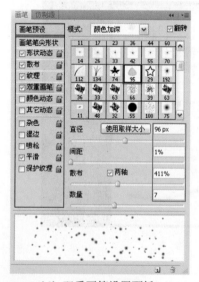
（d）双重画笔设置面板

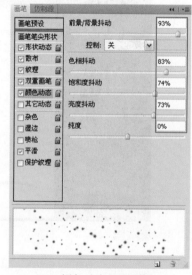
（e）颜色动态设置面板

（f）其他动态设置面板

图4-1-3

抖动和控制是衡量动态变化的两个参数。其中，抖动：指定动态元素的随机性。如果是0%，则元素在描边路径中不改变；如果是100%，则元素有最大数量的随机性。控制：其下拉列表中的选项用于指定如何控制动态元素的变化。

- 关：不控制动态元素的变化。
- 渐隐：以指定数量的步长渐隐动态元素的变化，每个步长等于画笔笔尖的一个笔迹。该值的范围为1~9 999。
- 钢笔压力、钢笔斜度或光笔轮：基于钢笔压力、钢笔斜度或光笔轮位置来改变动态元素。

只有当使用压力敏感的数字化绘图板（Wacom绘图板）时，钢笔控制才可以用。如果选择钢笔控制但没有安装绘图板，则将显示警告图标⚠。

在【画笔】面板中可以进行的设置有：

- 形状动态：决定描边中画笔笔迹的变化。
- 散布：确定描边中笔迹的数目和位置。
- 纹理：利用图案使描边看起来像在带纹理的画布上绘制一样。
- 双重画笔：使用两个笔尖创建画笔笔迹。在【画笔】面板的"画笔笔尖形状"部分可以设置主要笔尖的选项；在【画笔】面板"双重画笔"部分可以设置次要笔尖的选项。
- 颜色动态：决定描边路径中颜色的变化方式。
- 其他动态：设置不透明度和流量的变化。

5. 载入画笔库

单击画笔工具属性栏的▪按钮，打开画笔设置面板，如图4-1-4所示。Photoshop CS4中的所有画笔都出现在画笔设置面板中，在操作时，如果系统自带的画笔面板中没有合适的画笔，用户可以自定义和保存新的画笔。

图4-1-4

画笔设置面板主要用于设定绘图工具的画笔大小、形状和画笔边缘的软硬程度。在面板的最上端有一个"主直径"设置栏，用于设定画笔的大小，可以拖动滑块进行调节，数字范围是1~500像素；也可以通过主直径后面的文本框中直接输入数字来设定。在主直径下面是"硬度"设置栏，用于控制画笔的虚实程度，可通过拖动滑块进行调整；也可以在硬度后面的文本框中直接输入数字来设定画笔的虚实程度。

在Photoshop CS4"画笔"设置面板中存储了大量的画笔库，如书法画笔、干介质画笔、自然画笔等，在画笔选项菜单的底部可以见到这些画笔库。如要选择画笔库中的样式，只要在画笔的快捷菜单中选择需要的笔刷样式即可。也可以载入、保存和替换当前使用的画笔库，只需从画笔选项菜单中选择相应的命令即可，如图4-1-5所示。要载入新的画笔库，单击"画笔"设置面板上的▸按钮，在打开的画笔快捷菜单中选择需要载入的画笔库，如图4-1-6所示，此时打开一个询问对话框，如图4-1-7所示，单击 追加(A) 按钮就可以载入选中的画笔库。

（a）混合画笔.abr

（b）基础画笔.abr

（c）书法画笔.abr

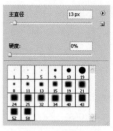

（d）带阴影的画笔.abr

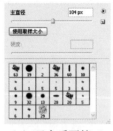

（e）干介质画笔.abr

（f）人造材质画笔.abr

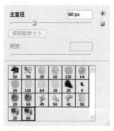

（g）自然画笔2.abr

（h）自然画笔.abr

（i）特殊效果画笔.abr

（j）方头画笔.abr

（k）粗画笔.abr

（l）湿介质画笔.abr

图4-1-5

图4-1-6

图4-1-7

画笔设置面板的快捷菜单中提供了预览画笔的多种模式，如纯文本、小/大缩览图、小/大列表和描边缩览图等，默认为描边缩览图模式，如图4-1-8所示。

（a）纯文本模式

（b）小缩览图模式

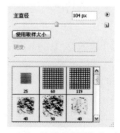

（c）大缩览图模式

图4-1-8

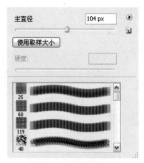

（d）小列表模式　　　　　　　（e）大列表模式　　　　　　（f）描边缩览图模式

图4-1-8（续）

6. 创建和删除画笔

创建新的画笔只要执行【编辑】|【定义画笔】命令，打开【画笔名称】对话框，输入已经创建好的画笔的名称，就可以定义新的画笔了。也可以单击【画笔】面板上的 ▶ 按钮，在弹出的快捷菜单中选择【新画笔】命令，打开【画笔名称】对话框，如图4-1-9所示。

对于不需要的画笔，可以将它从面板中删除，其方法是：在【画笔】面板中选中要删除的画笔，单击【画笔】面板上的 ▶ 按钮，在打开的快捷菜单中选择【删除画笔】命令就可以删除了，如图4-1-10所示。还有两种删除画笔的方法：一种方法是按住【Alt】键，在面板上单击要删除的画笔；另一种方法是直接将需要删除的画笔拖到面板底部的 🗑 按钮上。

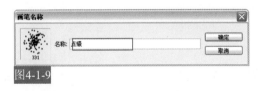

图4-1-9

图4-1-10

执行【编辑】|【预设管理器】命令，可以打开【预设管理器】对话框，在此对话框中可以同时完成保存、载入、重命名和删除画笔的各项操作。

7. 保存画笔库

除了Photoshop CS4提供的画笔外，还可以根据需要将面板中的画笔保存在画笔库中，以便以后载入使用。

单击【画笔】面板上的 ▶ 按钮，在打开的快捷菜单中选择【存储画笔】命令，打开如图4-1-11所示的【存储】对话框，在【存储】对话框中指定画笔库文件的保存路径和文件名，并单击 保存(S) 按钮，这样就可以创建一个新的画笔库，其中包括当前面板中的所有画笔。如果将画笔库文件保存在系统默认的文件夹中，则下次启动Photoshop CS4时，该画笔库的名称与系统中的其他画笔库将一起出现在"画笔"设置面板的菜单底部，单击名称就可以将画笔库载入到面板中。

图4-1-11

操作演示——画笔面板

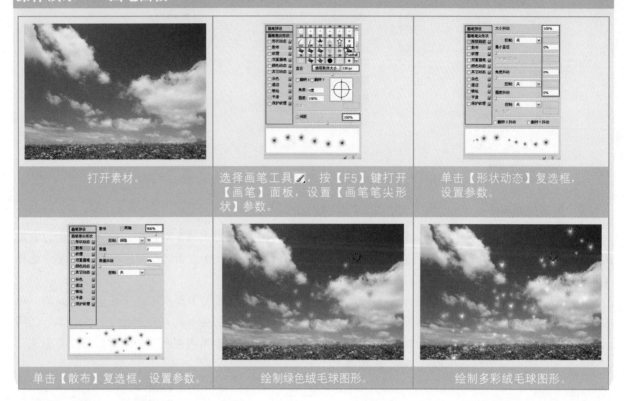

| 打开素材。 | 选择画笔工具 ，按【F5】键打开【画笔】面板，设置【画笔笔尖形状】参数。 | 单击【形状动态】复选框，设置参数。 |
| 单击【散布】复选框，设置参数。 | 绘制绿色绒毛球图形。 | 绘制多彩绒毛球图形。 |

4.1.2 路径面板

1. 存储路径与路径面板

工作路径是一种临时性的路径，其"临时性"体现在当创建新的工作路径时，现有的工作路径就会被删除，且系统不会进行任何提示。如果以后还有可能用到当前工作路径，就应该将其保存。

在Photoshop CS4中，除了可以用钢笔组工具创建、修改调整路径外，还可以使用【路径】面板对已建立的路径进行管理和编辑处理。

执行【窗口】|【路径】命令，打开如图4-1-12所示的【路径】面板。在该面板的中间是路径存放区，列出当前图像中所有保存和正在编辑的路径。正在编辑而尚未保存的路径名为工作路径。保存路径时，可对路径重新命名。一般系统命名为工作路径并自动编号。

- 工作路径：在【路径】面板中，若路径栏为深灰色，则表示该路径为当前工作路径。
- 填充路径：使用前景色填充路径所包围的区域。
- 描边路径：用当前描绘工具使用前景色对路径进行描边。
- 将路径转化为选区：将当前路径转化为选区。
- 将选区转化为路径：将当前选区转化为路径。
- 创建路径：创建新的路径。
- 删除路径：删除当前路径。
- 路径预览图：用来显示某路径的预览缩图，供用户处理路径时快速参考。

图4-1-12

单击【路径】面板右上角 按钮，弹出如图4-1-13所示的快捷菜单。在此快捷菜单中，可进行存储路径、删除路径、描边路径、填充路径等操作。

◉ **存储路径**：选择该命令，打开【保存路径】对话框，输入路径名称即可保存路径。

◉ **复制路径**：复制一个路径副本。

◉ **删除路径**：直接删除路径，没有警告提示信息。

◉ **建立工作路径**：创建新路径。

◉ **建立选区**：把路径转换为选区。

◉ **填充路径**：选择该命令，弹出【填充路径】对话框，可以设置填充方式。

◉ **描边路径**：选择该命令，弹出【描边路径】对话框，可以选择描边方式。

◉ **剪贴路径**：裁剪路径。

◉ **面板选项**：路径缩览图选项，选择此命令将弹出如图4-1-14所示的【路径面板选项】对话框，选择相应缩览图大小示例左侧的单选按钮即可改变缩览图的大小。

图4-1-13

图4-1-14

操作演示——存储路径

选择【自定形状工具】，单击【形状图层】按钮，在窗口随意绘制形状。

双击【形状1矢量蒙版】后面的空白处，打开【存储路径】对话框，设置参数不变，单击【确定】按钮存储路径。

单击【路径】面板下侧的空白处取消路径。再次单击便可显示路径。

2. 创建新路径

使用建立路径的基本工具，可严格按照选择的图像区域绘制路径，精确地选定图像的轮廓，还可随心所欲地设计特定几何形状图形，以便于以后进行物体的造型和绘制。要创建路径，可以通过以下3种方法来实现。

◉ **使用钢笔工具**：当【路径】面板中没有路径时，可以使用工具箱中的钢笔工具在图像中勾勒出路径。此时【路径】面板中会自动产生用来记录新路径的工作路径，如图4-1-15所示。

○ 使用 按钮：单击【路径】面板底部【创建新路径】按钮 ，此时新路径将使用默认的名称【路径1】，如图4-1-6所示。

○ 使用菜单命令：单击【路径】面板右上角的三角形按钮 ，在弹出的菜单中选择【新建路径】命令，并在打开的【新建路径】对话框中输入新路径的名称，单击 确定 按钮创建路径，如图4-1-17所示。

图4-1-15

图4-1-16

图4-1-17

3. 显示和隐藏路径

创建路径并得到需要的图形后，可将路径隐藏起来，以备以后使用。使用下列两种方法可显示和隐藏路径。

○ 若工作路径是显示的，在【路径】面板空白处单击鼠标左键，就可隐藏路径；再次单击要显示的路径，就可以把隐藏的路径显示出来。

○ 按住【Shift】键不放，单击工作路径，就可隐藏路径；按住【Shift】键单击要显示的路径，就可以把隐藏的路径再显示出来。

操作演示——显示和隐藏路径

显示路径效果。　　　　　　　　单击【路径】面板空白处隐藏路径效果。

4. 描边路径

在Photoshop CS4可中，使用画笔、橡皮擦、图章等工具描绘路径下的像素，即路径描边。进行路径描边操作时，首先要定义用来描边的工具，然后单击路径面板右上角的三角形按钮 ，在弹出的菜单中选择【描边路径】命令，打开如图4-1-18所示的【描边路径】对话框。

图4-1-18

另外，在工具箱中单击选择用于描边路径的画笔、橡皮擦、图章等工具（同时可在画笔工具的属性栏上调整笔触的大小来确定描边的宽度），然后在【路径】面板中单击【用前景色描边路径】按钮 也可以描边路径。

操作演示——描边路径

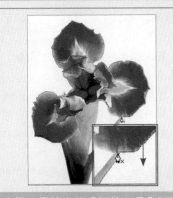

选择工具箱中的【钢笔工具】 ，在窗口中沿花朵外轮廓绘制闭合路径。设置前景色：黄色。选择工具箱中的【画笔工具】 ，设置【画笔】：柔角50像素。

单击【路径】面板下的【用画笔描边路径】按钮 ，对路径进行描边处理。在此选择工具箱中的【钢笔工具】 ，在路径上单击右键，可选择其他方式对路径描边。

单击【路径】面板下侧的空白处取消路径，观察描边后效果。

4.1.3 图层面板的图层混合模式

　　图层混合模式是当图像叠加时，上面图层与下面图层的像素进行混合，从而得到另外一种图像效果。Photoshop提供了二十多种不同的色彩混合模式，不同的色彩混合模式可以产生不同的效果。

- 正常：这是默认模式。在处理位图图像或索引颜色图像时，【正常】模式也称为阈值。
- 溶解：根据像素位置的不透明度，结果色由基色或混合色的像素随机替换。
- 变暗：使用该混合模式，软件将自动查看每个通道中的颜色信息，并选择基色或混合色中较暗的颜色作为结果色。比混合色亮的像素被替换，比混合色暗的像素保持不变。
- 正片叠底：主要用于查看每个通道中的颜色信息，并将基色与混合色复合。其中，结果色总是较暗的颜色，任何颜色与黑色复合产生黑色，任何颜色与白色复合保持不变。当用黑色和白色以外的颜色绘画时，绘画工具绘制的连续描边产生逐渐变暗的颜色。这与使用多个魔术标记在图像上绘图的效果相似。
- 颜色加深：用于查看每个通道中的颜色信息，并通过增加对比度使基色变暗以反映混合色。与白色混合后不产生变化。
- 深色：比较混合色和基色的所有通道值的总和并显示值较小的颜色。"深色"不会生成第三种颜色（可以通过"变暗"混合获得），因为它将从基色和混合色中选择最小的通道值来创建结果颜色。
- 颜色减淡：用于查看每个通道中的颜色信息，并通过减小对比度使基色变亮以反映混合色。
- 线性加深：用于查看每个通道中的颜色信息，并通过减小亮度使基色变暗以反映混合色。与白色混合后不产生变化。
- 线性减淡：用于查看每个通道中的颜色信息，并通过增加亮度使基色变亮以反映混合色。与黑色混合则不发生变化。
- 浅色：比较混合色和基色的所有通道值的总和并显示值较大的颜色。"浅色"不会生成第三种颜色（可以通过"变亮"混合获得），因为它将从基色和混合色中选择最大的通道值来创建结果颜色。
- 变亮：用于查看每个通道中的颜色信息，并选择基色或混合色中较亮的颜色作为结果色。其中比混合色暗的像素被替换，比混合色亮的像素保持不变。
- 柔光：柔光可使颜色变亮或变暗，具体取决于混合色。此效果与发散的聚光灯照在图像上相似。如果混合色（光源）比50%灰色亮，则图像变亮，就像被减淡了一样。如果混合色（光源）比50%灰色暗，则图像变暗，就像被加深了一样。用纯黑色或纯白色绘画会产生明显较暗或较亮的区域，但不会产生纯黑色或纯白色。

◎滤色：这种模式和【正片叠底】相反，它将绘制的颜色与底色的互补色相乘，然后再除以255，得到的结果就是最终的效果，用这种模式转换后的颜色通常比较浅，具有漂白的效果。

◎叠加：该混合模式用于复合或过滤颜色，最终效果取决于基色。图案或颜色在现有像素上叠加，同时保留基色的明暗对比。不替换基色，但通过基色与混合色相混以反映原色的亮度或暗度。

◎强光：是复合或过滤颜色，具体取决于混合色。此效果与耀眼的聚光灯照在图像上相似。如果混合色（光源）比50%灰色亮，则图像变亮，就像过滤后的效果，这对于向图像中添加高光非常有用。如果混合色（光源）比50%灰色暗，则图像变暗，就像复合后的效果，这对于向图像添加暗调非常有用。用纯黑色或纯白色绘画会产生纯黑色或纯白色。

◎亮光：是通过增加或减小对比度来加深或减淡颜色，具体取决于混合色。如果混合色（光源）比50%灰色亮，则通过减小对比度使图像变亮。如果混合色比50%灰色暗，则通过增加对比度使图像变暗。

◎线性光：是通过减小或增加亮度来加深或减淡颜色，具体取决于混合色。如果混合色（光源）比50%灰色亮，则通过增加亮度使图像变亮。如果混合色比50%灰色暗，则通过减小亮度使图像变暗。

◎点光：就是替换颜色，具体取决于混合色。如果混合色（光源）比50%灰色亮，则替换比混合色暗的像素，而不改变比混合色亮的像素。如果混合色比50%灰色暗，则替换比混合色亮的像素，而不改变比混合色暗的像素。这对于向图像添加特殊效果非常有用。

◎实色混合：将混合颜色的红色、绿色和蓝色通道值添加到基色的RGB值。如果通道的结果总和大于或等于255，则值为255；如果小于255，则值为0。因此，所有混合像素的红色、绿色和蓝色通道值要么是0，要么是255。这会将所有像素更改为原色：红色、绿色、蓝色、青色、黄色、洋红、白色或黑色。

◎差值：是查看每个通道中的颜色信息，并从基色中减去混合色，或从混合色中减去基色，具体取决于哪一个颜色的亮度值更大。与白色混合将反转基色值，而与黑色混合则不产生变化。

◎排除：是创建一种与【差值】模式相似但对比度更低的效果。与白色混合将反转基色值，而与黑色混合则不发生变化。

◎色相：是用基色的亮度和饱和度以及混合色的色相创建结果色。

◎饱和度：是用基色的亮度和色相以及混合色的饱和度创建结果色。在无饱和度（灰色）的区域上用此模式绘画不会产生变化。

◎颜色：是用基色的亮度以及混合色的色相和饱和度创建结果色，可以保留图像中的灰阶，对于为单色图像上色和为彩色图像着色非常有用。

◎明度：是用基色的色相和饱和度以及混合色的亮度创建结果色。【明度】模式与【颜色】模式创建后的图像效果正好相反。

操作演示——图层混合模式

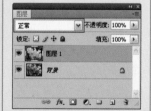

打开素材，按【Ctrl+J】组合键，复制背景图层。

执行【色相/饱和度】命令，设置参数：180，0，0。调整图像颜色。

【图层】面板效果。

单击【设置图层混合模式】下拉按钮，便可设置不同的混合模式。

操作演示——图层混合模式

【溶解】效果。	【变暗】效果。	【正片叠底】效果。	【颜色加深】效果。
【线性加深】效果。	【深色】效果。	【变亮】效果。	【滤色】效果。
【颜色减淡】效果。	【线性减淡（添加）】效果。	【浅色】效果。	【叠加】效果。
【柔光】效果。	【强光】效果。	【亮光】效果。	【线性光】效果。
【点光】效果。	【实色混合】效果。	【差值】效果。	【排除】效果。
【色相】效果。	【饱和度】效果。	【颜色】效果。	【明度】颜色。

4.1.4 图层面板的图层蒙版

1. 图层蒙版

在Photoshop CS4中，可以使用蒙版来隐藏部分图层并显示下面的部分图层，其中可创建两种类型的蒙版：

- 第1种：图层蒙版是与分辨率相关的位图图像，可使用绘画或选择工具进行编辑。
- 第2种：矢量蒙版与分辨率无关，可使用钢笔或形状工具创建。

图层和矢量蒙版是非破坏性的，这表示制作完成后还可以返回并重新编辑蒙版，而不会丢失蒙版隐藏的像素。

在【图层】面板中，图层蒙版和矢量蒙版都显示为图层缩览图右边的附加缩览图。对于图层蒙版，此缩览图代表添加图层蒙版时创建的灰度通道。矢量蒙版缩览图代表从图层内容中剪下来的路径。

图层蒙版是一个8位灰度图像，黑色表示图层的透明部分，白色表示图层的不透明部分，灰色表示图层中的半透明部分。编辑图层蒙版，实际上就是对蒙版中黑、白、灰3个色彩区域进行编辑。使用图层蒙版可以控制图层中不同区域的隐藏或显示。通过更改图层蒙版，可以将大量特殊效果应用到图层，而不会影响该图层上的像素。

（1）创建图层蒙版

创建图层蒙版可使用下列任意方法。

- 利用工具箱中的任意一种选择区域工具在打开的图像中绘制选择区域，然后选择【图层】菜单中的【添加图层蒙版】命令，即可得到一个图层蒙版。

- 在图像中具有选择区域的状态下，在【图层】面板中单击 按钮可以为选择区域以外的图像部分添加蒙版。如果图像中没有选择区域，单击 按钮可以为整个画面添加蒙版。给图层添加蒙版后的【图层】面板如图4-1-19所示。

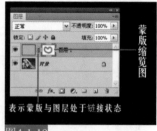

图4-1-19

另外，要注意不能为背景图层添加蒙版。当需要给一个背景图层添加蒙版时，可以先将背景图层转换为普通图层，然后再创建蒙版。

（2）关闭、删除和应用蒙版

为某图层添加蒙版后，右击蒙版缩览图，即可在弹出的快捷菜单中看到【停用图层蒙版】、【删除图层蒙版】和【应用图层蒙版】等命令。执行【停用图层蒙版】命令，将蒙版关闭；执行【删除图层蒙版】命令，删除图层蒙版；执行【应用图层蒙版】命令，可以应用当前蒙版效果，同时将【图层】面板中的蒙版删除。

（3）编辑图层蒙版

单击图层控制面板中图层蒙版的缩览图，可以使蒙版处于编辑状态。

编辑图层蒙版常用的工具有渐变填充工具、画笔工具等。图层蒙版的编辑方法是：选择图层，在【图层】面板中单击 按钮，为图层添加蒙版，并选择渐变工具，使用径向渐变方式为蒙版填充从黑到白的渐变色。

2. 矢量蒙版

矢量蒙版是通过钢笔或形状工具创建的蒙版，与分辨率无关。矢量蒙版可在图层上创建锐边形状，无论何时需要添加边缘清晰分明的设计元素，都可以使用矢量蒙版。

　　添加和删除矢量蒙版时，在【图层】面板中，选择要添加矢量蒙版的图层。执行【图层】|【矢量蒙版】|【隐藏全部】命令或执行【图层】|【矢量蒙版】|【显示全部】命令，会自动在【路径】面板中添加一个矢量蒙版。添加矢量蒙版后，就可以绘制显示形状内容的矢量蒙版，可以使用形状工具或钢笔工具直接在图像上绘制路径。

操作演示——图层蒙版

素材1。

素材2。

导入素材2到素材1窗口中。单击【添加图层蒙版】◻，添加图层蒙版。

选择工具箱中的【自定形状工具】，设置【形状】：花6。

设置前景色：黑色，单击【填充像素】按钮◻，绘制花6图形蒙版。

绘制蒙版图层效果。单击【指示图层蒙版链接到图层】按钮，取消链接。

选择工具箱中的【移动工具】，向上拖动蒙版。显示人物上身图像效果。

打开【蒙版】面板，设置参数：100%，70像素。

更改蒙版属性后效果。

操作演示——图层蒙版

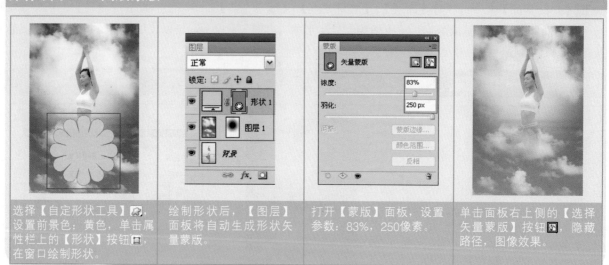

选择【自定形状工具】，设置前景色：黄色，单击属性栏上的【形状】按钮，在窗口绘制形状。

绘制形状后，【图层】面板将自动生成形状矢量蒙版。

打开【蒙版】面板，设置参数：83%，250像素。

单击面板右上侧的【选择矢量蒙版】按钮，隐藏路径，图像效果。

4.1.5 3D面板

选择 3D 图层后，3D 面板会显示关联的 3D 文件的组件，并且在面板顶部列出文件中的网格、材料和光源，面板的底部显示在顶部选定的 3D 组件的设置和选项。

操作演示——3D面板

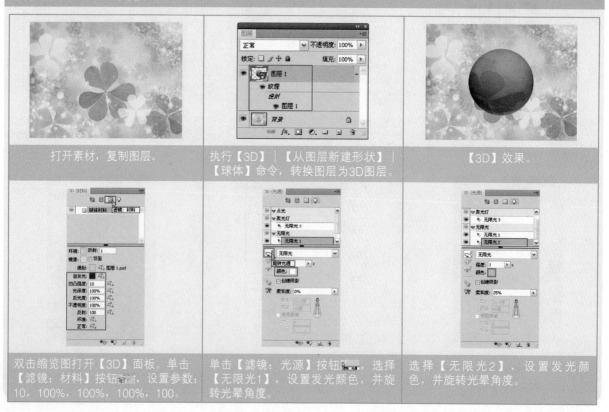

打开素材，复制图层。

执行【3D】|【从图层新建形状】|【球体】命令，转换图层为3D图层。

【3D】效果。

双击缩览图打开【3D】面板。单击【滤镜：材料】按钮，设置参数：10，100%，100%，100%，100。

单击【滤镜：光源】按钮，选择【无限光1】，设置发光颜色，并旋转光晕角度。

选择【无限光2】，设置发光颜色，并旋转光晕角度。

操作演示——3D面板

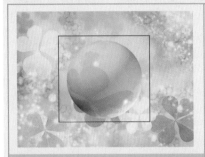

添加材料与光源效果。

选择"背景"图层，执行【色相/饱和度】命令调整颜色。

右键单击3D图层后面空白处，选择【栅格化3D】命令将其转换为普通层。复制多个图形并调整图像大小。

4.2 陈列柜展板设计

案例分析

本例主要目的是讲解如何制作具有夏天色彩的陈列柜展板图像，主要运用【图层】面板中的调整图层命令，配合【画笔工具】，制作立体字效果。

行业知识

背景设计的构图任务是将必要的图形元素组合成特定的画面构架，最终营造出该陈列所要求的气氛。

光盘路径

素材：U.tif、百合花.tif、荷花.tif、蝴蝶.tif、绿色花纹.tif、矢量莲花.tif、文字.tif、星光.tif、字母.tif

源文件：陈列柜展板设计.psd

视频：陈列柜展板设计.avi

STEP1 ▶▶ 执行【文件】|【新建】命令，打开【新建】对话框，设置【名称】：陈列柜展板设计，设置【宽度】：18厘米，【高度】：12厘米，【分辨率】：150像素/英寸，【颜色模式】：RGB颜色，如图4-2-1所示，单击【确定】按钮。

图4-2-1

STEP2 ▶▶ 选择工具箱中的【渐变工具】█，在属性栏上单击【编辑渐变】按钮██████，打开对话框，设置【渐变色】：0位置处颜色（R:255,G:255,B:255）；100位置处颜色（R:0,G:255,B:255），单击【确定】按钮。单击【径向渐变】按钮█，在图像窗口中由中间向右上方拖移填充变色，图像效果如图4-2-2所示。

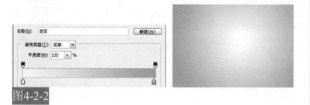

图4-2-2

STEP3 ▶▶ 拖动"背景"图层到【图层】面板下方的【创建新图层】按钮█上，复制出"背景副本"图层，并设置【图层混合模式】：正片叠底，【不透明度】：77%。新建"图层1"，设置前景色：白色，选择工具箱中的【画笔工具】█，设置属性栏上的【画笔】：柔角300像素，在窗口中间涂抹颜色。效果如图4-2-3所示。

图4-2-3

STEP4 ▶▶ 选择工具箱中的【钢笔工具】█，单击属性栏上的【路径】按钮█，在窗口中绘制曲线路径。单击【图层】面板下方的【创建新组】按钮█，新建"组1"，双击更改名称为"细线"。在"细线"组里新建"图层2"，设置前景色：白色，选择工具箱中的【画笔工具】█，设置【画笔大小】：尖角1像素。选择【路径】面板，单击面板下方的【用画笔描边路径】按钮█，并单击【路径】面板空白处，隐藏路径，如图4-2-4所示。

图4-2-4

STEP5 ▶▶ 按【Ctrl+J】组合键，复制"图层2"9次，分别按【Ctrl+T】组合键，在控制框外拖移图像到合适的位置。选择"细线"组，按【Ctrl+E】组合键，合并组为图层"细线"，如图4-2-5所示。

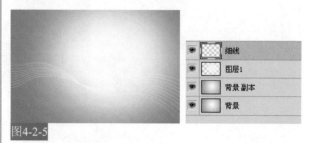

图4-2-5

STEP6 ▶▶ 新建"组1"并更改名称为"圆点"。在"圆点"组里新建"图层2"，设置前景色：蓝色（R:90,G:194,B:218），选择工具箱中的【画笔工具】█，设置【画笔】：柔角画笔，【硬度】：80%，在窗口中绘制蓝色圆形。按【Ctrl+J】组合键，复制"图层2"3次，选择工具箱中的【移动工具】█，分别改变图像的位置，如图4-2-6所示。

提示
绘制圆点时，注意更改【画笔】的直径大小、【硬度】、【不透明度】和【流量】值，使绘制的圆点具有层次感。

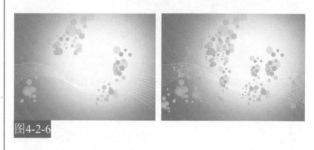

图4-2-6

STEP7 ▶▶ 选择工具箱中的【钢笔工具】█，在图像窗口左下方绘制S形路径。按【Ctrl+Enter】组合键，将路径转换为选区，如图4-2-7所示。

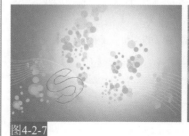

图4-2-7

STEP8 ▶▶ 新建"组1"并更名为"S"。在"S"组里新建"图层3"，设置前景色：深绿色（R:1,G:28,B:11），按【Alt+Delete】组合键，填充"图层3"为深绿色。按【Ctrl+D】组合键，取消选区。按【Ctrl+Alt+T】组合键，复制生成"图层3"副本并打开自由变换调节框，按向下方向键【↓】一次，轻移图像，如图4-2-8所示，按【Enter】键确定。

图4-2-8

STEP9 ▶▶ 按【Ctrl+Alt+Shift+T】组合键若干次，等比例复制图像，制作"S"文字的立体效果。选择"S"组，按【Ctrl+E】组合键，合并为图层"S"。选择工具箱中的【减淡工具】 ，设置【画笔】：柔角90像素，【范围】：阴影，【曝光度】：68%，涂抹"S"使其颜色减淡。图像效果如图4-2-9所示。

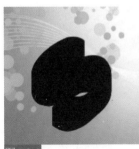

图4-2-9

STEP10 ▶▶ 选择工具箱中的【加深工具】 ，设置【画笔】：柔角100像素，【范围】：中间调，【曝光度】：50%，在字体上涂抹使其颜色加深。选择工具箱中的【钢笔工具】 ，在"S"图层上绘制路径，并按【Ctrl+Enter】组合键，将路径转换为选区，如图4-2-10所示。

图4-2-10

STEP11 ▶▶ 新建"图层3"，设置前景色：深绿色（R:2,G:51,B:21），按【Alt+Delete】组合键，填充"图层3"为深绿色。按【Ctrl+D】组合键取消选区。新建"图层4"，设置前景色：绿色（R:37,G:104,B:27），选择工具箱中的【画笔工具】 ，设置属性栏上的【画笔】：柔角60像素，【不透明度】：60%，【流量】：40%，在"图层4"上涂抹绘制颜色。效果如图4-2-11所示。

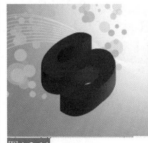

图4-2-11

STEP12 ▶▶ 新建"图层5"，设置前景色：绿色（R:79,G:142,B:28），选择工具箱中的【画笔工具】 ，在"图层5"上涂抹绘制颜色。按住【Ctrl】键，单击"图层3"的缩览图载入选区，按【Ctrl+T】组合键，改变选区的大小、形状和位置。效果如图4-2-12所示。

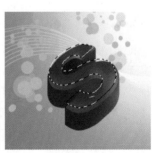

图4-2-12

STEP13 ▶▶ 新建"图层6"，设置前景色：绿色（R:49,G:124,B:33），按【Alt+Delete】组合键填充。按【Ctrl+D】组合键，取消选区。选择工具箱中的【多边形套索工具】 ☑，在"图层6"上绘制选区，勾选部分图像，如图4-2-13所示。

图4-2-13

STEP14 ▶▶ 按【Ctrl+Shift+I】组合键，反向选区。单击【图层】面板下方的【添加图层蒙版】按钮 ☑，为"图层6"添加蒙版，隐藏部分图像。新建"图层7"，设置前景色：黄色（R:214,G:236,B:8），选择工具箱中的【画笔工具】 ☑，设置【画笔】：柔角80像素，【不透明度】：80%，【流量】：60%，在"图层6"上涂抹绘制颜色，如图4-2-14所示。

图4-2-14

STEP15 ▶▶ 选择工具箱中的【多边形套索工具】 ☑，在"S"文字上绘制选区。新建"图层8"，设置前景色：深绿色（R:5,G:46,B:17）和绿色（R:42,G:98,B:27），选择工具箱中的【画笔工具】 ☑，设置【画笔】：35像素，在选区中涂抹颜色。按【Ctrl+D】组合键，取消选区。按住【Shift】键，同时选中"图层8"至"S"图层，按【Ctrl+E】组合键，合并图层并更名为"S"。按【Ctrl+T】组合键，在控制框外按逆时针方向稍微旋转图像，按【Enter】键确定。图像效果如图4-2-15所示。

图4-2-15

STEP16 ▶▶ 选择工具箱中的【减淡工具】 ☑，设置属性栏上的【曝光度】：35%，在"S"的上部涂抹使其颜色减淡。按住【Ctrl】键，单击"S"图层缩览图载入选区，单击【图层】面板下方的【创建新的填充或调整图层】按钮 ☑，打开快捷菜单，选择【亮度/对比度】命令，打开【亮度/对比度】对话框，设置参数：5，68。效果如图4-2-16所示。

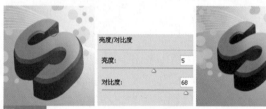

图4-2-16

STEP17 ▶▶ 执行【文件】|【打开】命令，打开素材图片：百合花.tif。按住【Ctrl】键，单击"百合花"图层的缩览图载入选区，如图4-2-17所示。

图4-2-17

STEP18 ▶▶ 新建"图层1"，设置前景色：红色（R:251,G:25,B:46），按【Alt+Delete】组合键，填充"图层1"为红色。按【Ctrl+D】组合键，取消选区。设置"图层1"的【图层混合模式】：颜色。效果如图4-2-18所示。

图4-2-18

STEP19 ▶▶ 按【Ctrl+Shift+Alt+E】组合键盖印可见图层，此时【图层】面板自动生成"图层2"。选择工具箱中的【移动工具】，拖动"图层2"到"陈列柜展板设计"图像窗口中，自动生成"图层3"。按【Ctrl+T】组合键，打开自由变换调节框，按住【Shift】键，拖动调节框的控制点，等比例缩小图像大小，并摆放在"S"的下方，按【Enter】键确定。效果如图4-2-19所示。

图4-2-19

STEP20 ▶▶ 按【Ctrl+J】组合键，复制"图层3"若干次，分别执行【自由变换】命令，改变图像的大小和位置。按住【Shift】键，同时选中"图层3"及所有副本，按【Ctrl+E】组合键，合并并更名为"百合花"。选择工具箱中的【橡皮擦工具】，设置【画笔】：柔角30像素，【不透明度】：80%，【流量】：70%，擦除部分图像。图像效果如图4-2-20所示。

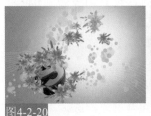
图4-2-20

STEP21 ▶▶ 载入"百合花"图层选区，单击【创建新的填充或调整图层】按钮，选择【色相/饱和度】命令，设置参数：-2，-18，0。效果如图4-2-21所示。

图4-2-21

STEP22 ▶▶ 按【Ctrl＋O】组合键，打开素材图片：U.tif。选择工具箱中的【移动工具】，拖动"U"到"陈列柜展板设计"图像窗口中，自动生成"U"图层，并将其拖到"S"图层的下方。效果如图4-2-22所示。

图4-2-22

STEP23 ▶▶ 选择"细线"图层，按【Ctrl+J】组合键，复制生成"细线副本"，按【Ctrl+T】组合键，在控制框外调整图像，改变位置，按【Enter】键确定，并将该图层放在"U"图层的下方。效果如图4-2-23所示。

图4-2-23

STEP24 ▶▶ 按【Ctrl＋O】组合键，打开素材图片：字母.tif。选择工具箱中的【移动工具】，拖动"字母"到"陈列柜展板设计"图像窗口中，自动生成"字母"图层，将其拖到"细线副本"图层的下方，如图4-2-24所示。

图4-2-24

STEP25 ▶▶ 按【Ctrl＋O】组合键，打开素材图片：绿色花纹.tif。选择工具箱中的【移动工具】，拖动"绿色花纹"到"陈列柜展板设计"图像窗口中，放在【图层】面板的最顶层。效果如图4-2-25所示。

图4-2-25

STEP26 ▶▶ 选择工具箱中的【橡皮擦工具】，擦除字母上面的花纹。按【Ctrl＋O】组合键，打开素材图片：矢量莲花.tif。选择工具箱中的【移动工具】，拖动"矢量莲花"到"陈列柜展板设计"图像窗口的最右侧，自动生成"矢量莲花"图层。效果如图4-2-26所示。

图4-2-26

STEP27 ▶▶ 按【Ctrl+U】组合键，打开【色相/饱和度】对话框，设置参数：-8，-12，0，单击【确定】按钮。效果如图4-2-27所示

图4-2-27

STEP28 ▶▶ 按【Ctrl+B】组合键，打开【色彩平衡】对话框，设置【色阶】：-76，-5，+26，单击【确定】按钮。效果如图4-2-28所示。

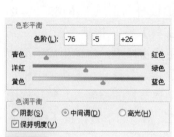

图4-2-28

STEP29 ▶▶ 按【Ctrl＋O】组合键，打开素材图片：荷花.tif。选择工具箱中的【移动工具】，拖动"荷花"到"陈列柜展板设计"图像窗口中，放在"U"的旁边，自动生成"荷花"图层。效果如图4-2-29所示。

图4-2-29

STEP30 ▶▶ 选择工具箱中的【渐变工具】，单击属性栏上的【编辑渐变】按钮，打开【渐变编辑器】对话框，设置渐变色：0位置处颜色（R:131,G:25,B:214）；100位置处颜色（R:8,G:149,B:179），单击【确定】按钮。载入"荷花"图层选区，新建"图层3"，单击【径向渐变】按钮，在选区中从中间向右上方拖移，填充渐变色。按【Ctrl+D】组合键取消选区。图像效果如图4-2-30所示。

图4-2-30

STEP31 ▶▶ 选择"图层3"，设置【图层】面板上的【图层混合模式】：颜色，如图4-2-31所示。

图4-2-31

STEP32 ▶▶ 按【Ctrl+U】组合键，打开【色相/饱和度】对话框，设置参数：+7，+9，0，单击【确定】按钮。效果如图4-2-32所示。

图4-2-32

STEP33 ▶▶ 按住【Ctrl】键，同时选中"图层3"及"荷花"图层，按【Ctrl+E】组合键合并为"图层3"。按【Ctrl+J】组合键，复制"图层3"4次，分别执行【自由变换】命令，改变图像的大小和位置，如图4-2-33所示。

图4-2-33

STEP34 ▶▶ 按【Ctrl+E】组合键4次，向下合并为"图层3"。单击【图层】面板下方的【添加图层蒙版】按钮🔲，为"图层3"添加蒙版。选择工具箱中的【画笔工具】✐，设置属性栏上的【画笔】：柔角35像素，涂抹隐藏部分图像。按【Ctrl+O】组合键，打开素材图片：蝴蝶.tif，如图4-2-34所示。

图4-2-34

STEP35 ▶▶ 选择工具箱中的【移动工具】➤，拖动"蝴蝶"到"陈列柜展板设计"图像窗口中，自动生成"蝴蝶"图层，如图4-2-35所示。

图4-2-35

STEP36 ▶▶ 按【Ctrl＋O】组合键，打开素材图片：星光.tif。选择工具箱中的【移动工具】➤，拖动"星光"到"陈列柜展板设计"图像窗口中，如图4-2-36所示。

图4-2-36

STEP37 ▶▶ 单击【图层】面板下方的【添加图层样式】按钮fx，打开快捷菜单，选择【外发光】命令，打开【外发光】面板，设置【发光颜色】：白色，【扩展】：1%，【大小】：18像素，其他参数保持默认值，单击【确定】按钮。效果如图4-2-37所示。

图4-2-37

STEP38 按【Ctrl+O】组合键，打开素材图片：文字.tif，选择工具箱中的【移动工具】，拖动"夏天"图像窗口中的图像到"陈列柜展板设计"图像窗口左上角，如图4-2-38所示。

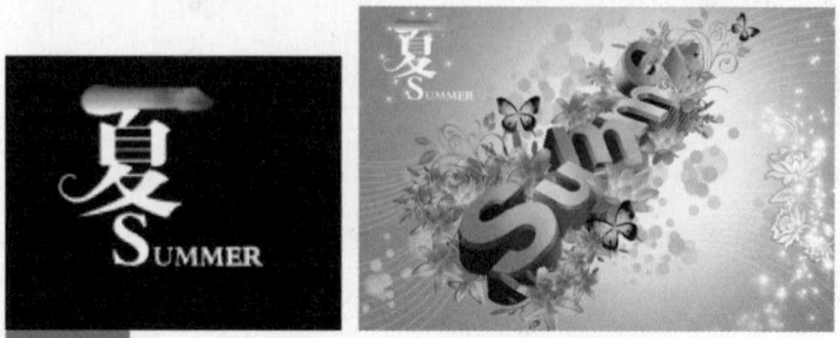

图4-2-38

STEP39 单击【图层】面板下方的【创建新的填充或调整图层】按钮，选择【色阶】命令，打开【色阶】对话框，设置参数：19，1.00，235，其他参数保持默认值。图像的最终效果如图4-2-39所示。

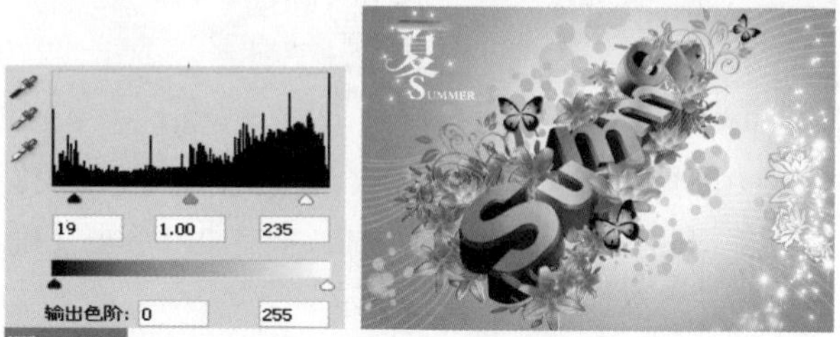

图4-2-39

4.3 蒙版化妆技巧

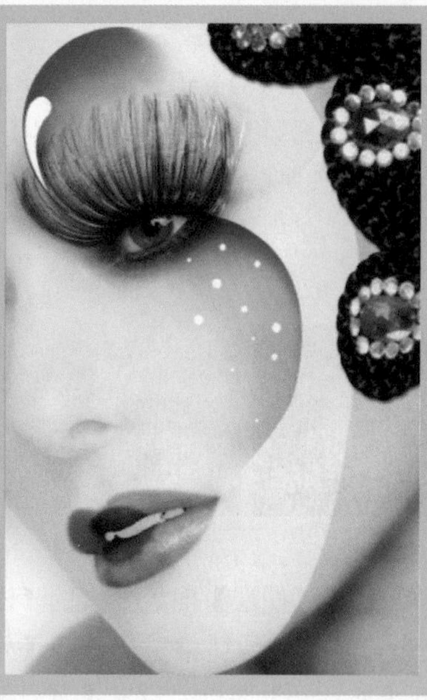

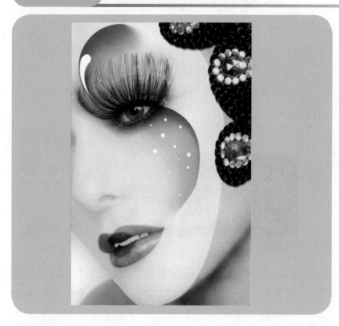

案例分析

制作本例的主要目的是使读者了解并掌握如何制作出人物面部化妆效果。本例主要讲解的重点是【蒙版】的使用。

行业知识

冬天化妆的技巧中，一抹红霞的脸最能给人暖洋洋、朝气蓬勃的感觉，而冬天采用深色口红，再添加雾光或金属光泽的质感表现出丰润的效果。

光盘路径

素材：素颜美女.tif、发髻.tif

源文件：蒙版化妆技巧.psd

视频：蒙版化妆技巧.avi

STEP1 执行【文件】|【打开】命令，打开素材图片：素颜美女.tif。选择工具箱中的【加深工具】，设置【画笔】：柔角100像素，【曝光度】：10%，在脖子和头发处涂抹使其颜色加深，如图4-3-1所示。

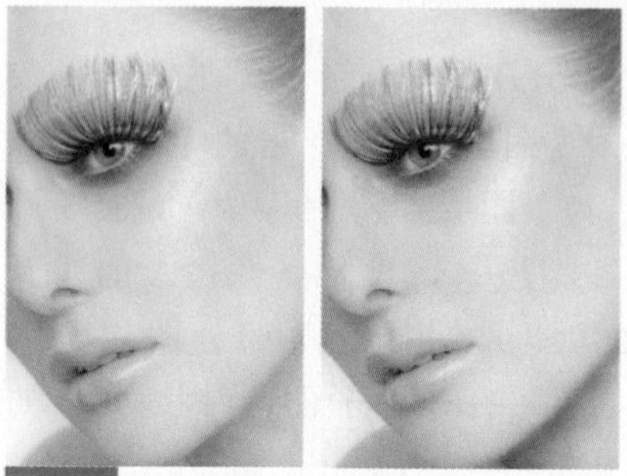

图4-3-1

STEP2 ▶▶ 按【Ctrl+J】组合键复制生成副本图层，设置"背景 副本"的【图层混合模式】：正片叠底，【不透明度】：70%，图像效果如图4-3-2所示。

提示　此操作的目的是使人物立体感增强。

图4-3-2

STEP3 ▶▶ 新建"图层1"，选择工具箱中的【钢笔工具】，在图像窗口中绘制面具路径。按【Ctrl+Enter】组合键将路径转换为选区。按【Ctrl+Delete】组合键填充选区为背景色：白色。按【Ctrl+D】组合键取消选区。图像效果如图4-3-3所示。

图4-3-3

STEP4 ▶▶ 设置"图层1"的【不透明度】：70%。单击【添加图层蒙版】按钮，为图层添加蒙版。选择【蒙版】面板，设置【羽化】：2px。图像效

果如图4-3-4所示。

图4-3-4

STEP5 ▶▶ 选择工具箱中的【画笔工具】，设置【画笔】：尖角45像素，【不透明度】：100%，【流量】：100%，涂抹人物的嘴巴和眼睛部分，隐藏该图像。图像效果如图4-3-5所示。

提示　此处图层蒙版的作用在于可以隐藏该图层不需要的图像。将默认状态下的前背景色调换，可将隐藏的图层又显示出来。添加图层蒙版和【橡皮擦工具】的区别在于前者更便于后期的修改操作。

图4-3-5

STEP6 ▶▶ 新建"图层2"，选择工具箱中的【钢笔工具】，沿人物嘴唇绘制路径，按【Ctrl+Enter】组合键将路径转换为选区。设置前景色：紫色（R:139,G:66,B:155），按【Alt+Delete】组合键填充颜色。图像效果如图4-3-6所示。

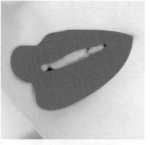

图4-3-6

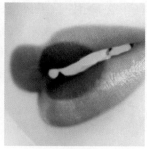

图4-3-9

STEP7 ▶▶ 设置"图层2"的【图层混合模式】：叠加，【不透明度】：50%，图像效果如图4-3-7所示。

STEP10 ▶▶ 新建"图层4"，选择工具箱中的【钢笔工具】，在脸部绘制路径，按【Ctrl+Enter】组合键将路径转换为选区。设置前景色：淡紫（R:215,G:160,B:210），按【Alt+Delete】组合键填充颜色，图像效果如图4-3-10所示。

图4-3-7

图4-3-10

STEP8 ▶▶ 新建"图层3"，设置前景色：深紫（R:46,G:4,B:33），选择工具箱中的【画笔工具】，设置【画笔】：尖角50像素，【不透明度】：100%，【流量】：100%，在嘴唇上涂抹颜色，效果如图4-3-8所示。

STEP11 ▶▶ 设置"图层4"的【图层混合模式】：正片叠底。同上述方法继续添加图层蒙版，隐藏部分不需要的图像，效果如图4-3-11所示。

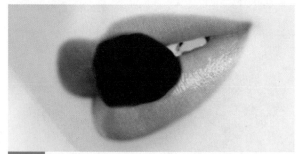

图4-3-8

图4-3-11

STEP9 ▶▶ 单击【添加图层蒙版】按钮，按【D】键恢复默认前景色与背景色。选择工具箱中的【画笔工具】，设置【画笔】：尖角10像素，隐藏牙齿上的多余颜色。设置"图层3"的【图层混合模式】：叠加，图像效果如图4-3-9所示。

STEP12 ▶▶ 新建"图层5"，设置前景色：紫色（R:107,G:54,B:109），选择工具箱中的【画笔工具】，设置【画笔】：柔角45像素，【不透明度】：50%，【流量】：50%，涂抹颜色。按【Ctrl+D】组合键取消选区。设置"图层5"的

【图层混合模式】：正片叠底。图像效果如图4-3-12所示。

图4-3-12

STEP13 ▶▶设置前景色：白色，新建"图层6"，选择工具箱中的【画笔工具】 ✐ ，设置【画笔】：尖角10像素，【不透明度】：100%，【流量】：100%，在窗口中单击绘制圆点图案，如图4-3-13所示。

提示

绘制过程中需不断更换【画笔大小】。

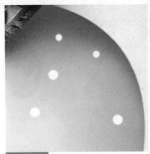

图4-3-13

STEP14 ▶▶新建"图层7"，选择工具箱中的【钢笔工具】 ✎ ，在人物眼皮上绘制路径。设置前景色：紫色（R:22,G:2,B:55），按【Alt+Delete】组合键填充颜色。按【Ctrl+D】组合键取消选区。图像效果如图4-3-14所示。

图4-3-14

STEP15 ▶▶设置"图层7"的【图层混合模式】：颜色。图像效果如图4-3-15所示。

图4-3-15

STEP16 ▶▶按【Ctrl+J】复制生成副本图层，设置"图层7副本"的【图层混合模式】：叠加，【不透明度】：17%。效果如图4-3-16所示。

图4-3-16

STEP17 ▶▶新建"图层8"，设置前景色：黑色。选择工具箱中的【画笔工具】 ✐ ，设置【画笔】：柔角15像素，在人物眼睛和睫毛上涂抹颜色。设置"图层8"的【不透明度】：48%。效果如图4-3-17所示。

图4-3-17

STEP18 ▶▶新建"图层9"，选择工具箱中的【椭圆选框工具】 ⬭ ，按住【Shift+Alt】组合键不放，绘制正圆选区。设置前景色：淡紫（R:216,G:167,B:209），按【Alt+Delete】组合键填充颜色。设置"图层9"的【图层混合模式】：正片叠底。效果如图4-3-18所示。

图4-3-18

STEP19 ▶▶单击【添加图层蒙版】按钮 ▣ ，并选择工具箱中的【画笔工具】 ✐ ，设置【画笔】：柔角100像素，【不透明度】：80%，【流量】：80%，隐藏部分图像。选择【蒙版】面板，设置【羽化】：10px。图像效果如图4-3-19所示。

图4-3-19

STEP20 ▶▶新建"图层10"，设置前景色：紫色（R:127,G:62,B:126），选择工具箱中的【画笔工具】 ✐ ，在选区中绘制颜色，按【Ctrl+D】组合键取消选区。设置"图层10"的【图层混合模式】：正片叠底，【不透明度】：86%。图像效果如图4-3-20所示。

图4-3-20

STEP21 ▶▶新建"图层11"，设置前景色：白色。选择工具箱中的【钢笔工具】 ⬥ ，在图像窗口中绘制

路径。按【Ctrl+Enter】组合键将路径转换为选区，按【Alt+Delete】组合键填充颜色，按【Ctrl+D】组合键取消选区。效果如图4-3-21所示。

图4-3-21

STEP22 ▶▶执行【文件】|【打开】命令，打开素材图片：发髻.tif。选择工具箱中的【移动工具】 ⊕ ，将其导入图像窗口中的合适位置。效果如图4-3-22所示。

图4-3-22

STEP23 ▶▶按【Ctrl+J】组合键复制生成副本图层，设置"图层12 副本"的【图层混合模式】：正片叠底，【不透明度】：73%。效果如图4-3-23所示。

图4-3-23

STEP24 ▶▶ 执行【图层】|【图层样式】|【投影】命令，打开【图层样式】对话框，设置【颜色】：黑黄（R:50,G:45,B:35），【不透明度】：100%，【角度】：115度，【距离】：7像素，【大小】：6像素，单击【确定】按钮。最终效果如图4-3-24所示。

图4-3-24

4.4 3D跳跳豆

案例分析

本例主要讲解的是【3D】面板的运用，其中【3D光源】的制作、【3D】的旋转，【3D】建立形状和图案等是重点内容。

行业知识

一个设计精美、独特、搞笑的卡通形象可能会带给您丰富的财富。它们会免费给您做推广，正如孩子喜欢的糖果一般，独特的卡通形象也很容易带来广告效益。

光盘路径

素材：无
源文件：3D跳跳豆.psd
视频：跳跳豆.avi

STEP1 ▶▶ 执行【文件】|【新建】命令，打开【新建】对话框，设置【名称】：3D跳跳豆，设置【宽度】：20厘米，【高度】：15厘米，【分辨率】：200像素/英寸，【颜色模式】：RGB颜色，如图4-4-1所示，单击【确定】按钮。

图4-4-1

STEP2 ▶▶ 选择工具箱中的【渐变工具】，单击【编辑渐变】按钮，打开对话框，设置【渐变色】：0位置处颜色（R:1,G:153,B:246）；100位置处颜色（R:255,G:255,B:255），单击【确定】按钮，在图像窗口中由上向下方拖移鼠标，绘制渐变色。图像效果如图4-4-2所示。

图4-4-2

STEP3 ▶▶ 选择工具箱中的【横排文字工具】，设置【字体系列】：Stencil Std，【字体大小】：120点，【文本颜色】：白色，在窗口中输入文字，按【Ctrl+Enter】组合键确定。按【Ctrl+T】组合键，打开自由变换调节框，在控制框外侧进行旋转，按【Enter】键确定，如图4-4-3所示。

提示
输入文字时需根据情况变换【字体大小】。

图4-4-3

STEP4 ▶▶ 执行【图层】|【图层样式】|【投影】命令，设置【颜色】：蓝色（R:108,G:194,B:253），【混合模式】：正常，【不透明度】：100%，取消勾选【使用全局光】复选框，【角度】：-163度，【距离】：9像素，【大小】：0像素。图像效果如图4-4-4所示。

图4-4-4

STEP5 ▶▶ 单击【渐变叠加】选项，打开【渐变叠加】对话框，单击【编辑渐变】按钮，设置【渐变色】：0位置处颜色（R:162,G:221,B:255）；100位置处颜色（R:104,G:197,B:245）。图像效果如图4-4-5所示。

图4-4-5

STEP6 ▶▶ 单击【描边】选项，设置【大小】：3像素，【颜色】：蓝色（R:37,G:159,B:238），单击【确定】按钮。图像效果4-4-6所示。

图4-4-6

STEP7 ▶▶ 新建"图层1"，设置前景色：金色（R:251,G:104,B:21），按【Alt+Delete】组合键填充颜色。执行【3D】|【从图层新建形状】|【球体】命令，图像窗口中自动生成3D球体，如图4-4-7所示。

图4-4-7

STEP8 ▶▶ 双击"图层1"的缩览框，打开【3D】面板，单击【切换光源】按钮 🐵，显示光源。选择【无限光1】，设置【强度】：0.69。单击【旋转光源】按钮 🔄，旋转"无限光1"的光源方向到合适位置。图像效果如图4-4-8所示。

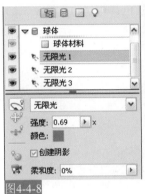
图4-4-8

STEP9 ▶▶ 选择【无限光2】，设置【强度】：1.39，旋转"无限光2"的光源方向到合适位置。图像效果如图4-4-9所示。

图4-4-9

STEP10 ▶▶ 选择【无限光3】，设置【强度】：0.69，【颜色】：淡黄（R:249,G:194,B:158），旋

转"无限光3"的光源方向到合适位置。单击【切换光源】按钮 🐵，隐藏光源。图像效果如图4-4-10所示。

图4-4-10

STEP11 ▶▶ 返回"图层"面板，双击"图层1-图层1"名称，打开球体纹理窗口。选择工具箱中的【横排文字工具】T，设置【字体大小】：110点，【文本颜色】：白色，在窗口中输入文字，按【Ctrl+Enter】组合键确定。返回"3D跳跳豆"窗口。图像效果如图4-4-11所示。

提示 在纹理窗口中更改图像，即可改变球体纹理。

图4-4-11

STEP12 ▶▶ 新建"图层2"，选择工具箱中的【钢笔工具】，在球体上绘制卡通眼睛路径，按【Ctrl+Enter】组合键将路径转换为选区，按【Ctrl+Delete】组合键为背景色填充白色。按【Ctrl+D】组合键取消选区。继续在眼睛上绘制眼皮路径后转换为选区。设置前景色：橘色（R:232,G:101,B:5），按【Alt+Delete】组合键填充选区颜色，按【Ctrl+D】组合键取消选区。图像效果如图4-4-12所示。

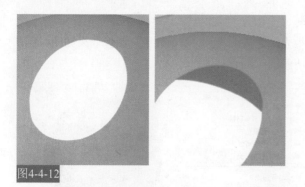

图4-4-12

STEP13 ▶▶ 设置前景色：黑色，选择工具箱中的【画笔工具】 ✐，设置【画笔】：尖角45，在眼睛中绘制眼珠。设置前景色：白色，【画笔】：尖角10像素，绘制眼珠高光。图像效果如图4-4-13所示。

图4-4-13

STEP14 ▶▶ 执行【图层】|【图层样式】|【投影】命令，打开【图层样式】对话框，设置【颜色】：泥黄（R:63,G:26,B:6），【不透明度】：67%，【角度】：138，【距离】：3像素，单击【确定】按钮。图像效果如图4-4-14所示。

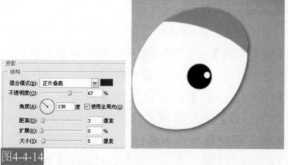

图4-4-14

STEP15 ▶▶ 选择工具箱中的【移动工具】 ▶+，按住【Shift+Alt】组合键不放，拖移并复制出副本图层。将其放置到"图层2"的下方，执行【自由变

换】命令，等比例稍微缩小图像。效果如图4-4-15所示。

图4-4-15

STEP16 ▶▶ 新建"图层3"，选择工具箱中的【钢笔工具】 ✐，绘制嘴巴路径，按【Ctrl+Enter】组合键转换为选区。设置前景色：棕红（R:148,G:23,B:5），填充选区颜色后取消选区。图像效果如图4-4-16所示。

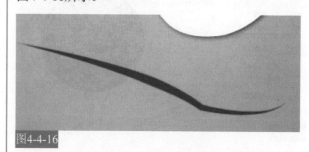

图4-4-16

STEP17 ▶▶ 设置前景色：金色（R:246,G:105,B:11），选择工具箱中的【画笔工具】 ✐，设置【画笔】：柔角20，【不透明度】：40%，【流量】：50%，绘制嘴巴下唇。图像效果如图4-4-17所示。

提示

绘制时，大致形状应和嘴巴相同。读者如把握不好，可事先绘制选区，在选区中涂抹颜色。

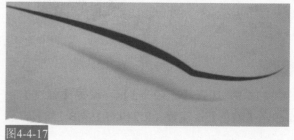

图4-4-17

STEP18 ▶▶ 新建"图层4"，设置前景色：深蓝（R:2,G:102,B:178），填充颜色。设置前景色：黄色（R:222,G:232,B:100）。选择工具箱中的【自定形状工具】🖾，单击【自定形状拾色器】按钮，打开面板，单击右上侧的【弹出菜单】按钮⊙，选择【全部】命令，在弹出的询问框中单击【确定】按钮，返回【自定形状】面板，选择【形状】：五角星★，单击【填充像素】按钮▢，在图像窗口中绘制多个图案。图像效果如图4-4-18所示。

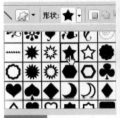

图4-4-15

STEP19 ▶▶ 执行【3D】|【从图层新建形状】|【帽形】命令，窗口自动生成3D帽子形状。图像效果如图4-4-19所示。

图4-4-19

STEP20 ▶▶ 选择工具箱中的【3D滚动工具】⊙，滚动帽子。选择工具箱中的【3D平移工具】✛，将其移动到球体头上。选择工具箱中的【3D比例工具】⊠，缩小帽子到合适大小。图像效果如图4-4-20所示。

图4-4-20

STEP21 ▶▶ 新建"图层5"，设置前景色：黑色，选择工具箱中的【画笔工具】✏，设置【画笔】：尖角25像素，绘制卡通眉毛。单击"背景"和"文字图层"前面的按钮⊙，将其隐藏。按【Ctrl+Alt+Shift+E】组合键盖印可视图层为"图层6"。单击"背景"和"文字图层"前面的按钮⊙，将其显示。图像效果如图4-4-21所示。

图4-4-21

STEP22 ▶▶ 按【Ctrl+J】组合键复制生成副本图层。按【Ctrl+T】组合键，打开自由变换调节框，等比例缩小图像，同时右击，打开快捷菜单，选择【水平翻转】命令，翻转图像。按【Enter】键确定。图像效果如图4-4-22所示。

图4-4-22

STEP23 ▶▶ 选择工具箱中的【移动工具】▶+，按住【Shift+Alt】组合键不放，水平拖移并复制出更多副本图层。同上述方法分别对其执行【自由变换】命令，改变其大小和位置。图像效果如图4-4-23所示。

图4-4-23

STEP24 ▶▶ 选择面板最上方的副本图层，按住【Shift】键不放，单击"图层6"，同时选中连续的图层并按【Ctrl+E】组合键，合并图层为"图层6"。按【Ctrl+J】组合键复制生成副本图层。按【Ctrl+T】组合键，右键单击打开快捷菜单，选择【垂直翻转】命令，翻转图像并将其拖移到下方，按【Enter】键确定。设置"图层6副本"的【不透明度】：50%，图像效果如图4-4-24所示。

图4-4-24

STEP25 ▶▶ 选择工具箱中的【橡皮擦工具】，设置【画笔】：柔角150像素，擦除倒影多余部分。最终效果如图4-4-25所示。

图4-4-25

Chapter

5 ——报纸广告艺术设计

　　本章重点学习报纸广告的设计方法。报纸的印刷材料越来越精美，所以报纸广告所能表现的细节也越来越丰富。但是报纸又有保存时间短，覆盖面广的特点，所以报纸广告的设计应该抓住其特征，如人物主题突出，标题突出，文字细节详细等特点。本章提供了3个案例共6个方案供大家思考和抉择，目的是模拟真实的商业环境，提高读者的应变能力。希望通过对本章的学习，读者能够创作出令自己和客户都满意的报纸广告作品。

5.1 潮流时装广告设计

任务难度

潮流时装对于追求时尚的人士尤为重要，本例以恢弘的建筑与时尚人物作为主体，表现出潮流时装的特色。

案例分析

制作"潮流时装广告设计"图像效果。运用【画笔工具】和【钢笔工具】绘制出整体背景效果。

光盘路径

素材：屋顶.tif、城堡.tif、湖泊.tif、潮流美女.tif、玫瑰、装饰文字.tif

源文件：潮流时装广告设计.psd

视频：潮流时装广告设计.avi

STEP1 ▶▶ 执行【文件】|【新建】命令，打开【新建】对话框，设置【名称】：潮流时装广告设计，【宽度】：12 厘米，【高度】：9 厘米，【分辨率】：150 像素 / 英寸，【颜色模式】：RGB 颜色，【背景内容】：白色，如图 5-1-1 所示，单击【确定】按钮。

图5-1-1

STEP2 ▶▶ 设置前景色：紫色（R:82,G:28,B:46），按【Alt+Delete】组合键，填充前景色。执行【滤镜】|【杂色】|【添加杂色】命令，打开【添加杂色】对话框，设置【数量】：4%，【分布】：平均分布，勾选【单色】复选框，单击【确定】按钮。效果如图 5-1-2 所示。

图5-1-2

STEP3 ▶▶ 选择工具箱中的【画笔工具】，设置属性栏上的【画笔】：柔角 80 像素，【不透明度】：60%，在其图像中随意涂抹，覆盖部分杂色。效果如图 5-1-3 所示。

图5-1-3

STEP4 ▶▶ 执行【文件】|【打开】命令，打开素材图片：屋顶 .tif。选择工具箱中的【移动工具】 ⊕，拖动素材到"潮流时装广告设计"图像窗口中。选择工具箱中的【橡皮擦工具】 ⌀，设置属性栏上的【画笔】：柔角 100 像素，【不透明度】：60%，在其边缘轻微擦除。图像效果如图 5-1-4 所示。

图5-1-4

STEP5 ▶▶ 执行【图像】|【调整】|【色相/饱和度】命令，打开【色相/饱和度】对话框，勾选【着色】复选框，设置参数：30，100，0。效果如图 5-1-5 所示。

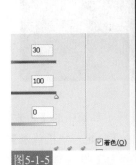

图5-1-5

STEP6 ▶▶ 执行【图像】|【调整】|【色彩平衡】命令，打开【色彩平衡】对话框，设置【色阶】：12，61，-80，单击【确定】按钮。图像效果如图 5-1-6 所示。

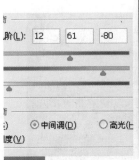

图5-1-6

STEP7 ▶▶ 执行【图像】|【调整】|【色阶】命令，

打开【色阶】对话框，设置参数：78，1.72，222，单击【确定】按钮。图像效果如图 5-1-7 所示。

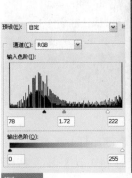

图5-1-7

STEP8 ▶▶ 按【Ctrl ＋ O】组合键，打开素材图片：城堡 .tif。选择工具箱中的【移动工具】 ⊕，拖动素材到"潮流时装广告设计"图像窗口中。选择工具箱中的【橡皮擦工具】 ⌀，在其城堡外部擦除，如图 5-1-8 所示。

图5-1-8

STEP9 ▶▶ 执行【图像】|【调整】|【照片滤镜】命令，打开【照片滤镜】对话框，设置【滤镜】：加温滤镜（81），【浓度】：80%。单击【确定】按钮。图像效果如图 5-1-9 所示，

图5-1-9

STEP10 ▶▶ 执行【图像】|【调整】|【色阶】命令，打开【色阶】对话框，设置参数：43，0.96，226，单击【确定】按钮。图像效果如图 5-1-10 所示。

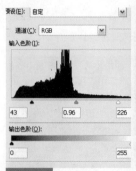

图5-1-10

STEP11 ▶▶ 按【Ctrl + O】组合键，打开素材图片：湖泊 .tif。选择工具箱中的【移动工具】，拖动素材到"潮流时装广告设计"图像窗口中。选择工具箱中的【橡皮擦工具】，在其湖泊边缘擦除。图像效果如图 5-1-11 所示。

图5-1-11

STEP12 ▶▶ 执行【图像】|【调整】|【色相/饱和度】命令，打开【色相/饱和度】对话框，设置参数：0，45，0，单击【确定】按钮。效果如图 5-1-12 所示。

图5-1-12

STEP13 ▶▶ 单击"背景"图层前面的【指示图层可视性】按钮，隐藏该图层。按【Ctrl+Shift+Alt+E】组合键盖印可见图层，此时【图层】面板自动生成"图层 1"，设置"图层 1"的【图层混合模式】：叠加，【不透明度】：60%。图像效果如图 5-1-13 所示。

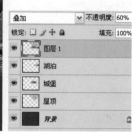

图5-1-13

STEP14 ▶▶ 单击【图层】面板下方的【创建新图层】按钮，新建"图层 2"，设置前景色：黑色，选择工具箱中的【画笔工具】，设置属性栏上的【画笔】：大涂抹炭笔，【不透明度】：100%，在其图像内部随意绘制。效果如图 5-1-14 所示。

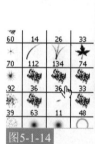

图5-1-14

STEP15 ▶▶ 新建"图层 3"。选择工具箱中的【自定形状工具】，单击属性栏上的【自定形状拾色器】按钮，打开面板，单击右上侧的【弹出菜单】按钮，选择【全部】命令，在弹出的询问框中单击【确定】按钮，返回【自定形状】面板，在属性栏上单击【填充像素】按钮，在其图像内部随意绘制花纹。效果如图 5-1-15 所示。

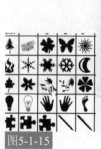

图5-1-15

STEP16 ▶▶ 选择工具箱中的【钢笔工具】，在属性栏上的单击【路径】按钮，在图像窗口中绘制线条路径。按【Ctrl+Enter】组合键，将其路径转换为选区，按【Alt+Delete】组合键，填充前景色。选择工具箱中的【自定形状工具】，继续在其线条内部随意绘制花纹。图像效果如图 5-1-16 所示。

图5-1-16

STEP17 ▶▶ 新建"图层 4"，设置前景色：紫色（R:48，G:12,B:24）。同上所述，读者可用同样的方法，制作出内部的墨迹及其花纹效果。图像效果如图 5-1-17 所示。

图5-1-17

STEP18 ▶▶ 按【Ctrl ＋ O】组合键，打开素材图片：潮流美女 .tif，选择工具箱中的【移动工具】，将其导入到"潮流时装广告设计"窗口中。选择工具箱中的【橡皮擦工具】，擦除部分图像。效果如图 5-1-18 所示。

图5-1-18

STEP19 ▶▶ 执行【图像】|【调整】|【色彩平衡】命令，打开【色彩平衡】对话框，设置【色阶】：43，26，15，单击【确定】按钮。图像效果如图 5-1-19 所示。

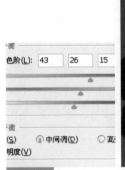

图5-1-19

STEP20 ▶▶ 执行【图像】|【调整】|【色阶】命令，打开【色阶】对话框，设置参数：0，0.91，221，单击【确定】按钮。效果如图 5-1-20 所示。

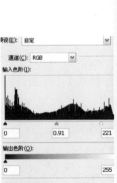

图5-1-20

STEP21 ▶▶ 按【Ctrl ＋ O】组合键，打开素材图片：玫瑰 .tif，选择工具箱中的【移动工具】，将其导入到"潮流时装广告设计"图像窗口中。效果如图 5-1-21 所示。

图5-1-21

STEP22 ▶▶ 按住【Ctrl】键，单击"玫瑰"图层前面的缩览图，载入其选区，新建"图层5"，设置前景色：紫色（R:113,G:18,B:94），填充前景色，并设置该图层的【图层混合模式】：正片叠底。效果如图5-1-22所示。

图5-1-22

STEP23 ▶▶ 选中玫瑰图层，按【Ctrl+J】组合键，复制生成"玫瑰 副本"图层，并将该图层放置"图层5"上方，按【Ctrl+Shift+U】组合键，将其图像去色，设置该图层的【图层混合模式】：叠加。效果如图5-1-23所示。

图5-1-23

STEP24 ▶▶ 同时选中"玫瑰 副本"、"图层5"、"玫瑰"图层，按【Ctrl+E】组合键合并图层。选择工

具箱中的【橡皮擦工具】 ，在其玫瑰上方擦除，如图5-1-24所示。

图5-1-24

STEP25 ▶▶ 选择工具箱中的【横排文字工具】 T，设置属性栏上的【字体系列】：Bookman Old Style，【字体大小】：14点，24点，【文本颜色】：黄色（R:255,G:255,B:0），在图像窗口中输入文字，按【Ctrl+Enter】组合键确定。效果如图5-1-25所示。

图5-1-25

STEP26 ▶▶ 双击"文字"图层后面的空白处，打开【图层样式】对话框，单击【外发光】选项，打开【外发光】面板，设置【发光颜色】：紫色（R:236,G:76,B:255），【扩展】：10%，【大小】：8像素，单击【确定】按钮。效果如图5-1-26所示。

图5-1-26

STEP27 ▶▶ 按【Ctrl+O】组合键，打开素材图片：
装饰文字 .tif，选择工具箱中的【移动工具】▶⊕，
将其导入到"潮流时装广告设计"窗口中。图像效
果如图 5-1-27 所示。

图5-1-27

STEP28 ▶▶ 单击【图层】面板下方的【创建新的
填充或调整图层】按钮 ◑.，打开快捷菜单，选择
【色阶】命令，打开【色阶】对话框，设置参数：3，
1.00，212，设置前景色：黑色，选择工具箱中的【画
笔工具】✐，在属性栏设置上【画笔】：柔角 50 像素，
在其人物脸部涂抹，隐藏部分色阶效果。效果如
图 5-1-28 所示。

提示

执行【创建新的填充或调整图层】命令
后，图层面板中将会生成相应的命令图层及其图
层蒙版。

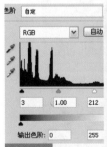

图5-1-28

STEP29 ▶▶ 单击【图层】面板下方的【创建新的填
充或调整图层】按钮 ◑.，打开快捷菜单，选择【色
彩平衡】命令，打开【色彩平衡】对话框，设置参数：
-51，-30，-24。选择工具箱中的【画笔工具】✐，

在其人物脸部涂抹，隐藏部分色彩平衡效果。效果
如图 5-1-29 所示。

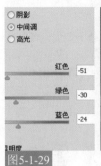

图5-1-29

STEP30 ▶▶ 按【Ctrl+Shift+Alt+E】组合键盖印可见
图层，此时【图层】面板自动生成"图层 5"。执行【滤
镜】|【模糊】|【高斯模糊】命令，打开【高斯模糊】
对话框，设置【半径】：2 像素，单击【确定】按钮。
图像效果 5-1-30 所示。

图5-1-30

STEP31 ▶▶ 设置该图层的【图层混合模式】：柔光，
【不透明度】：60%。图像最终效果 5-3-32 所示。

图5-1-31

方案修改

客户J经理仔细看了上一个方案，提出了一些修改意见：

其一，上一个案例设计色彩感较为沉闷，希望色调变化较多，色彩更为艳丽。

其二，希望人物与背景能有相互对称的效果。

其三，希望品牌名称及其宣传语更加显著，使其更加容易引起受众对象的注意。

根据客户提出的建议，请读者再次修改上一个方案为不同的方案效果，达到举一反三的效果。制作好以后与以下修改方案进行对比。如图5-1-32所示。如果对以下操作有疑问，可以通过视频学习。这里仅提供简单的流程图提示，如图5-1-33所示。

素材：光点.tif、光条.tif、红衣女性
源文件：潮流时装广告设计（修改方案）.psd
视频：潮流时装广告设计（修改方案）.avi

修改前

修改后

图5-1-32

修改流程图

（1）打开原方案

（2）关闭不符合要求的图层

（3）填充渐变色

（4）调整背景素材

（5）更换人物

（6）绘制气泡

（7）导入光条

（8）导入光点

（9）整体调整图像

图5-1-33

5.2 高尚社区广告

任务难度

社区广告在生活中随处可见，本例制作的是高尚社区广告，需要突出"高尚"二字。

案例分析

本例讲解高尚社区广告的制作方法与技巧，主要运用了调整面板中的调整图层，如【色相/饱和度】、【色阶】和【照片滤镜】等命令，调整图像的整体颜色。

光盘路径

素材：海滩.tif、海边.tif、蓝天.tif、个性美女.tif、星光.tif、文字.tif、天鹅.tif
源文件：高尚社区广告.psd
视频：高尚社区.avi

STEP1 ▶▶ 执行【文件】|【打开】命令，打开素材图片：海滩.tif，如图5-2-1所示。

图5-2-1

STEP2 ▶▶ 按【Ctrl＋O】组合键，打开素材图片：海边.tif。选择工具箱中的【移动工具】，拖动"海边"图像窗口中的图像到"海滩"图像窗口中，自动生成"图层1"。单击【图层】面板下方的【添加图层蒙版】按钮，为"图层1"添加蒙版，按【D】键恢复默认前景色与背景色，选择工具箱中的【画笔工具】，设置属性栏上的【画笔】：柔角200像素，【不透明度】：80%，【流量】：7%，在图像窗口下方涂抹，隐藏部分图像。效果如图5-2-2所示。

图5-2-2

STEP3 ▶▶ 按【Ctrl＋O】组合键，打开素材图片：蓝天.tif，选择工具箱中的【移动工具】，拖动"蓝天"到"海滩"图像窗口中，自动生成"图层2"，如图5-2-3所示。

图5-2-3

STEP4 ▶▶ 单击【添加图层蒙版】按钮，为"图层2"添加蒙版。选择工具箱中的【画笔工具】，设置属性栏上的【画笔】：柔角250像素，【不透明度】：50%，【流量】：40%，涂抹隐藏部分图像。效果如图5-2-4所示。

图5-2-4

STEP5 ▶▶ 单击【图层】面板下方的【创建新的填充或调整图层】按钮 ◑.，弹出快捷菜单，选择【照片滤镜】命令，打开【照片滤镜】对话框，选择【颜色】单选按钮,设置【颜色】：绿色（R:0,G:141,B:0)，【浓度】：100%。效果如图 5-2-5 所示。

图5-2-5

STEP6 ▶▶ 单击【图层】面板下方的【创建新的填充或调整图层】按钮 ◑.，选择【色相/饱和度】命令，设置参数：-28，+11，0，其他参数保持默认值，如图 5-2-6 所示。

图5-2-6

STEP7 ▶▶ 按【Ctrl+Shift+Alt+E】组合键盖印可见图层，此时【图层】面板自动生成"图层 3"。设置【图层】面板上的【图层混合模式】：柔光。效果如图 5-2-7 所示。

提示

前面的一系列操作步骤，运用到了调整图层和【图层混合模式】，目的是要将蓝色的背景图像变为绿色。下面需要增强图像的对比度，突出图像的高光和暗部。

图5-2-7

STEP8 ▶▶ 单击【图层】面板下方的【创建新的填充或调整图层】按钮 ◑.，选择【亮度/对比度】命令，设置参数：-21，15。效果如图 5-2-8 所示，

图5-2-8

STEP9 ▶▶ 按【Ctrl+Shift+Alt+E】组合键，盖印可见图层，自动生成"图层 4"。选择工具箱中的【减淡工具】 ◣，设置【画笔】：柔角 200 像素，【范围】：中间调，【曝光度】：54%，涂抹窗口左上方颜色减淡。继续使用【减淡工具】 ◣，设置【范围】：高光，【曝光度】：30%，涂抹左上方、中间和右下方的图像颜色，使其减淡。效果如图 5-2-9 所示。

图5-2-9

STEP10 ▶▶ 新建"图层5",设置前景色:深绿色(R:39,G:53,B:2),选择工具箱中的【画笔工具】 ✐,设置属性栏上的【画笔】:柔角250像素,【不透明度】:100%,【流量】:100%,在图像窗口左方和右下角涂抹,绘制颜色。设置该图层的【图层混合模式】:正片叠底,效果如图5-2-10所示。

图5-2-10

STEP11 ▶▶ 新建"图层6",设置前景色:浅绿色(R:228,G:252,B:166),选择工具箱中的【画笔工具】 ✐,设置属性栏上的【画笔】:柔角250像素,【不透明度】:80%,【流量】:100%,在图像窗口左上方涂抹绘制颜色。设置该图层的【图层混合模式】:强光,【不透明度】:74%,效果如图5-2-11所示。

图5-2-11

STEP12 ▶▶ 选择工具箱中的【钢笔工具】 ⌖,单击属性栏上的【路径】按钮 ▦,在图像窗口中左下方绘制路径。按【Ctrl+Enter】组合键,将路径转换为选区,如图5-2-12所示。

图5-2-12

STEP13 ▶▶ 新建"图层7",设置前景色:黑色,按【Alt+Delete】组合键,为"图层7"填充黑色。按

【Ctrl+D】组合键取消选区。选择工具箱中的【橡皮擦工具】 ✐,设置属性栏上的【画笔】:柔角30像素,【不透明度】:20%,【流量】:35%,稍微擦除图像的边缘。效果如图5-2-13所示。

图5-2-13

STEP14 ▶▶ 按【Ctrl+Shift+Alt+E】组合键,盖印可见图层,自动生成"图层8"。选择工具箱中的【加深工具】 ✐,设置【画笔】:柔角300像素,【范围】:中间调,【曝光度】:25%,在窗口左侧涂抹使其颜色加深。选择工具箱中的【减淡工具】 ✐,设置【画笔】:柔角300像素,【范围】:高光,【曝光度】:30%,在窗口右侧涂抹使其颜色减淡。效果如图5-2-14所示。

图5-2-14

STEP15 ▶▶ 新建"图层9",设置前景色:深绿色(R:42,G:56,B:21),选择工具箱中的【画笔工具】 ✐,设置【画笔】:柔角300像素,【不透明度】:80%,【流量】:100%,在图像窗口左侧和右下角涂抹绘制颜色。设置该图层的【图层混合模式】:叠加,【不透明度】:64%。效果如图5-2-15所示。

图5-2-15

STEP16 ▶▶ 单击【图层】面板下方的【创建新的填充或调整图层】按钮 ⊘.，选择【曲线】命令，向下拖移曲线，调整曲线弧度，如图 5-2-16 所示。

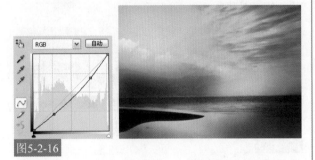

图5-2-16

STEP17 ▶▶ 单击【图层】面板下方的【创建新的填充或调整图层】按钮 ⊘.，选择【色阶】命令，设置参数：0，1.00，226。效果如图 5-2-17 所示。

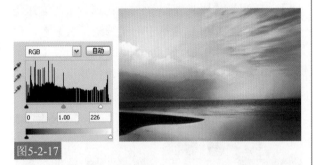

图5-2-17

STEP18 ▶▶ 按【Ctrl + O】组合键，打开素材图片：石头 .tif，选择工具箱中的【移动工具】 ▶+，拖动"石头"到"海滩"图像窗口中，自动生成"图层10"图层。按【Ctrl+J】组合键，复制生成"图层10 副本"。按【Ctrl+T】组合键，打开自动变换调节框并右击，选择【垂直翻转】命令，并向下拖移改变图像的位置和形状。选择工具箱中的【橡皮擦工具】 ⊘，设置属性栏上的【画笔】：柔角100 像素，擦除部分图像，制作倒影效果。效果如图 5-2-18 所示。

图5-2-18

STEP19 ▶▶ 单击【图层】面板下方的【创建新的填充或调整图层】按钮 ⊘.，选择【色相 / 饱和度】命令，设置参数：-7，-16，0。效果如图 5-2-19 所示。

图5-2-19

STEP20 ▶▶ 选择工具箱中的【矩形选框工具】 □，在图像窗口中拖移并绘制矩形选区，如图 5-2-20 所示。

图5-2-20

STEP21 ▶▶ 选择工具箱中的【渐变工具】 ■，单击属性栏上的【编辑渐变】按钮 ■，打开【渐变编辑器】对话框，设置渐变色：0 位置处颜色（R:85,G:97,B:34）；100 位置处颜色（R:111,G:135,B:41），单击【确定】按钮。新建"图层11"，单击属性栏上的【线性渐变】按钮 ■，在窗口中从上向下拖移，填充渐变色。按【Ctrl+D】组合键取消选区。效果如图 5-2-21 所示。

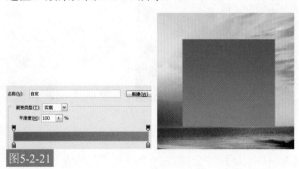

图5-2-21

STEP22 ▶▶ 选择工具箱中的【矩形选框工具】□，在"图层11"上拖移绘制矩形选区。按【Ctrl+Shift+I】组合键，反向选区，单击【添加图层蒙版】按钮□，为"图层11"添加蒙版，隐藏部分图像。效果如图 5-2-21 所示。

图5-2-22

STEP23 ▶▶ 选择工具箱中的【加深工具】，设置属性栏上的【画笔】：柔角 50 像素，【范围】：中间调，【曝光度】：20%，涂抹"图层11"的左侧使其颜色加深。选择工具箱中的【矩形选框工具】□，在图像窗口中拖移绘制矩形选区。效果如图 5-2-22 所示。

图5-2-23

STEP24 ▶▶ 新建"图层12"，执行【编辑】|【描边】命令，打开【描边】对话框，设置【宽度】：8 px，【颜色】：白色，【位置】：内部，单击【确定】按钮。执行【描边】命令后，按【Ctrl+D】组合键取消选区。图像效果如图 5-2-23 所示。

图5-2-24

STEP25 ▶▶ 新建"图层13"，设置前景色：黑黄色（R:48,G:48,B:14），选择工具箱中的【画笔工具】，设置属性栏上的【画笔】：柔角 50 像素，【不透明度】：70%，【流量】：50%，在"图层12"左侧涂抹绘制颜色。选择"图层11"，按【Ctrl+J】组合键，复制生成"图层11副本"，拖动到"图层11"下方。按【Ctrl+T】组合键，打开自由变换调节框，并右击，选择【垂直翻转】命令，按【Enter】键确定，并删除该图层的图层蒙版，如图 5-2-24 所示。

图5-2-25

STEP26 ▶▶ 选择工具箱中的【橡皮擦工具】，设置【画笔】：柔角 125 像素，【不透明度】：50%，【流量】：45%，擦除部分图像。按住【Shift】键，同时选中"图层13"至"图层11副本"图层，按【Ctrl+E】组合键，合并图层并更名为"矩形框"。按【Ctrl+T】组合键，等比例改变图像的大小。效果如图 5-2-25 所示。

图5-2-26

STEP27 ▶▶ 按【Ctrl + O】组合键，打开素材图片：个性美女 .tif。选择工具箱中的【移动工具】，拖动"个性美女"到"海滩"图像窗口中，自动生成"个性美女"图层。效果如图 5-2-27 所示。

图5-2-27

STEP28 ▶▶ 按住【Ctrl】键，单击"个性美女"图层的缩览图载入选区。单击【图层】面板下方的【创建新的填充或调整图层】按钮 ，选择【色彩平衡】命令，设置参数：-23，+55，+87。图像效果如图5-2-28所示。

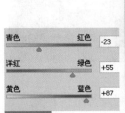

青色	红色	-23
洋红	绿色	+55
黄色	蓝色	+87

图5-2-28

STEP29 ▶▶ 再次载入"个性美女"选区，单击【图层】面板下方的【创建新的填充或调整图层】按钮 ，选择【曲线】命令，打开【曲线】调整面板，选择【红】通道，向下拖移调整曲线弧度；选择【绿】通道，向上调整曲线弧度，如图5-2-29所示。

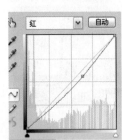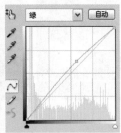
图5-2-29

STEP30 ▶▶ 选择【蓝】通道，向下拖移调整曲线弧度；选择【RGB】通道，向下拖移调整曲线弧度，如图5-2-30所示。

提示

这里分通道调整曲线，目的在于减少图像的红色像素和蓝色像素，加强图像的绿色像素。

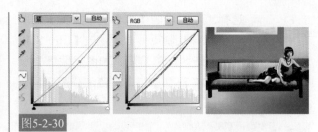
图5-2-30

STEP31 ▶▶ 选择工具箱中的【钢笔工具】 ，在人物的右上方绘制路径。按【Ctrl+Enter】组合键，将路径转换为选区。在"个性美女"图层的下方新建"图层11"，设置前景色：深绿色（R:25,G:88,B:28），按【Alt+Delete】组合键，填充"图层11"：深绿色。按【Ctrl+D】组合键取消选区。效果如图5-2-31所示。

图5-2-31

STEP32 ▶▶ 选择工具箱中的【钢笔工具】 ，在"图层11"上绘制选区。新建"图层12"，设置前景色：浅绿色（R:165,G:190,B:112），选择工具箱中的【画笔工具】 ，设置【画笔】：柔角35像素，在选区中涂抹颜色，按【Ctrl+D】组合键取消选区，如图5-2-32所示。

图5-2-32

STEP33 ▶▶ 选择工具箱中的【钢笔工具】 ，继续绘制选区。新建"图层13"，设置前景色：绿色（R:137,G:187,B:60），按【Alt+Delete】组合键，填充"图层 13"。按【Ctrl+D】组合键取消选区，如图 5-2-33 所示。

图5-2-33

STEP34 ▶▶ 选择工具箱中的【钢笔工具】 ，继续绘制选区。新建"图层 14"，设置前景色：深绿色（R:54,G:74,B:13），按【Alt+Delete】组合键,填充"图层 14"。按【Ctrl+D】组合键取消选区，如图 5-2-34 所示。

图5-2-34

STEP35 ▶▶ 新建"图层 15"，设置前景色：浅绿色（R:235,G:255,B:192），选择工具箱中的【画笔工具】 ，设置【画笔】：柔角 25 像素，【不透明度】：80%，【流量】：40%，在左边翅膀上涂抹高光。选择工具箱中的【钢笔工具】 ，在人物左上方绘制选区。新建"图层 16"，设置前景色：深绿色（R:39,G:78,B:46），填充"图层 16"。按【Ctrl+D】组合键取消选区。效果如图 5-2-35 所示。

图5-2-35

STEP36 ▶▶ 选择工具箱中的【钢笔工具】 ，继续绘制选区。新建"图层 17"，设置前景色：绿色（R:128,G:151,B:72），按【Alt+Delete】组合键填充"图层 17"。按【Ctrl+D】组合键，取消选区，如图 5-2-36 所示。

图5-2-36

STEP37 ▶▶ 继续使用【钢笔工具】 绘制选区。新建"图层 18"，设置前景色：深绿色（R:91,G:112,B:42），选择工具箱中的【画笔工具】 ，设置【画笔】：柔角 40 像素，【不透明度】：100%，【流量】：80%，在选区中处涂抹颜色。按【Ctrl+D】组合键取消选区，如图 5-2-37 所示。

图5-2-37

STEP38 ▶▶ 新建"图层 19"，设置前景色：绿色（R:133,G:174,B:64），选择工具箱中的【画笔工具】 ，设置【画笔】：柔角 20 像素，【不透明度】：100%，【流量】：60%，在"图层 18"的左下方涂抹绘制颜色。新建"图层 20"，设置前景色：黑绿色（R:46,G:64,B:7），选择工具箱中的【画笔工具】 ，设置【画笔】：柔角 35 像素，【不透明度】：100%，【流量】：80%，涂抹绘制颜色。效果如图 5-2-38 所示。

图5-2-38

图5-2-41

STEP39 ▶▶ 新建"图层21"，设置前景色：白色，选择工具箱中的【画笔工具】 ✐，设置【画笔】：柔角30像素，【不透明度】：60%，【流量】：80%，在左边的翅膀上涂抹绘制高光。按住【Shift】键，同时选中"图层21"至"图层11"，并按【Ctrl+E】组合键，合并图层为"翅膀"。按住【Ctrl】键，单击"翅膀"图层的缩览图载入选区，如图5-2-39所示。

STEP42 ▶▶ 选择工具箱中的【矩形工具】 ▢，单击属性栏上的【填充像素】按钮 ▢，设置前景色：灰绿色（R:159,G:168,B:125），在窗口下方绘制矩形。按【Ctrl+A】组合键，全选图像。执行【编辑】|【描边】命令，设置【宽度】：20px，【颜色】：灰绿色（R:159,G:168,B:125），【位置】：内部，单击【确定】按钮。按【Ctrl+D】组合键取消选区，如图5-2-42所示。

图5-2-39

图5-2-42

STEP40 ▶▶ 单击【图层】面板下方的【创建新的填充或调整图层】按钮 ◐，选择【亮度/对比度】命令，设置参数：7，29。效果如图5-2-40所示。

STEP43 ▶▶ 选择工具箱中的【矩形选框工具】 ⬚，绘制矩形选区。新建"图层13"，执行【编辑】|【描边】命令，设置【宽度】：8px，【颜色】：黑黄色（R:60,G:60,B:0），【位置】：内部，单击【确定】按钮。按【Ctrl+D】组合键取消选区，如图5-2-43所示。

图5-2-40

图5-2-43

STEP41 ▶▶ 按【Ctrl + O】组合键，打开素材图片：星光.tif。选择工具箱中的【移动工具】 ▶+，拖动"星光"到"海滩"图像窗口右方，自动生成"星光"图层，如图5-2-41所示。

STEP44 ▶▶ 新建"图层14"，设置前景色：灰色（R:162,G:171,B:131），选择工具箱中的【画笔工具】 ✐，设置属性栏上的【画笔】：柔角30像素和柔角100像素，【不透明度】：80%，【流量】：60%，在图像窗口左侧和左下角涂抹绘制颜色。效果如图5-2-44所示。

图5-2-44

STEP45 ▶▶ 按【Ctrl ＋ O】组合键，打开素材图片：
文字 .tif。选择工具箱中的【移动工具】📑，拖动"文
字"到"海滩"图像窗口中，双击并更改新图层名
称为"美女"。效果如图 5-2-45 所示。

图5-2-45

STEP46 ▶▶ 按【Ctrl ＋ O】组合键，打开素材图片：
天鹅 .tif，。选择工具箱中的【移动工具】📑，拖
动"天鹅"到"海滩"图像窗口中。图像的最终效
果如图 5-2-46 所示。

图5-2-46

方案修改

　　客户J经理仔细看了上一个方案，提出了一些修
改意见：
　　其一，上一个案例以绿色为主色调不错，但是希
望稍微改变主色调，使其能给人以清凉的感觉。
　　其二，背景内容不够梦幻唯美，希望加以修改和
修饰。
　　其三，应在广告下方输入社区的中文名称，并配
以简易地图标志。
　　其四，希望将广告中的女性人物素材换成男性。
　　其五，适当的对字体进行颜色上的修改，使其与
背景颜色融合。

　　根据客户提出的建议，请读者再次修改上一
个方案为不同的方案效果，达到举一反三的效果。
制作好以后与以下修改方案进行对比。如图5-2-47
所示。如果对以下操作有疑问，可以通过视频学
习。这里仅提供简单的流程图提示，如图5-2-48
所示。

素材：鸽子.tif、简易地图.tif、梦幻风景.tif、
　　　梦幻星球.tif、人物素材.tif
源文件：高尚社区广告（修改方案）.psd
视频：高尚社区广告（修改方案）.avi

图5-2-47

（1）打开原方案

（2）关闭不符合要求的图层

（3）添加梦幻背景

修改流程图

（4）添加梦幻星球

（5）增加人物素材

（6）调整人物颜色

（7）更改图像颜色

（8）显示文字并更改颜色

（9）添加中文名称及地图标志

（10）添加鸽子素材修饰图像

图5-2-48

5.3 房产音乐会广告

任务难度

此次设计的是房产音乐会的广告，其内容包含两点，一是房产楼盘的宣传；二是音乐会的宣传。要将两者统一在一起，在色彩和构图内容方面需要有所融合，突出浪漫气息。

案例分析

本例首先运用【渐变工具】绘制背景底色，接着拖入云朵和沙发素材图片并调节其色彩，然后在图像窗口中绘制一些音乐符号，增添音乐会广告的传达意识，最后输入广告所需要的必要文字增强广告性质。

光盘路径

素材：沙发.tif、云朵.tif、瑜伽1.tif、房产文字.tif
源文件：房产音乐会广告.psd
视频：房产音乐会广告.avi

STEP1 ▶▶ 执行【文件】|【新建】命令，打开【新建】对话框，设置【名称】：房地产音乐会广告，【宽度】：20 厘米，【高度】：15 厘米，【分辨率】：200 像素 / 英寸，【颜色模式】：RGB 颜色，如图 5-3-1 所示，单击【确定】按钮。

图5-3-1

STEP2 ▶▶ 选择工具箱中的【渐变工具】▢，单击

属性栏上的【径向渐变】按钮▢，单击【编辑渐变】按钮▭，打开【渐变编辑器】对话框，设置【渐变色】：0 位置处颜色（R:181,G:55,B:103）；100 位置处颜色（R:0,G:0,B:0）；单击【确定】按钮，在窗口中绘制渐变色，效果如图 5-3-2 所示。

图5-3-2

STEP3 ▶▶ 按【Ctrl + O】组合键，打开素材图片：沙发 .tif。选择工具箱中的【移动工具】🔾，拖动"沙发"图像窗口中的图像到"房地产音乐会广告"图像窗口中的合适位置，自动生成"图层 1"。图像效果如图 5-3-3 所示。

图5-3-3

STEP4 ▶▶ 设置"图层 1"的【图层混合模式】：叠加，【不透明度】：19%。图像效果如图 5-3-4 所示。

图5-3-4

STEP5 ▶▶ 按【Ctrl+J】组合键复制生成副本图层，设置【不透明度】：100%。按【Ctrl+U】组合键，打开【色相 / 饱和度】对话框，勾选【着色】复选框，设置参数：31，39，0，单击【确定】按钮。图像效果如图 5-3-5 所示。

图5-3-5

STEP6 ▶▶ 按【Ctrl + O】组合键，打开素材图片：云朵 .tif。选择工具箱中的【移动工具】🔾，拖动"云朵"图像窗口中的图像到"房地产音乐会广告"图像窗口中的合适位置，自动生成"图层 2"，如图 5-3-6 所示。

图5-3-6

STEP7 ▶▶ 按【Ctrl+U】组合键，打开【色相 / 饱和度】对话框，设置参数：-100，15，0，单击【确定】按钮。图像效果如图 5-3-7 所示。

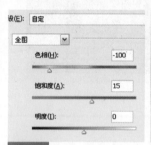

图5-3-7

STEP8 ▶▶ 设置"图层 2"的【图层混合模式】：正片叠底，【不透明度】：64%。效果如图 5-3-8 所示。

图5-3-8

STEP9 ▶▶ 选择工具箱中的【橡皮擦工具】🖉，设置【画笔】：柔角 150 像素，【不透明度】：80%，【流量】：80%，擦除多余的云朵部分。选择工具箱中的【移动工具】🔾，按住【Alt】键不放，拖移并复制出副本图层。设置"图层 2 副本"的【不透明度】：74%。图像效果如图 5-3-9 所示。

图5-3-9

STEP10 ➤➤ 新建"图层3",设置前景色:红色(R:255,G:0,B:0),选择工具箱中的【画笔工具】 ✐,设置【画笔】:柔角150像素,【不透明度】:80%,【流量】:80%,在图像中涂抹颜色,并设置【图层混合模式】:颜色。图像效果如图5-3-10所示。

图5-3-10

STEP11 ➤➤ 新建"图层4",选择工具箱中的【钢笔工具】 ☖,在窗口中绘制路径。设置前景色:白色,选择工具箱中的【画笔工具】 ✐,设置属性栏上的【画笔】:尖角25像素,【不透明度】:100%,【流量】:100%。选择工具箱中的【钢笔工具】 ☖,并右击,选择【描边路径】命令,在弹出的窗口中设置【描边路径】:画笔,勾选【模拟压力】复选框,单击【确定】按钮后取消路径。图像效果如图5-3-11所示。

图5-3-11

STEP12 ➤➤ 设置"图层4"的【图层混合模式】:叠加。选择工具箱中的【橡皮擦工具】 ⌫,在属性栏中设置【画笔】:柔角100像素,【不透明度】:50%,【流量】:50%,将图像擦除出飘逸的效果,如图5-3-12所示。

图5-3-12

STEP13 ➤➤ 新建"图层5",选择工具箱中的【画笔工具】 ✐,设置属性栏上的【画笔】:柔角5像素,在图像窗口中单击鼠标绘制星光效果。图像效果如图5-3-13所示。

 提示

在绘制的过程中,应注意更换画笔大小,整体的星光造型也应注意美感。

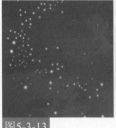

图5-3-13

STEP14 ➤➤ 双击"图层5"后面的空白处,打开【图层样式】对话框,单击【外发光】选项,打开【外发光】面板,设置【不透明度】:100%,【颜色】:玫瑰红(R:199,G:50,B:92),【扩展】:18%,【大小】:0像素,单击【确定】按钮。图像效果如图5-3-14所示。

图5-3-14

STEP15 ➤➤ 新建"图层6",选择工具箱中的【自定形状工具】 ⬚,单击【自定形状拾色器】按钮 ,

单击右上侧的【弹出菜单】按钮 ▶，选择【全部】命令，在弹出的询问框中单击【确定】按钮，返回【自定形状】面板，选择【形状】：高音符号 ，在窗口中拖移绘制图案，如图 5-3-15 所示。

图5-3-15

STEP16 ▶▶ 双击"图层 6"后面的空白处，打开【图层样式】对话框，单击【外发光】选项，设置【不透明度】：100%，【颜色】：玫瑰红（R:199,G:50,B:92），【扩展】：7%，【大小】：5 像素，单击【确定】按钮。图像效果如图 5-3-16 所示。

图5-3-16

STEP17 ▶▶ 单击【渐变叠加】选项，打开对应的面板，单击【编辑渐变】按钮 ，打开【渐变编辑器】对话框，设置【渐变色】：0 位置处颜色（R:238,G:219,B:228）；30 位置处颜色（R:227,G:168,B:196）；60 位置处颜色（R:248,G:228,B:239）；90 位置处颜色（R:235,G:192,B:209），单击【确定】按钮。图像效果如图 5-3-17 所示。

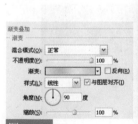

图5-3-17

STEP18 ▶▶ 新建"图层 7"，单击【自定形状拾色器】按钮 ，设置【形状】：八分音符 ，绘制图案。按

【Ctrl+T】组合键，右击，选择【水平翻转】命令翻转图像，按【Enter】键确定，效果如图 5-3-18 所示。

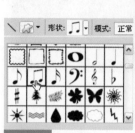

图5-3-18

STEP19 ▶▶ 右键单击"图层 6"后面的空白处，选择【拷贝图层样式】命令。右键单击"图层 7"后面的空白处，选择【粘贴图层样式】命令。选择工具箱中的【移动工具】 ，按住【Alt】组合键不放，拖移并复制出几个副本图层。图像效果如图 5-3-19 所示。

提示

使用【拷贝图层样式】和【粘贴图层样式】命令，可将前一图层的【图层样式】应用到后一图层上。

图5-3-19

STEP20 ▶▶ 同上述方法制作其他音符，按住【Shift】键不放，单击所有音符图层，按【Ctrl+E】组合键合并选中图层为"图层 5"，如图 5-3-20 所示。

图5-3-20

STEP21 ▶▶ 新建"图层6"，选择工具箱中的【钢笔工具】 ，绘制路径。设置前景色：玫瑰红（R:184,G:48,B:118），选择工具箱中的【画笔工具】 ，设置【画笔】：柔角2像素，选择工具箱中的【钢笔工具】 ，右击，选择【描边路径】命令，设置【描边路径】：画笔，单击【确定】按钮后取消路径。图像效果如图5-3-21所示。

图5-3-21

STEP22 ▶▶ 选择工具箱中的【移动工具】 ，按住【Alt】键不放，拖移并复制出副本图层。合并所有"图层6副本"图层为"图层6"。图像效果如图5-3-22所示。

图5-3-22

STEP23 ▶▶ 新建"图层7"，选择工具箱中的【自定形状工具】 ，设置【形状】：八分音符 ，绘制图案。按【Ctrl+T】组合键，右击，弹出快捷菜单，选择【水平翻转】命令，翻转图像，并右击，选择【斜切】命令，更改图案形状，按【Enter】键确定。图像效果如图5-3-23所示。

提示

在绘制音符的过程中，应分别对其执行【自由变换】命令，使视觉上音符随着乐谱上下浮动。

图5-3-23

STEP24 ▶▶ 同上述方法，依次在乐谱上绘制音符。合并所有音符图层为"图层7"。图像效果如图5-3-24所示。

图5-3-24

STEP25 ▶▶ 按【Ctrl＋O】组合键，打开素材图片：瑜伽1.tif。选择工具箱中的【移动工具】 ，将其导入窗口中的合适位置。图像效果如图5-3-25所示。

图5-3-25

STEP26 ▶▶ 按【Ctrl+B】组合键，打开【色彩平衡】对话框，设置参数：48，-37，0，单击【确定】按钮。效果如图5-3-26所示。

图5-3-26

STEP27 ▶▶ 按【Ctrl＋O】组合键，打开素材图片：房产文字 .tif。选择工具箱中的【移动工具】，拖动"房产文字"图像窗口中的图像到"房地产音乐会广告"图像窗口中的合适位置。图像最终效果如图 5-3-27 所示。

图5-3-27

方案修改

客户J经理仔细看了上一个方案，提出了一些修改意见：

其一，色彩方案改为蓝色。

其二，人物的动态应使画面更加饱满。

其三，取消左下角的沙发素材。

其四，文字排列稍微改动得紧凑些。

根据客户提出的建议，请读者再次修改上一个方案为不同的方案效果，达到举一反三的效果。制作好以后与以下修改方案进行对比。如图5-3-28所示。如果对以下操作有疑问，可以通过视频学习。这里仅提供简单的流程图提示，如图5-3-29所示。

素材：瑜伽2.tif

源文件：房产音乐会广告（修改方案）.psd

视频：房产音乐会广告（修改方案）.avi

修改前

图5-3-28

修改后

（1）打开原方案

（2）关闭不符合要求的图层

（3）移动乐谱

修改流程图

（4）移动音符图层 　　　　　（5）移动局部文字 　　　　　（6）调整色相/饱和度

（7）更换代言人 　　　　　（8）调整色彩平衡

图5-3-29

Chapter

6 ——海报艺术设计

中国的设计领域，在步入一个新的历史阶段，需要更多的理性思维，同时要继承传统并有拓展意识，把新的设计观念融入设计中去，不断吸取现代工艺及科技手段，以新颖独特的设计理念阐释信息。本章通过两个海报案例的设计，积极体现设计的新思路，同时表明有创意、有色彩冲击力的广告才是未来的主导。通过本章的学习，希望读者能够理解海报的色彩搭配技巧，同时能够大胆地表达出头脑中的跳跃思维，并将其表现于纸面。

6.1 饮料平面广告

STEP1 ▶▶ 执行【文件】|【新建】命令，打开【新建】对话框，设置【名称】：饮料平面广告，【宽度】：20 厘米，【高度】：15 厘米，【分辨率】：200 像素/英寸，【颜色模式】：RGB 颜色，【背景内容】：白色，如图 6-1-1 所示，单击【确定】按钮。

图6-1-1

STEP2 ▶▶ 选择工具箱中的【渐变工具】█，单击属性栏上的【编辑渐变】按钮 ███▐▏，打开【渐变编辑器】对话框，设置渐变色：0 位置处颜色（R:40,G:186,B:215）；100 位 置 处 颜 色：（R:255,G:255,B:255），单击【确定】按钮，在窗口中由上

往下拖移鼠标，绘制渐变色。图像效果如图 6-1-2 所示。

图6-1-2

STEP3 ▶▶ 新建"图层 1"，选择工具箱中的【直线工具】╲，设置前景色：白色，在属性栏上设置【粗细】：2px，【不透明度】：50%，在图像窗口中绘制直线，效果如图 6-1-3 所示。

图6-1-3

STEP4 ▶▶ 选择工具箱中的【橡皮擦工具】 ✐，设置【画笔】：柔角 100 像素，【不透明度】：50%，【流量】：50%，擦除发散直线的边缘，使其更加融合。图像效果如图 6-1-4 所示。

图6-1-4

STEP5 ▶▶ 新建"图层 2"，设置前景色：深绿（R:46,G:96,B:37）。选择工具箱中的【椭圆工具】 ◎，在属性栏上单击【填充像素】按钮 ▣，并设置【不透明度】：100%，按住【Shift】键不放，在窗口中绘制正圆。设置前景色：绿色（R:98,G:181,B:47），在中间继续绘制圆形。效果如图 6-1-5 所示。

图6-1-5

STEP6 ▶▶ 设置前景色：黄绿（R:139,G:195,B:58），继续绘制正圆。设置前景色：浅绿（R:159,G:206,B:90），继续绘制正圆。效果如图 6-1-6 所示。

图6-1-6

STEP7 ▶▶ 选择工具箱中的【移动工具】 ▶₊，将圆圈拖移至窗口左边。按住【Shift+Alt】组合键不放，拖移并复制出 4 个副本图层，分别将其放置图像窗口中的合适位置。效果如图 6-1-7 所示。

提示

为使画面产生远近效果，应该依次对副本圆圈执行【自由变换】命令，等比例缩小图像。

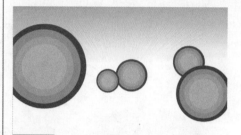

图6-1-7

STEP8 ▶▶ 新建"图层 3"，设置前景色：深绿（R:45,G:94,B:32）。选择工具箱中的【椭圆工具】 ◎，按住【Shift】键不放，继续在窗口中绘制正圆。设置前景色：白色，继续绘制正圆。效果如图 6-1-8 所示。

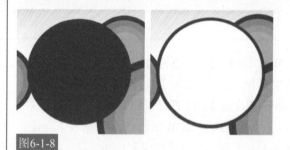

图6-1-8

STEP9 ▶▶ 分别设置前景色：草绿（R:142,G:194,B:54），绿色（R:98,G:181,B:47），在圆形中绘制两个正圆。图像效果如图 6-1-9 所示，

图6-1-9

STEP10 ▶▶ 设置前景色：深绿（R:45,G:95,B:36），继续绘制正圆。选择工具箱中的【移动工具】 ▶₊，按住【Shift+Alt】组合键不放，拖移并复制出副本图层到左边。图像效果如图 6-1-10 所示。

图6-1-10

STEP11 ▶▶ 按【Ctrl+O】组合键，打开素材图片：
代言人 1.tif。选择工具箱中的【移动工具】▶⊕，将
其导入"饮料平面广告"窗口中的合适位置。效果
如图 6-1-11 所示。

图6-1-11

STEP12 ▶▶ 按【Ctrl+O】组合键，打开素材图片：
代言人 2.tif。选择工具箱中的【移动工具】▶⊕，将
其导入"饮料平面广告"窗口中的合适位置。效果
如图 6-1-12 所示。

图6-1-12

STEP13 ▶▶ 新建"图层 6"，选择工具箱中的【钢笔
工具】♢，在图像窗口中绘制路径，设置前景色：
红色（R:225,G:3,B:28），按【Alt+Delete】组合键填
充选区颜色。图像效果如图 6-1-13 所示。

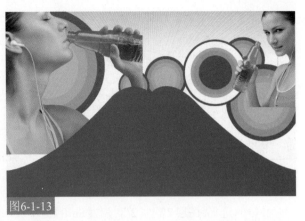

图6-1-13

STEP14 ▶▶ 新建"图层 7"，绘制海浪路径，按【Ctrl+
Enter】组合键，将路径转换为选区。设置前景色：
蓝色（R:10,G:173,B:219），按【Alt+Delete】组合键
填充选区颜色，效果如图 6-1-14 所示。

图6-1-14

STEP15 ▶▶ 设置前景色：深蓝（R:0,G:97,B:130），
选择工具箱中的【画笔工具】✎，设置属性栏上的
【画笔】：柔角 60 像素，【不透明度】：80%，【流量】：
80%，绘制海浪暗部效果。设置前景色：白色，绘
制海浪高光效果，如图 6-1-15 所示。

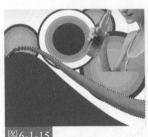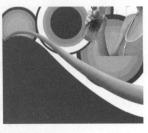

图6-1-15

STEP16 ▶▶ 选择工具箱中的【移动工具】▶⊕，按住
【Shift+Alt】组合键不放，拖移并复制出副本图层。
图像效果如图 6-1-16 所示。

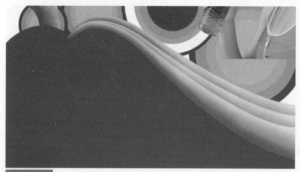

图6-1-16

STEP17 ▶▶ 选择"图层7副本2",按住【Shift】键不放,
单击"图层7",同时选中连续的图层并按【Ctrl+E】
组合键,合并图层为"图层7"。按【Ctrl+J】组合
键复制生成副本图层,按【Ctrl+T】组合键,打开
自由变换调节框,并右击,打开快捷菜单,选择【水
平翻转】命令,翻转图像。效果如图6-1-17所示。

图6-1-17

STEP18 ▶▶ 新建"图层8",选择工具箱中的【画笔
工具】✎,单击【画笔选取器】按钮,打开面板,
单击【弹出菜单】按钮▶,选择【混合画笔】命令。
此时将自动弹出询问框,单击【追加】按钮。返回
面板,选择【画笔】:圆形4,在窗口中绘制大小
不一的圆圈。图像效果如图6-1-18所示。

提示

　　在绘制的过程中,可更换多种不同的色
彩和画笔大小,使画面丰富。

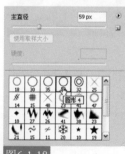

图6-1-18

STEP19 ▶▶ 选择工具箱中的【横排文字工具】Ｔ,
设置【文本颜色】:白色,在窗口中输入文字,按
【Ctrl+Enter】组合键确定。图像效果如图6-1-19所示。

图6-1-19

STEP20 ▶▶ 按【Ctrl + O】组合键,打开素材图片:
饮料.tif。选择工具箱中的【移动工具】,将其
导入"饮料平面广告"窗口中的合适位置。效果如
图6-1-20所示。

图6-1-20

STEP21 ▶▶ 按【Ctrl + O】组合键,打开素材图片:
花瓣.tif。效果如图6-1-21所示。

图6-1-21

STEP22 ▶▶ 选择工具箱中的【移动工具】,将其
导入"饮料平面广告"窗口中的合适位置。效果如
图6-1-22所示。

图6-1-22

STEP23 ▶▶ 新建"图层11"，设置前景色：金色（R:246,G:159,B:15）。选择工具箱中的【自定形状工具】，单击【自定形状拾色器】按钮，打开面板，单击右上侧的【弹出菜单】按钮，选择【全部】命令，在弹出的询问框中单击【确定】按钮，返回【自定形状】面板，选择【形状】：蝴蝶，在窗口中绘制图案，效果如图6-1-23所示。

图6-1-23

STEP24 ▶▶ 设置前景色：黄色（R:255,G:230,B:0），继续绘制其他蝴蝶效果。新建"图层12"，选择工具箱中的【椭圆选框工具】，按住【Shift+Alt】组合键不放，绘制正圆选区。设置前景色：浅蓝（R:135,G:206,B:189），按【Alt+Delete】组合键填充选区颜色，如图6-1-24所示。

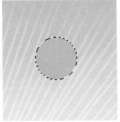

图6-1-24

STEP25 ▶▶ 设置前景色：深绿（R:14,G:141,B:127），选择工具箱中的【画笔工具】，设置【画笔】：柔角45像素，【不透明度】：90%，【流量】：90%，在选区中涂抹阴影部分。设置前景色：白色，绘制高光效果。按【Ctrl+D】组合键取消选区。图像效果如图6-1-25所示。

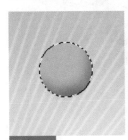

图6-1-25

STEP26 ▶▶ 选择工具箱中的【移动工具】，按住【Shift+Alt】组合键不放，拖移并复制出多个副本图层然后将所有水珠图层合并为"图层12"，图像效果如图6-1-26所示。

提示

在复制的过程中，应逐一对副本图层执行【自由变换】命令，等比例缩小水珠图像。

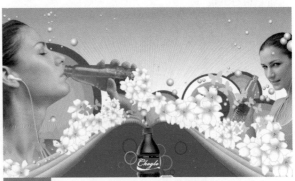

图6-1-26

STEP27 ▶▶ 同上述绘制水珠的方法绘制蓝色水珠，最终效果如图6-1-27所示。

图6-1-27

方案修改

客户J经理仔细看了上一个方案，提出了一些修改意见：

其一，上一个案例设计色彩感不错，但是过于清凉，不是很符合饮料的特点，希望色彩变得更加激情一点。

其二，代言人最好能改成亚洲人，这样更符合市场需求。

其三，整体风格可更加活泼动感一些，使其更符合饮料特点。

根据客户提出的建议，请读者再次修改上一个方案为不同的方案效果，达到举一反三的效果。制作好以后与以下修改方案进行对比。如图6-1-28所示。如果对以下操作有疑问，可以通过视频学习。这里仅提供简单的流程图提示，如图6-1-29所示。

素材：路牌.tif、代言人3.tif、代言人4.tif、
　　　代言人5.tif、背景.tif

源文件：饮料平面广告（修改方案）.psd

视频：饮料平面广告（修改方案）.avi

修改前

修改后

图6-1-28

修改流程图

（1）打开原方案

（2）关闭不符合要求的图层

（3）填充背景颜色

（4）拖入背景素材

（5）绘制大块颜色

（6）添加路牌图案

（7）增添新的代言人

（8）增添其他代言人

（9）添加修饰文字案

图6-1-29

（10）绘制新的波浪　　　　　（11）绘制新的水珠

图6-1-29（续）

6.2 妇女节宣传海报

任务难度

"妇女节"是属于女性的节日，所以制作本例时，需要突出表现女性元素。在色彩上就主要以桃红色、粉红色，使图像符合妇女节主题。

案例分析

本例主要讲解"妇女节宣传海报"图像的制作方法，主要运用了【渐变工具】、【云彩】命令、【自定形状工具】，绘制海报的背景内容。

光盘路径

素材：花纹一.tif、花纹二.tif、快乐女人节.tif、
　　　星光.tif、时尚美女.tif、可爱钥匙.tif、文
　　　字.tif
源文件：妇女节宣传海报.psd
视频：妇女节宣传海报.avi

STEP1 ▶▶ 执行【文件】|【新建】命令，打开【新建】对话框，设置【名称】：妇女节宣传海报，【宽度】：20厘米，【高度】：13厘米，【分辨率】：150像素/英寸，【颜色模式】：RGB颜色，【背景内容】：白色，如图6-2-1所示，单击【确定】按钮。

图6-2-1

STEP2 ▶▶ 选择工具箱中的【渐变工具】■，单击属性栏上的【编辑渐变】按钮■■■，打开【渐变编辑器】对话框，设置渐变色：0 位置处颜色（R:205,G:19,B:123）；100 位置处颜色（R:234,G:89,B:158），单击【确定】按钮。在属性栏上单击【线性渐变】按钮■，在图像窗口中从上向下拖移，填充渐变色。效果如图 6-2-2 所示。

图6-2-2

STEP3 ▶▶ 选择工具箱中的【矩形选框工具】□，在图像窗口下方拖移绘制矩形选区。新建"图层 1"，设置前景色：粉红色（R:230,G:100,B:159），背景色：白色。执行【渲染】|【云彩】命令，按【Ctrl+D】组合键，取消选区，如图 6-2-3 所示。

图6-2-3

STEP4 ▶▶ 选择工具箱中的【橡皮擦工具】，设置属性栏上的【画笔】：柔角 125 像素，【不透明度】：20%，【流量】：35%，擦除"图层 1"的边缘。新建"图层 2"，设置前景色：白色。选择工具箱中的【画笔工具】，设置属性栏上的【画笔】：柔角画笔和绒毛球画笔，【不透明度】：50%，【流量】：80%，在窗口下方涂抹颜色和形状。新建"图层 3"，选择【画笔】：蜡质海绵 - 旋转，在窗口下方涂抹绘制形状。效果如图 6-2-4 所示。

图6-2-4

STEP5 ▶▶ 选择工具箱中的【钢笔工具】，单击属性栏上的【路径】按钮，在图像窗口下方绘制路径。按【Ctrl+Enter】组合键，将路径转换为选区。执行【选择】|【修改】|【羽化】命令，打开【羽化选区】对话框，设置【羽化半径】：2 像素，单击【确定】按钮。效果如图 6-2-5 所示。

图6-2-5

STEP6 ▶▶ 新建"图层 4"，选择工具箱中的【画笔工具】，设置属性栏上的【画笔】：柔角 175 像素，【不透明度】：40%，【流量】：30%，在选区中涂抹颜色。按【Ctrl+D】组合键，取消选区。按【Ctrl+J】组合键，复制生成"图层 4 副本"。执行【编辑】|【自由变换】命令，打开自由变换调节框，在控制窗外侧拖移并进行旋转，按【Enter】键确定。效果如图 6-2-6 所示。

图6-2-6

STEP7 ▶▶ 按【Ctrl+J】组合键，复制"图层 4 副本"2 次，并分别按【Ctrl+T】组合键，单击右键，选择【水平翻转】命令，改变图像位置，按【Enter】键确定。新建"图层 5"，设置前景色：桃红色（R:223,G:92,B:166），选择工具箱中的【画笔工具】，设置【画笔】：柔角 250 像素，【硬度】：70%，【不透明度】：40%，【流量】：100%，在窗口中绘制圆形。效果如图 6-2-7 所示。

提示

　　在绘制圆形时，注意更改【画笔】的大小和【不透明度】值，使各圆形大小和不透明度不同。

图6-2-7

STEP8 ▶▶ 新建"图层6"，设置前景色：紫色（R:137,G:47,B:135）和浅红色（R:193,G:76,B:85），继续使用【画笔工具】，用相同的方法，在窗口中绘制不同颜色和大小的圆形。按【Ctrl ＋ O】组合键，打开素材图片：花纹一 .tif，如图 6-2-8 所示。

图6-2-10

STEP11 ▶▶ 按【Ctrl ＋ O】组合键，打开素材图片：花纹二 .tif。选择工具箱中的【移动工具】，拖动"花纹二"到"妇女节宣传海报"图像窗口中，自动生成"花纹二"图层，如图 6-2-11 所示。

图6-2-8

STEP9 ▶▶ 选择工具箱中的【魔棒工具】，设置【容差】：32 像素，取消勾选【连续】复选框，在图像窗口中单击白色像素，创建选区。选择工具箱中的【移动工具】，拖动选区内容到"妇女节宣传海报"图像窗口中，自动生成"图层 7"，如图 6-2-9 所示。

图6-2-11

STEP12 ▶▶ 按住【Ctrl】键，单击"花纹二"的缩览图载入选区。新建"图层8"，设置前景色：桃红色（R:212,G:25,B:116），按【Alt+Delete】组合键填充。按【Ctrl+D】组合键，取消选区，如图 6-2-12 所示。

图6-2-9

STEP10 ▶▶ 按【Ctrl+J】组合键，复制"图层7"2 次，分别按【Ctrl+T】组合键，在控制窗外侧拖移并旋转图像，按【Enter】键确定。分别设置"图层7"及副本的【图层混合模式】：柔光。效果如图 6-2-10 所示。

图6-2-12

STEP13 ▶▶ 按【Ctrl ＋ O】组合键，打开素材图片：快乐女人节 .tif。选择工具箱中的【移动工具】，拖动"快乐女人节"到"妇女节宣传海报"图像窗口左侧，自动生成"快乐女人节"图层。效果如图 6-2-13 所示。

图6-2-13

STEP14 ▶▶▶ 双击"快乐女人节"图层后面的空白处，打开【图层样式】对话框，单击【外发光】选项，打开【外发光】面板，设置【发光颜色】：白色，【大小】：7 像素，单击【确定】按钮，如图 6-2-14所示。

图6-2-14

STEP15 ▶▶▶ 载入"快乐女人节"图层选区，单击【图层】面板下方的【创建新的填充或调整图层】按钮，打开快捷菜单，选择【色阶】命令，打开【色阶】对话框，设置参数：23，1.09，233。效果如图 6-2-15 所示。

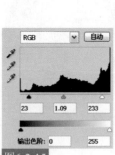

图6-2-15

STEP16 ▶▶▶ 选择工具箱中的【自定形状工具】，设置【形状】：红心形卡♥，单击属性栏上的【路径】按钮，在窗口中随意绘制较小的心形路径。按【Ctrl+Enter】组合键，将路径转换为选区。按【Shift+F6】组合键，打开【羽化选区】对话框，设置【羽化半径】：4 像素，单击【确定】按钮。新建

"图层 9"，设置前景色：白色，按【Alt+Delete】组合键，填充"图层 9"。按【Ctrl+D】组合键，取消选区，如图 6-2-16 所示。

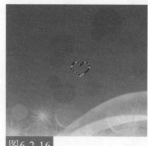

图6-2-16

STEP17 ▶▶▶ 按【Ctrl+J】组合键，复制"图层 9"多次，并分别按【Ctrl+T】组合键，按住【Shift】键，拖动调节框的控制点，等比例缩小图像，按【Enter】键确定。按【Ctrl + O】组合键，打开素材图片：星光 .tif。选择工具箱中的【移动工具】，拖动"星光"到"妇女节宣传海报"图像窗口中，自动生成"星光"图层。效果如图 6-2-17 所示。

图6-2-17

STEP18 ▶▶▶ 按【Ctrl + O】组合键，打开素材图片：时尚美女 .tif。选择工具箱中的【移动工具】，拖动"时尚美女"到"妇女节宣传海报"图像窗口中，自动生成"时尚美女"图层。效果如图 6-2-18 所示。

图6-2-18

STEP19 ▶▶▶ 载入"时尚美女"图层选区，单击【图层】面板下方的【创建新的填充或调整图层】按钮，选择【色阶】命令，设置参数：20，1.08，241，其他参数保持默认值，如图 6-2-19 所示。

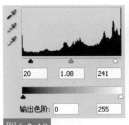

输出色阶: 0　　255

图6-2-19

STEP20 ▶▶ 按【Ctrl＋O】组合键，打开素材图片：可爱钥匙 .tif。选择工具箱中的【移动工具】，拖动"可爱钥匙"到"妇女节宣传海报"图像窗口中，放在人物的右手上，自动生成"可爱钥匙"图层。效果如图 16-1-20 所示。

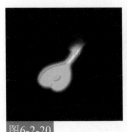

图6-2-20

STEP21 ▶▶ 按【Ctrl＋O】组合键，打开素材图片：文字 .tif。选择工具箱中的【移动工具】，拖动"文字"到"妇女节宣传海报"图像窗口上方。图像的最终效果如图 6-2-21 所示。

图6-2-21

方案修改

客户J经理仔细看了上一个方案，提出了一些修改意见：

其一，上一个案例设计色彩感不错，但是整体都偏红，希望能调整背景色，突出妇女节广告的宣传主题。

其二，广告上方的文字过于复杂，希望能用简单的英文代替，以突出广告下方的快乐女人街。

其三，广告中的星光和花纹太多，显得比较杂乱，希望进行一定修改。

其四，希望将人物手上的修饰物换成购物包装袋，以更符合主题。

根据客户提出的建议，请读者再次修改上一个方案为不同的方案效果，达到举一反三的效果。制作好以后与以下修改方案进行对比，如图6-2-22所示。如果对以下操作有疑问，可以通过视频学习。这里仅提供简单的流程图提示，如图6-2-23所示。

素材：包装袋.tif
源文件：妇女节宣传海报（修改方案）.psd
视频：妇女节宣传海报（修改方案）.avi

修改前

图6-2-22

修改后

修改流程图

（1）打开原方案

（2）关闭不符合要求的图层

（3）改变背景颜色

（4）改变花纹的颜色和位置

（5）改变人物的颜色

（6）增加包装袋素材

（7）改变包装袋颜色并输入文字

（8）调整色彩平衡与对比度

图6-2-23

Chapter

7 ——画册与包装设计

　　画册设计属于封面设计类，封面设计的设计重点在于表现书籍中的内容，让读者第一眼就能由表及里推测出其中的内容是不是自己所需要的。画册内页设计属于排版设计，其设计特色在于板块合理，富有美感，符合读者的阅读习惯。本章最后讲解的是糖果包装设计，该案例注重的是色彩的鲜艳与显著，希望能够为包装设计的创作起到抛砖引玉的作用。

7.1 旅游景点宣传手册

任务难度

因是旅游景点的宣传手册，在内容上需加入特色景点介绍、特色景点图片。

案例分析

首先设置背景色，用【矩形选框工具】绘制手册并填充颜色，然后用【画笔工具】绘制出水墨效果，添加景点照片和介绍文字。

光盘路径

素材：荷叶.tif、祥云.tif、景点照1.tif、景点照2.tif、景点照3.tif、景点照4.tif、景点照5.tif、景点照6.tif

源文件：旅游景点宣传手册.psd

视频：旅游景点宣传手册.avi

STEP1 ▶ 执行【文件】|【新建】命令，设置【名称】：旅游景点宣传手册，【宽度】：24 厘米，【高度】：15 厘米，【分辨率】：200 像素 / 英寸，【颜色模式】：RGB 颜色，【背景内容】：白色，如图 7-1-1 所示，单击【确定】按钮。

图7-1-1

STEP2 ▶ 设置前景色：深灰（R:83,G:83,B:83），按【Alt+Delete】组合键填充背景。新建"图层 1"，选择工具箱中的【矩形选框工具】，拖移并绘制矩形选区。按【Ctrl+Delete】组合键为选区填充白色，效果如图 7-1-2 所示。

图7-1-2

STEP3 ▶ 选择工具箱中的【画笔工具】，设置【不透明度】：26%，【流量】：26%。按【F5】键，打开【画笔预设】对话框，设置【画笔】：粉笔 60 像素，【直径】：308px，【角度】：81 度，【圆度】：96%，【间距】：10%。单击【形状动态】名称，设置【大小抖动】：100%，【角度抖动】：100%，参数如图 7-1-3 所示。

提示

按【F5】键打开的【画笔预设】面板中包含了强大的画笔功能，是一个非常具有学习价值的工具。

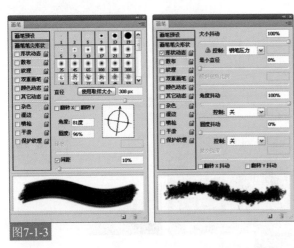

图7-1-3

STEP4 ▶▶ 单击【双重画笔】名称，设置【画笔模式】：叠加，【画笔】：喷溅 39 像素 [图]，【直径】：191px，【间距】：1%，【数量】：1。单击【其他动态】名称，保持参数为默认值，参数如图 7-1-4 所示。

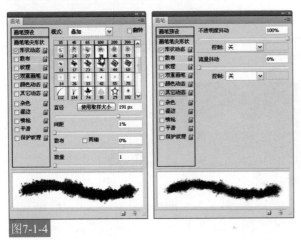

图7-1-4

STEP5 ▶▶ 新建"图层 2"，设置前景色：深绿（R:0,G:54,B:34），在图像窗口的选区左下方涂抹绘制水墨底色效果，如图 7-1-5 所示。

图7-1-5

STEP6 ▶▶ 在属性栏上设置【不透明度】：85%，【流

量】：85%，继续在选区中涂抹第 2 层水墨效果，如图 7-1-6 所示。

图7-1-6

STEP7 ▶▶ 设置【不透明度】：100%，【流量】：100%，继续涂抹水墨效果，如图 7-1-7 所示。

图7-1-7

STEP8 ▶▶ 设置前景色：浅绿（R:147,G:187,B:154），在选区上方涂抹绘制水墨效果。按【Ctrl+D】组合键取消选区。图像效果如图 7-1-8 所示。

图7-1-8

STEP9 ▶▶ 执行【文件】|【打开】命令，打开素材图片：荷叶 .tif。选择工具箱中的【移动工具】 ⊕，将其导入"旅游景点宣传手册"窗口中的合适位置。图像效果如图 7-1-9 所示。

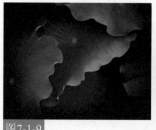 

图7-1-9

STEP10 ▶▶ 选择工具箱中的【橡皮擦工具】，设置【画笔】：柔角 150 像素，【不透明度】：85%，【流量】：85%，擦除图片生硬的边缘，效果如图 7-1-10 所示。

图7-1-10

STEP11 ▶▶ 选择工具箱中的【移动工具】，按住【Shift+Alt】组合键不放，沿右侧 45°角拖移并复制出副本图层。荷叶的图像效果如图 7-1-11 所示。

图7-1-11

STEP12 ▶▶ 打开素材图片：祥云 .tif。选择工具箱中的【移动工具】，将其导入窗口中的合适位置，并设置【不透明度】：62%。图像效果如图 7-1-12 所示。

图7-1-12

STEP13 ▶▶ 打开素材图片：景点照 1.tif。选择工具箱中的【移动工具】，将其导入"旅游景点宣传手册"窗口中的合适位置。图像效果如图 7-1-13 所示。

图7-1-13

STEP14 ▶▶ 打开素材图片：景点照 2.tif。选择工具箱中的【移动工具】，将其导入"旅游景点宣传手册"窗口中的合适位置，效果如图 7-1-14 所示。

图7-1-14

STEP15 ▶▶ 打开素材图片：景点照 3.tif。选择工具箱中的【移动工具】，将其导入"旅游景点宣传手册"窗口中的合适位置，如图 7-1-15 所示。

图7-1-15

STEP16 ▶▶ 同上述方法，依次拖移其他风景照到窗口中的图像窗口中。图像效果如图 7-1-16 所示。

图7-1-16

STEP17 ▶▶ 新建"图层11"，设置前景色：深绿（R:21,G:98,B:55）。选择工具箱中的【直线工具】 ，设置【粗细】：8 px，绘制直线。效果如图 7-1-17 所示。

图7-1-17

STEP18 ▶▶ 选择工具箱中的【矩形选框工具】 ，绘制矩形选区。按【Alt+Delete】组合键填充颜色，按【Ctrl+D】组合键取消选区。图像效果如图 7-1-18 所示。

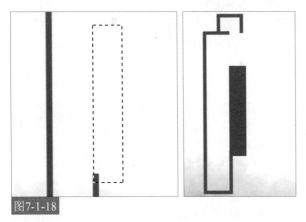

图7-1-18

STEP19 ▶▶ 选择工具箱中的【直排文字工具】 ，设置【字体系列】：经典隶书繁，【字体大小】：15

点，在窗口中输入文字。设置【字体大小】：6 点，【文本颜色】：白色，继续输入文字。按【Ctrl+Enter】组合键确定。设置前景色：红色（R:178,G:0,B:0），选择工具箱中的【画笔工具】 ，设置【画笔】：尖角 9 像素，在文字中间绘制一点红。图像效果如图 7-1-19 所示。

图7-1-19

STEP20 ▶▶ 选择工具箱中的【直排文字工具】 ，设置【文本颜色】：黑色，在窗口中输入景点介绍文字。图像效果如图 7-1-20 所示。

图7-1-20

STEP21 ▶▶ 根据景点介绍词对应上景点照片，并分别标上数字。图像效果如图 7-1-21 所示。

图7-1-21

STEP22 ▶▶ 新建"图层12"，设置前景色：深绿（R:21,G:98,B:55）。选择工具箱中的【自定形状工具】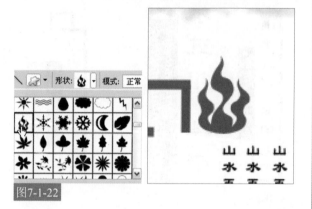，单击【自定形状拾色器】按钮，打开面板，单击右上侧的【弹出菜单】按钮，选择【全部】命令，在打开的询问框中单击【确定】按钮，返回【自定形状】面板，选择【形状】：火焰，单击属性栏上的【形状图层】按钮，按住【Shift】键在图像窗口中拖移，绘制图案。图像效果如图7-1-22所示。

设置前景色：黑色，选择工具箱中的【画笔工具】，设置【不透明度】：70%，【流量】：70%，在选区中涂抹以绘制折痕效果，按【Ctrl+D】组合键取消选区。图像效果如图7-1-24所示。

图7-1-24

图7-1-22

STEP25 ▶▶ 单击"背景"的【指示图层可视性】按钮，隐藏该图层。按【Ctrl + Alt+ Shift+E】组合键，盖印可视图层。执行【图层】|【图层样式】|【投影】命令，打开【图层样式】对话框，设置【角度】：90度，【距离】：5像素，【大小】：21像素，单击【确定】按钮，并单击"背景"的【指示图层可视性】按钮，显示该图层。最终效果如图7-1-25所示。

STEP23 ▶▶ 选择工具箱中的【自定形状工具】，单击【自定形状拾色器】按钮，打开面板，选择【形状】：装饰2，用同样的方法继续绘制图案。设置前景色：红色（R:178,G:0,B:0），继续在窗口中绘制图案。图像效果如图7-1-23所示。

图7-1-23

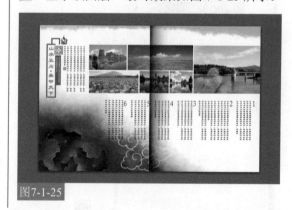

图7-1-25

STEP24 ▶▶ 新建"图层13"，选择工具箱中的【矩形选框工具】，在窗口中拖移并绘制矩形选区。

方案修改

　　客户J经理仔细看了上一个方案，提出了一些修改意见：

　　其一，上一个案例设计的排版较为不错，但是根据大众的阅读习惯，可将照片更换到手册的左边位置。

　　其二，整体色彩搭配可以更丰富一些。

　　其三，整体色彩明度需增强。

　　根据客户提出的建议，请读者再次修改上一个方案为不同的方案效果，达到举一反三的效果。制作好以后与以下修改方案进行对比，如图7-1-26所示。如果对以下操作有疑问，可以通过视频学习。这里仅提供简单的流程图提示，如图7-1-27所示。

　　素材：无

　　源文件：旅游景点宣传手册（修改方案）.psd

　　视频：旅游景点宣传手册（修改方案）.avi

修改前

修改后

图7-1-26

修改流程图

（1）打开原方案

（2）关闭不符合要求的图层

（3）更换背景颜色

（4）更换颜色

（5）复制祥云

（6）调整位置

（7）调整照片位置

（8）调整照片明度

（9）更换折痕

（10）添加投影

图7-1-27

7.2 牛奶软酪包装设计

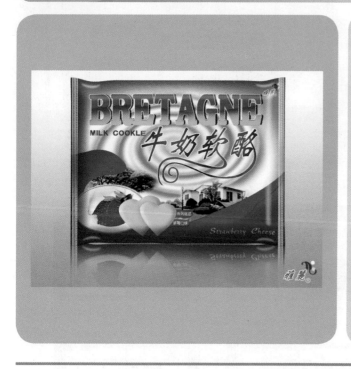

任务难度

本案例需要突出"零食"这一主题。糖果包装常常采用一些有生命力和感召力的鲜活元素来迎合消费者。

案例分析

制作"牛奶软酪包装设计"图像效果时，首先运用【画笔工具】和【旋转扭曲】命令，绘制粉红色奶酪效果，并运用【3D旋转工具】旋转图像，再运用【钢笔工具】、【自动形状工具】，绘制特殊形状和文字效果。

光盘路径

素材：风景.tif、草莓.tif、草莓2.tif、标志.tif、文字.tif

源文件：牛奶软奶酪包装设计.psd

视频：牛奶软奶酪包装设计.avi

STEP1 ▶▶ 执行【文件】|【新建】命令，打开【新建】对话框，设置【名称】：牛奶软酪包装设计，【宽度】：20 厘米，【高度】：15 厘米，【分辨率】：150 像素 /英寸，【颜色模式】：RGB 颜色，【背景内容】：白色，如图 7-2-1 所示，单击【确定】按钮。

图7-2-1

STEP2 ▶▶ 设置前景色：粉红色（R:255,G:111,B:122），按【Alt+Delete】组合键，填充"背景"图层。新建"图层 1"，设置背景色：白色，按【Ctrl+Delete】组合键，填充"图层 1"。选择工具箱中的【画笔工具】✐，设置合适的柔角画笔，在"图层 1"上涂

抹绘制颜色。效果如图 7-2-2 所示。

图7-2-2

STEP3 ▶▶ 执行【滤镜】|【扭曲】|【旋转扭曲】命令，设置【角度】：482 度，单击【确定】按钮。效果如图 7-2-3 所示。

角度(A)   482 度

图7-2-3

STEP4 ▶▶ 按【Ctrl+F】组合键，重复上次滤镜操作1次。选择工具箱中的【魔棒工具】，设置【容差】：32像素，在图像窗口中单击粉红色像素，创建选区。按【Ctrl+J】组合键，复制选区内容到"图层2"，如图7-2-4所示。

图7-2-4

STEP5 ▶▶ 双击"图层2"后面的空白处，打开【图层样式】对话框。单击【斜面和浮雕】选项，打开【斜面和浮雕】面板，设置【深度】：103%，【大小】：27像素，【软化】：12像素，【角度】：180度，【高度】：30度，【高光模式】的【不透明度】：100%，【阴影颜色】：白色，【阴影模式】的【不透明度】：100%，其他参数保持默认值，单击【确定】按钮。效果如图7-2-5所示。

图7-2-5

STEP6 ▶▶ 按【Ctrl+E】组合键，向下合并图层为"图层1"。选择工具箱中的【椭圆选框工具】，在图像窗口中绘制椭圆选区。执行【选择】|【修改】|【羽化】命令，打开【羽化选区】对话框，设置【羽化半径】：30像素，单击【确定】按钮。按【Ctrl+Shift+I】组合键，反向选区，按【Delete】键删除选区内容，按【Ctrl+D】组合键，取消选区，如图7-2-6所示。

图7-2-6

STEP7 ▶▶ 执行【3D】|【从图层新建3D明信片】命令，将"图层1"转换为3D图层。选择工具箱中的【3D旋转工具】，在窗口中旋转图像到合适位置。单击【图层】面板下方的【添加图层蒙版】按钮，为"图层1"添加蒙版，按【D】键恢复默认前景色与背景色，选择工具箱中的【画笔工具】，设置合适的柔角画笔，在图像窗口中涂抹隐藏"图层1"的边缘。效果如图7-2-7所示。

> **提示**
>
> 在使用【3D旋转工具】旋转图像时，需稍微向上拖移图像。涂抹"图层1"的边缘时，需要设置【画笔】的【不透明度】和【流量】，尽量将这连个参数设置小一点，使"图层1"的边缘能更好地与背景图层融合。

图7-2-7

STEP8 ▶▶ 按【Ctrl＋O】组合键，打开素材图片：风景.tif。选择工具箱中的【移动工具】，拖动"风景"图像窗口中的图像到"牛奶软酪包装设计"图像窗口中，自动生成"风景"图层。选择工具箱中的【橡皮擦工具】，涂抹擦除"风景"图层的上边部分图像，如图7-2-8所示。

图7-2-8

STEP9 ▶▶ 按住【Ctrl】键，单击"风景"图层前面的【图层缩览图】，载入选区，单击【图层】面板下方的【创建新的填充或调整图层】按钮 ⊘.，打开快捷菜单，选择【自然饱和度】命令，打开【自然饱和度】对话框，设置参数：+73，+61。效果如图 7-2-9 所示。

图7-2-9

STEP10 ▶▶ 按住【Ctrl】键，单击"风景"图层前面的【图层缩览图】，载入选区，单击【图层】面板下方的【创建新的填充或调整图层】按钮 ⊘.，打开快捷菜单，选择【色阶】命令，打开【色阶】对话框，设置参数：51，1.12，255，其他参数保持默认值。图像效果如图 7-2-10 所示。

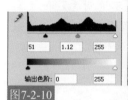

图7-2-10

STEP11 ▶▶ 选择工具箱中的【钢笔工具】 ⊘.，单击属性栏上的【路径】按钮 ，在图像窗口下方、绘制闭合路径，按【Ctrl+Enter】组合键，将路径转换为选区。新建"图层2"，设置前景色：红色（R:176,G:1,B:1），按【Alt+Delete】组合键，填充"图层2"。按【Ctrl+D】组合键，取消选区。效果如图 7-2-11 所示。

图7-2-11

STEP12 ▶▶ 双击"图层2"后面的空白处，打开【图层样式】对话框，单击【斜面和浮雕】选项，打开【斜面和浮雕】面板，设置【深度】：72%，【大小】：2像素，【软化】：4像素，单击【使用全局光】复选框，

取消其勾选状态，并设置【角度】：59度，【高度】：58度，其他参数保持默认值，单击【确定】按钮。效果如图 7-2-12 所示。

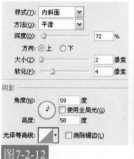

图7-2-12

STEP13 ▶▶ 选择工具箱中的【减淡工具】 ，设置【画笔】：柔角300像素，【范围】：高光，【曝光度】：40%，在"图层2"上涂抹减淡颜色。选择工具箱中的【钢笔工具】 ，在文件窗口右下方绘制闭合路径，并按【Ctrl+Enter】组合键，将路径转换为选区，如图 7-2-13 所示。

图7-2-13

STEP14 ▶▶ 新建"图层3"，设置前景色：红色（R:244,G:0,B:32），按【Alt+Delete】组合键，填充"图层3"，按【Ctrl+D】组合键，取消选区。双击"图层3"后面的空白处，打开【图层样式】对话框，单击【斜面和浮雕】选项，打开【斜面和浮雕】面板，设置【大小】：4像素，【软化】：6像素，【角度】：180度，【高度】：30度，其他参数保持默认值，单击【确定】按钮。效果如图 7-2-14 所示。

图7-2-14

STEP15 ▶▶ 选择"图层 3",设置【图层】面板上的【图层混合模式】:叠加,选择工具箱中的【橡皮擦工具】,涂抹擦除"图层 3"的边缘。按【Ctrl + O】组合键,打开素材图片:草莓 .tif,选择工具箱中的【移动工具】,拖动"草莓"图像窗口中的图像到"牛奶软酪包装设计"图像窗口中,自动生成"草莓"图层。效果如图 7-2-15 所示。

图7-2-15

STEP16 ▶▶ 按住【Ctrl】键,单击"草莓"图层前面的【图层缩览图】,载入选区,单击【图层】面板下方的【创建新的填充或调整图层】按钮,打开快捷菜单,选择【色相 / 饱和度】命令,打开【色相 / 饱和度】对话框,设置参数:-1,+59,+10,其他参数保持默认值。图像效果如图 7-2-16 所示。

图7-2-16

STEP17 ▶▶ 按住【Ctrl】键,单击"草莓"图层前面的【图层缩览图】,载入选区,单击【图层】面板下方的【创建新的填充或调整图层】按钮,打开快捷菜单,选择【亮度 / 对比度】命令,打开【亮度 / 对比度】对话框,设置参数:29,29。图像效果如图 7-2-17 所示。

图7-2-17

STEP18 ▶▶ 按【Ctrl + O】组合键,打开素材图片:草莓 2.tif,选择工具箱中的【移动工具】,将其导入到"牛奶软酪包装设计"窗口中。选择工具箱中的【橡皮擦工具】,擦除部分图像。效果如图 7-2-18 所示。

图7-2-18

STEP19 ▶▶ 按住【Ctrl】键,单击"草莓"图层前面的【图层缩览图】,载入选区。单击【图层】面板下方的【创建新的填充或调整图层】按钮,打开快捷菜单,选择【亮度 / 对比度】命令,打开【亮度 / 对比度】对话框,设置参数:16,66。图像效果如图 7-2-19 所示。

图7-2-19

STEP20 ▶▶ 新建"图层4"，设置前景色：黄色（R:255,G:227,B:71），选择工具箱中的【自定形状工具】，设置【形状】：红心，在图像窗口左下方拖移，绘制红心形状。按【Ctrl+T】组合键，打开自由变换对话框，在控制窗外拖移旋转并扭曲图像，按【Enter】键确定。效果如图7-2-20所示。

提示

在使用【自定形状工具】绘制形状时，注意在属性栏上单击【填充像素】按钮，以便使绘制的图形在"图层4"中，而不是绘制成路径或者形状图层。

图7-2-20

STEP21 ▶▶ 双击"图层4"后面的空白处，打开【图层样式】对话框，单击【斜面和浮雕】选项，打开【斜面和浮雕】面板，设置【大小】：29像素，【阴影颜色】：深黄色（R:192,G:164,B:7），其他参数保持默认值，单击【确定】按钮。效果如图7-2-21所示。

图7-2-21

STEP22 ▶▶ 按【Ctrl+J】组合键，复制生成"图层4副本"，按【Ctrl+T】组合键，旋转并改变图像大小。

选择工具箱中的【横排文字工具】，在图像窗口上方输入文字"BRETAGNE"，按【Ctrl+Enter】组合键确定，如图7-2-22所示。

图7-2-22

STEP23 ▶▶ 双击"BRETAGNE"文字图层后面的空白处，打开【图层】面板对话框，单击【投影】选项，打开【投影】面板，设置【角度】：180度，【距离】：12像素，其他参数保持默认值。单击【描边】复选框，设置【大小】：3像素，【颜色】：白色，单击【确定】按钮。效果如图7-2-23所示。

图7-2-23

STEP24 ▶▶ 选择工具箱中的【钢笔工具】，在"BRETAG-NE"文字上绘制路径。按【Ctrl+Enter】组合键，将路径转换为选区。选择工具箱中的【渐变工具】，单击属性栏上的【编辑渐变】按钮，打开【渐变编辑器】对话框，设置渐变色为：0位置处颜色（R:183,G:31,B:6）；100位置处颜色（R:252,G:217,B:75），单击【确定】按钮。效果如图7-2-24所示。

提示

这里运用的是【钢笔工具】绘制出选区，还可以先绘制一个矩形，再运用【切变】命令，改变形状，同样能得到这样一个选区。在运用【切变】命令时，需要注意改变图像的位置。

图7-2-24

STEP25 ▶▶ 新建"图层5"，在属性栏上单击【线性渐变】按钮■，在选区中从上向下拖移，填充渐变色。按【Ctrl+D】组合键，取消选区。按住【Ctrl】键，单击"BRETAGNE"文字图层的缩览图，载入选区。单击【图层】面板下方的【添加图层蒙版】按钮■，为"图层5"添加蒙版，隐藏部分图像。效果如图7-2-25所示。

图7-2-25

STEP26 ▶▶ 新建"图层6"，设置前景色：颜色（R:238,G:206,B:32），选择工具箱中的【画笔工具】，在"BRETAGNE"下方涂抹颜色。按【Ctrl＋O】组合键，打开素材图片：文字.tif，选择工具箱中的【移动工具】，将其导入到到"牛奶软酪包装设计"图像窗口中并拖到"图层4"下方。效果如图7-2-26所示。

图7-2-26

STEP27 ▶▶ 单击【图层】面板下方的【创建新的填充或调整图层】按钮，打开快捷菜单，选择【自然饱和度】命令，打开【自然饱和度】对话框，设置参数：+50，+6。图像效果如图7-2-27所示。

图7-2-27

STEP28 ▶▶ 双击"图层1"后面的空白处，打开【图层】面板对话框，单击【外发光】选项，打开【外发光】面板，设置【发光颜色】：白色，【大小】：141像素，其他参数保持默认值，单击【确定】按钮。效果如图7-2-28所示。

图7-2-28

STEP29 ▶▶ 执行【文件】|【新建】命令，打开【新建】对话框，设置【名称】：立体效果，【宽度】：22厘米，【高度】：16厘米，【分辨率】：200像素/英寸，【颜色模式】：RGB颜色，【背景内容】：白色，如图7-2-29所示，单击【确定】按钮。

图7-2-29

STEP30 ▶▶ 选择工具箱中的【渐变工具】▣，单击属性栏上的【编辑渐变】按钮▬▬▶，打开【渐变编辑器】对话框，设置渐变色：0 位置处颜色（R:255,G:255,B:255）；100 位置处颜色（R:250,G:129,B:131）；单击【确定】按钮，返回图像窗口。新建"图层 1"，在属性栏上单击【线性渐变】按钮▣，在图像窗口中从上向下拖移以填充渐变。如图 7-2-30 所示。

图 7-2-30

STEP31 ▶▶ 选择"牛奶软酪包装设计"图像窗口，按【Ctrl+Shift+Alt+E】组合键，盖印可见图层，自动生成"图层 7"。选择工具箱中的【移动工具】▸，将"图层 7"导入到"立体效果"图像窗口中，自动生成"图层 2"。双击"图层 2"后面的空白处，打开【图层样式】对话框，单击【内阴影】复选框，设置【阴影颜色】：红色（R:199,G:0,B:0），单击【使用全局光】复选框，取消其勾选状态，并设置【角度】：120 度，【距离】：17 像素，【大小】：57 像素，其他参数保持默认值。效果如图 7-2-31 所示。

图 7-2-31

STEP32 ▶▶ 单击【斜面和浮雕】选项，打开【斜面和浮雕】面板，设置【深度】：337%，【大小】：103 像素，【软化】：16 像素，取消勾选【使用全局光】复选框，并设置【角度】：39 度，【高度】：58 度，【高光模式】的【不透明度】：88%，【阴影颜色】：红色（R:145, G:0, B:0），其他参数保持默认值，单击【确定】按钮。效果如图 7-2-32 所示。

图 7-2-32

STEP33 ▶▶ 执行【滤镜】|【液化】命令，打开【液化】对话框，单击左侧工具箱中的【向前变形工具】▨，和【膨胀工具】◈，推移以改变图像的形状，单击【确定】按钮。效果如图 7-2-33 所示。

图 7-2-33

STEP34 ▶▶ 新建"图层 3"，设置前景色：白色，选择工具箱中的【矩形工具】▢，在"图层 2"的左右变换分别绘制三条细长的白色矩形条。新建"图层 4"，选择工具箱中的【画笔工具】✎，在"图层 2"的四角绘制白色的弧形高光。效果如图 7-2-34 所示。

提示

要使图像看上去具有立体感，就需要对图像的高光和暗部进行处理。前面已经运用【斜面和浮雕】为"图层2"的左右两侧添加了高光。现在为图像四角添加高光，使其更具立体感。

图 7-2-34

STEP35 ▶ 按住【Shift】键，同时选中"图层2"到"图层4"，按【Ctrl+E】合并并更名为"图层2"。按【Ctrl+T】组合键，等比例改变图像的大小。按【Ctrl+J】复制生成"图层2副本"，并将其拖到"图层2"的下方。按【Ctrl+T】组合键，右击，选择【垂直翻转】命令，并改变图像位置，如图7-2-35所示。

图7-2-36

STEP37 ▶ 按【Ctrl + O】组合键，打开素材图片：标志.tif。选择工具箱中的【移动工具】🖐，将其导入到窗口中。最终效果绘制完毕，如图7-2-37所示。

图7-2-35

STEP36 ▶ 单击【添加图层蒙版】按钮◻，为"图层2副本"添加蒙版，选择工具箱中的【画笔工具】✏，涂抹隐藏部分图像，如图7-2-36所示。

图7-2-37

方案修改

客户J经理仔细看了上一个方案，提出了一些修改意见：

其一，上一个案例设计整体色彩感不错，但是太红了，希望变得稍微清爽一些，同时保持鲜艳度。

其二，字体的飘逸度过于夸张，且文字字体显得有些细，因此希望有一定的改变。

其三，希望将风景背景改变成我们公司自己的广告代言人。

其四，最好增加一句广告语：送给最爱的人，增加广告的卖点。

根据客户提出的建议，请读者再次修改上一个方案为不同的方案效果，达到举一反三的效果。制作好以后与以下修改方案进行对比。如图7-2-38所示。如果对以下操作有疑问，可以通过视频学习。这里仅提供简单的流程图提示，如图7-2-39所示。

素材：女孩.tif、标志.tif

源文件：牛奶软奶酪包装设计（修改方案）.psd

视频：牛奶软奶酪包装设计（修改方案）.avi

图7-2-38

修改流程图

（1）打开原方案

（2）关闭图层并改变色相

（3）绘制底部的渐变波浪

（4）增加人，调整文字、标志

（5）增加要求的广告语

（6）找到合适的字体

（7）改变大小和位置

（8）修饰文字效果

图7-2-39

Chapter

——精彩UI设计

本章重点学习UI设计，也就是生活中常见的界面设计。由于产品界面担负着人机交互的作用，所以界面的色彩搭配上非常有讲究，一是不能让人的视觉产生疲劳，二是通过丰富的色彩能够让用户对该界面产生好感。本章列举了3种界面设计供大家参考与借鉴。另外，在色彩搭配的过程中还模拟了客户场景，读者可以感受到采用一样的命题制作出不一样的效果，从而达到触类旁通的目的。

8.1 迷你播放器设计

任务难度

本例主要运用了【椭圆工具】、【矩形工具】、【圆角矩形工具】和【钢笔工具】，再运用【图层样式】、【加深工具】、【减淡工具】和【画笔工具】等，配合调整图层，制作出色泽鲜艳、具有质感的迷你播放器。

案例分析

本例中的迷你播放器时尚、潮流，对比强烈，造型独特，适合年轻人的品味。其触角造型，流线而动感，晶莹而时尚，更增添了流行特色。

光盘路径

素材：无

源文件：迷你播放器设计.psd

视频：迷你播放器设计.avi

STEP1 ▶▶ 执行【文件】|【新建】命令，打开【新建】对话框，设置【名称】：迷你播放器设计，【宽度】：19 厘米，【高度】：14 厘米，【分辨率】：200 像素 / 英寸，【颜色模式】：RGB 颜色，【背景内容】：白色，如图 8-1-1 所示，单击【确定】按钮。

图8-1-2

STEP3 ▶▶ 双击"图层 1"后面的空白处，打开【图层样式】对话框，单击【投影】选项，打开【投影】面板，设置【角度】：23 度，【距离】：0 像素，【大小】：21 像素，单击【确定】按钮。效果如图 8-1-3 所示。

图8-1-1

STEP2 ▶▶ 设置前景色：灰色（R:19, G:19, B:19），按【Alt+Delete】组合键，填充"背景"图层。新建"图层 1"，设置前景色：灰色（R:22, G:22, B:22），选择工具箱中的【椭圆工具】，在窗口中绘制椭圆。效果如图 8-1-2 所示。

图8-1-3

STEP4 ▶▶ 新建"图层2",设置前景色:灰色(R:77,G:77,B:77),选择工具箱中的【椭圆工具】 ,在窗口中绘制椭圆。设置前景色:灰色(R:37,G:37,B:37),选择工具箱中的【画笔工具】 ✐,设置属性栏上的【画笔】:柔角80像素,【不透明度】:30%,【流量】:30%,在"图层2"上涂抹绘制颜色,如图8-1-4所示。

图8-1-4

STEP5 ▶▶ 新建"图层3",设置前景色:白色,选择工具箱中的【画笔工具】 ✐,设置【画笔】:柔角125像素,【不透明度】:100%,【流量】:100%,在"图层3"上涂抹绘制高光。新建"图层4",设置前景色:灰色(R:12,G:12,B:12),选择工具箱中的【椭圆工具】 ,在窗口中绘制椭圆,如图8-1-5所示。

图8-1-5

STEP6 ▶▶ 新建"图层5",选择工具箱中的【矩形工具】 ▣,在"图层4"上方绘制两条细短的矩形条。新建"图层6",设置前景色:灰色(R:18,G:18,B:18),选择工具箱中的【椭圆工具】 ,在窗口中绘制椭圆。效果如图8-1-6所示。

图8-1-6

STEP7 ▶▶ 双击"图层6"后面的空白处,打开【图层样式】对话框,单击【斜面和浮雕】选项,打开【斜面和浮雕】面板,设置【大小】:18像素,【角度】:23度,【高度】:11度,其他参数保持默认值,单击【确定】按钮。效果如图8-1-7所示。

图8-1-7

STEP8 ▶▶ 新建"图层7",设置前景色:灰色(R:40,G:40,B:40),选择工具箱中的【椭圆工具】 ,在窗口中绘制椭圆。打开"图层7"的【斜面和浮雕】面板,设置【深度】:52%,【大小】:3像素,【角度】:23度,【高度】:11度,【高亮颜色】:灰色(R:126,G:126,B:126),【高光模式】的【不透明度】:71%,【阴影模式】的【不透明度】:77%,其他参数保持默认值,单击【确定】按钮。效果如图8-1-8所示。

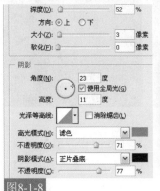

图8-1-8

STEP9 ▶▶ 选择工具箱中的【钢笔工具】，单击属性栏上的【路径】按钮，在图像左下方绘制路径。按【Ctrl+Enter】组合键，将路径转换为选区。新建"图层8"，设置前景色：黑色，按【Alt+Delete】组合键，填充"选区"。按【Ctrl+D】组合键，取消选区，如图8-1-9所示。

提示 除了运用【钢笔工具】绘制选区外，这里还可以运用【圆角矩形工具】，绘制出选区并对选区进行一定的变形处理，也可以得到这样的选区。

图8-1-9

STEP10 ▶▶ 新建"图层9"，设置前景色：橙色（R:255, G:83, B:21），按住【Ctrl】键不放，单击"图层8"前面的【图层缩览图】，载入选区，按【Alt+Delete】组合键填充。执行【选择】|【修改】|【收缩】命令，打开【收缩】对话框，设置【收缩量】：2像素，单击【确定】按钮。单击【图层】面板下方的【添加图层蒙版】按钮，为"图层9"添加蒙版，隐藏选区以外的图像。效果如图8-1-10所示。

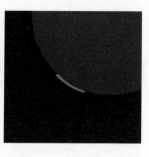

图8-1-10

STEP11 ▶▶ 打开"图层9"的【斜面和浮雕】面板，设置【角度】：23度，【高度】：11度，【阴影颜色】：

深橙色（R:106, G:34, B:9），【阴影模式】的【不透明度】：100%，其他参数保持默认值，单击【确定】按钮。效果如图8-1-11所示。

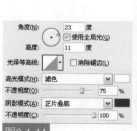

图8-1-11

STEP12 ▶▶ 按住【Ctrl】键不放，分别单击"图层8"和"图层9"，拖动选中图层到【图层】面板下方的【创建新图层】按钮上，复制出副本图层。按【Ctrl+T】组合键，打开自由变换调节框，右击，打开快捷菜单，选择【水平翻转】命令，改变图像的位置，按【Enter】键确定。效果如图8-1-12所示，

提示 复制多个图层，除了上述方法外，还可以同时选中需要复制的图层，按【Ctrl+Alt】组合键，水平或垂直拖移复制图像。

图8-1-12

STEP13 ▶▶ 新建"图层10"，设置前景色：橙色（R:105, G:30, B:4），选择工具箱中的【椭圆工具】，在窗口中绘制椭圆。选择工具箱中的【减淡工具】，设置属性栏上的【画笔】：柔角200像素，【范围】：高光，【曝光度】：26%，涂抹下面部分使其颜色减淡。效果如图8-1-13所示。

图8-1-13

STEP14 ▶▶ 按住【Ctrl】键，单击"图层10"前面的【图层缩览图】载入选区。新建"图层11"，设置前景色：黑色，选择工具箱中的【画笔工具】✐，设置属性栏上的【画笔】：柔角200像素，【不透明度】：60%，【流量】：40%，沿选区边缘涂抹绘制颜色。按【Ctrl+D】组合键，取消选区。新建"图层12"，设置前景色：橙色（R:178，G:78，B:41），选择工具箱中的【椭圆工具】◯，在窗口中绘制椭圆。效果如图8-1-14所示。

图8-1-14

STEP15 ▶▶ 选择工具箱中的【矩形选框工具】▯，在"图层12"下方绘制矩形选区。单击【图层】面板下方的【添加图层蒙版】按钮◻，为"图层12"添加蒙版，隐藏选区以外的图像，并设置【图层】面板上的【不透明度】：16%。效果如图8-1-15所示。

图8-1-15

STEP16 ▶▶ 选择工具箱中的【钢笔工具】✎，在上

方绘制路径。按【Ctrl+Enter】组合键，将路径转换为选区。新建"图层13"，设置前景色：灰色（R:172，G:143，B:137），按【Alt+Delete】组合键，填充选区。按【Ctrl+D】组合键，取消选区。效果如图8-1-16所示。

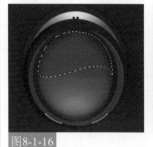
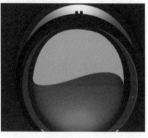

图8-1-16

STEP17 ▶▶ 打开"图层13"的【图案叠加】面板，设置【混合模式】：滤色，【不透明度】：70%，【图案】：黑色编织纸，【缩放】：128%，如图8-1-17所示。

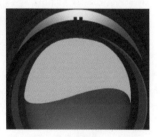

图8-1-17

STEP18 ▶▶ 设置"图层13"的【不透明度】：23%。选择工具箱中的【橡皮擦工具】✐，设置属性栏上的【画笔】：柔角50像素，【不透明度】：20%，【流量】：35%。效果如图8-1-18所示。

图8-1-18

STEP19 ▶▶ 新建"图层14"，设置前景色：白色，选择工具箱中的【画笔工具】✐，设置【画笔】：柔角100像素，【不透明度】：60%，【流量】：50%，在高光处涂抹绘制颜色。选择工具箱中的【横排文字工具】T，设置属性栏上的【字体系列】：

Academy Engraved LET，【字体大小】：40 点，【文本颜色】：灰色（R:202, G:171, B:165），在窗口中输入文字，按【Ctrl+Enter】组合键确定。效果如图 8-1-19 所示。

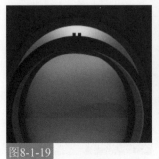 
图8-1-19

STEP20 ▶▶ 双击"H"文字图层后面的空白处，打开【图层样式】对话框，单击【投影】选项，打开【投影】面板，设置【不透明度】：44%，取消勾选【使用全局光】复选框，并设置【角度】：135 度，【距离】：13 像素，【大小】：0 像素，其他参数保持默认值，单击【确定】按钮。效果如图 8-1-20 所示。

图8-1-20

STEP21 ▶▶ 选择工具箱中的【钢笔工具】，在图像下方绘制路径。按【Ctrl+Enter】组合键，将路径转换为选区。新建"图层 15"，设置前景色：灰色（R:57, G:57, B:57），按【Alt+Delete】组合键，填充选区。按【Ctrl+D】组合键，取消选区，如图 8-1-21 所示。

图8-1-21

STEP22 ▶▶ 打开"图层 15"的【斜面和浮雕】面板，设置【大小】：16 像素，【软化】：4 像素，取消勾选【使用全局光】复选框，并设置【角度】：95 度，【高度】：26 度，【高光模式】：正片叠底，【高亮颜色】：灰色（R:31, G:24, B:24），【阴影模式】：正常，【阴影颜色】：灰色（R:40, G:40, B:40），【阴影模式】的【不透明度】：100%，其他参数保持默认值，如图 8-1-22 所示。

 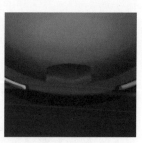
图8-1-22

STEP23 ▶▶ 选择工具箱中的【横排文字工具】T，设置【字体大小】：5 点，【文本颜色】：白色，在"图层 15"上输入文字，按【Ctrl+Enter】组合键确定，并设置其【图层混合模式】：叠加，如图 8-1-23 所示。

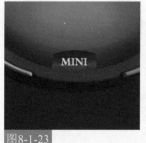 
图8-1-23

STEP24 ▶▶ 单击【图层】面板下方的【创建新组】按钮，新建"组 1"，在"组 1"里新建"图层 16"，设置前景色：灰色（R:13, G:13, B:13），选择工具箱中的【矩形工具】，在窗口中绘制矩形。打开"图像 16"的【斜面和浮雕】面板，设置【深度】：62%，【大小】：1 像素，【软化】：4 像素，取消勾选【使用全局光】复选框，并设置【角度】：-56，【高度】：32 度，其他参数保持默认值，单击【确定】按钮。效果如图 8-1-24 所示。

图8-1-24

STEP25 ▶▶ 按【Ctrl+T】组合键，打开自由变换调节框，按住【Ctrl】键不放，调动控制点改变"图层16"的形状，按【Enter】键确定。按【Ctrl+J】组合键，复制"图层16"3次，并分别执行【自由变换】命令，旋转图像并改变位置。效果如图8-1-25所示。

图8-1-25

STEP26 ▶▶ 选择工具箱中的【钢笔工具】 🖊，在图像窗口中绘制路径。按【Ctrl+Enter】组合键，将路径转换为选区。新建"图层17"，设置前景色：灰色（R:25，G:25，B:25），按【Alt+Delete】组合键，填充选区。按【Ctrl+D】组合键，取消选区，如图8-1-26所示。

图8-1-26

STEP27 ▶▶ 打开"图层17"的【投影】面板，取消勾选【使用全局光】复选框，并设置【角度】：138度，【大小】：24像素，其他参数保持默认值。打开【斜

面和浮雕】面板，设置【大小】：106像素，取消勾选【使用全局光】复选框，并设置【角度】：18度，【高度】：42度，【高光模式】：叠加，其他参数保持默认值，单击【确定】按钮，如图8-1-27所示。

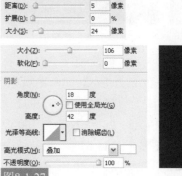

图8-1-27

STEP28 ▶▶ 选择工具箱中的【加深工具】 ✍，设置【画笔】：柔角200像素，【范围】：中间调，【曝光度】：100%，涂抹"图层17"的下方使其颜色加深。选择工具箱中的【减淡工具】 🔍，设置属性栏上的【画笔】：柔角100像素，【范围】：阴影，【曝光度】：50%，涂抹"图层17"的上方使其颜色减淡。效果如图8-1-28所示。

图8-1-28

STEP29 ▶▶ 新建"图层18"，分别设置前景色：黑色和白色，选择工具箱中的【画笔工具】 ✏，设置属性栏上的【画笔】：柔角100像素，在文件窗口中涂抹颜色，绘制出高光和暗部效果。选择工具箱中的【钢笔工具】 🖊，在触角部分绘制路径。按【Ctrl+Enter】组合键，将路径转换为选区。效果如图8-1-29所示。

图8-1-29

STEP30 ▶▶ 新建"图层19",设置前景色:橙色（R:160, G:36, B:1），按【Alt+Delete】组合键填充。按【Ctrl+D】组合键,取消选区。选择工具箱中的【加深工具】，设置属性栏上的【画笔】:柔角 100 像素,【范围】:中间调,【曝光度】:57%,涂抹图像的边缘使其颜色加深。效果如图 8-1-30 所示。

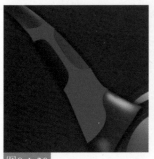 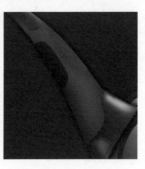

图8-1-30

STEP31 ▶▶ 打开"图层19"的【内阴影】面板,取消勾选【使用全局光】复选框,设置【角度】:140度,其他参数保持默认值。打开【斜面和浮雕】面板,设置【大小】:2 像素,【角度】:23 度,【高度】:11度,【高光模式】的【不透明度】:28%,其他参数保持默认值,单击【确定】按钮。效果如图 8-1-31所示。

图8-1-31

STEP32 ▶▶ 新建"图层20",设置前景色:黑色,选择工具箱中的【画笔工具】，在红色图像的边缘

涂抹绘制颜色加深暗部。新建"图层21",设置前景色:白色,选择工具箱中的【画笔工具】，在红色图像的高光处涂抹绘制颜色,如图 8-1-32 所示。

图8-1-32

STEP33 ▶▶ 按【Ctrl+J】组合键,复制生成"图层21 副本",设置【图层混合模式】:叠加,【不透明度】:40%,如图 8-1-33 所示。

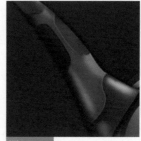 

图8-1-33

STEP34 ▶▶ 按住【Ctrl】键,单击"图层19"的缩览图载入选区,单击【图层】面板下方的【创建新的填充或调整图层】按钮，打开快捷菜单,选择【亮度/对比度】命令,打开【亮度/对比度】对话框,设置参数:34, -2,如图 8-1-34 所示,

图8-1-34

STEP35 ▶▶ 选择工具箱中的【钢笔工具】，在图像窗口中绘制路径。新建"图层22",设置前景色:黑色,选择工具箱中的【画笔工具】，设置【画笔】:尖角 2 像素,选择【路径】面板,单击【路径】

面板下方的【用画笔描边路径】按钮 ⊙，为路径描边。单击【路径】面板空白处，隐藏路径。效果如图 8-1-35 所示。

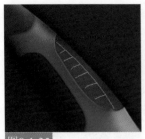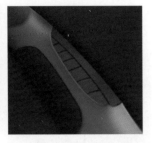

图8-1-35

STEP36 ▶▶ 打开"图层 22"的【斜面和浮雕】面板，设置【大小】：8 像素，【角度】：23 度，【高度】：11 度，其他参数保持默认值，单击【确定】按钮。效果如图 8-1-36 所示。

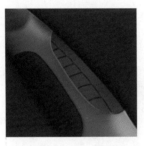

图8-1-36

STEP37 ▶▶ 按【Ctrl+J】组合键，复制生成"图层 22 副本"，按【Ctrl+T】组合键，在控制窗外拖移旋转图像，并改变图像的位置，按【Enter】键确定。新建"图层 23"，设置前景色：白色，选择工具箱中【画笔工具】 ✐，在窗口中涂抹绘制高光。效果如图 8-1-37 所示。

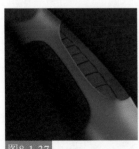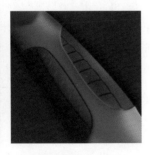

图8-1-37

STEP38 ▶▶ 新建"图层 24"，设置前景色：灰色（R:21, G:21, B:21），选择工具箱中的【自定形状工具】 ◢，选择【形状】：圆形边框 ○，单击属性栏上的【填

充像素】按钮 □，在窗口中绘制形状。打开"图层 24"的【斜面和浮雕】面板，设置【深度】：154%，【大小】：6 像素，其他参数保持默认值，单击【确定】按钮。效果如图 8-1-38 所示。

> **提示**
> 为了方便读者观察"图层24"的具体位置和大小，这里载入了它的选区，以便观察。

图8-1-38

STEP39 ▶▶ 按【Ctrl+J】组合键，复制生成"图层 24 副本"，按【Ctrl+T】组合键，等比例改变图像的大小和位置。新建"图层 25"，设置前景色：灰色（R:21, G:21, B:21），选择工具箱中的【椭圆工具】 ◉，在"图层 24"旁边绘制正圆。效果如图 8-1-39 所示。

> **提示**
> 为了便于观察图像的位置，这里同样将"图层25"载入了选区。

图8-1-39

STEP40 ▶▶ 打开"图层 25"的【内阴影】面板，取消勾选【使用全局光】复选框，设置【角度】：-117 度，【距离】：7 像素，【大小】：32 像素，其他参数保持默认值，单击【确定】按钮。效果如图 8-1-40 所示。

图8-1-40

STEP41 ▶▶ 新建"图层26",设置前景色：灰色(R:44, G:44, B:44),选择工具箱中的【椭圆工具】◎,在"图层26"上绘制正圆。右击"图层25"后面的空白处,打开快捷菜单,选择【拷贝图层样式】命令。右击"图层26",打开快捷菜单,选择【粘贴图层样式】命令。效果如图8-1-41所示。

STEP43 ▶▶ 新建"图层28",设置前景色：棕色(R:123, G:761, B:43),选择工具箱中的【椭圆工具】◎,在"图层27"中间绘制正圆。新建"图层29",设置前景色：橙色(R:254, G:79, B:19),在"图层28"上绘制正圆。效果如图8-1-43所示。

图8-1-43

STEP44 ▶▶ 选择工具箱中的【钢笔工具】◎,在窗口中绘制选区。新建"图层30",设置前景色：灰色(R:20, G:20, B:20),填充选区并按【Ctrl+D】组合键,取消选区。效果如图8-1-44所示。

图8-1-41

STEP42 ▶▶ 新建"图层27",设置前景色：灰色(R:73, G:72, B:67),选择工具箱中的【自定形状工具】◎,设置【形状】：圆形边框◎,单击属性栏上的【填充像素】按钮□,在文件窗口中绘制形状。打开"图层27"的【斜面和浮雕】面板,设置【深度】：358%,【大小】：1像素,【软化】：4像素,取消勾选【使用全局光】复选框,设置【角度】：45,【高度】：48度,其他参数保持默认值,单击【确定】按钮,如图8-1-42所示。

图8-1-44

STEP45 ▶▶ 打开"图层30"的【斜面和浮雕】面板,设置【深度】：602%,【大小】：13像素,【角度】：23度,【高度】：11度,【高亮颜色】：灰色(R:65, G:65, B:65),其他参数保持默认值,单击【确定】按钮,如图8-1-45所示。

图8-1-42

图8-1-45

STEP46 ▶▶ 选择工具箱中的【减淡工具】🔍，设置【画笔】：柔角 15 像素，【范围】：中间调，【曝光度】：30%，涂抹减淡颜色。新建"图层 31"，设置前景色：橙色（R:254, G:79, B:19），选择工具箱中的【圆角矩形工具】▢，在文件窗口中绘制圆角矩形。选择工具箱中的【橡皮擦工具】🖉，设置属性栏上的【画笔】：柔角 10 像素，【不透明度】：10%，【流量】：25%，稍微擦除图像边缘。效果如图 8-1-46 所示。

图8-1-46

STEP47 ▶▶ 选择"组 1"，拖动"组 1"到【图层】面板下方的【创建新图层】按钮 🗔 上，复制出"组 1 副本"。按【Ctrl+T】组合键，右击，选择【水平翻转】命令并拖移，改变图像的位置。效果如图 8-1-47 所示。

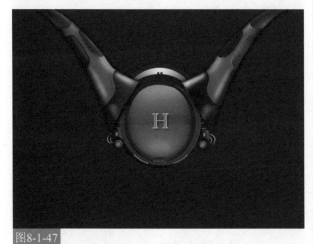

图8-1-47

STEP48 ▶▶ 选择工具箱中的【钢笔工具】🖊，在图像窗口中绘制选区。在"组 1 副本"的上方新建"图层 32"，设置前景色：灰色（R:21, G:21, B:21），填充选区并按【Ctrl+D】取消选区。效果如图 8-1-48 所示。

图8-1-48

STEP49 ▶▶ 打开"图层 32"的【内阴影】面板，参数保持默认值。单击【斜面和浮雕】复选框，设置【深度】：348%，【大小】：0 像素，【角度】：23 度，【高度】：11 度，其他参数保持默认值，单击【确定】按钮。效果如图 8-1-49 所示。

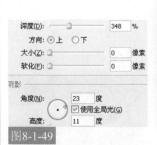

图8-1-49

STEP50 ▶▶ 新建"图层 33"，设置前景色：白色，选择工具箱中的【画笔工具】🖉，设置【画笔】：柔角 40 像素，【不透明度】：30%，【流量】：40%，在图像上涂抹出高光。新建"图层 34"，设置前景色：橙色（R:163, G:49, B:10），选择工具箱中的【圆角矩形工具】▢，在图像中绘制圆角矩形。效果如图 8-1-50 所示。

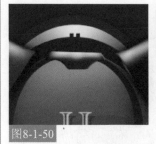

图8-1-50

STEP51 ▶▶ 打开"图层 34"的【内阴影】面板，设置【不透明度】：40%，其他参数保持默认值。打开【斜面和浮雕】面板，设置【角度】：23 度，【高度】：11 度，【高光模式】的【不透明度】：100%，【阴影颜色】：

橙色（R:200, G:60, B:10），【阴影模式】的【不透明度】：94%，其他参数保持默认值，单击【确定】按钮。效果如图 8-1-51 所示。

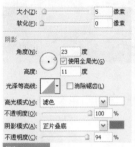
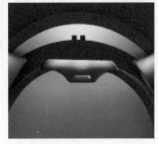

图8-1-51

STEP52 ▶▶ 选择工具箱中的【钢笔工具】，在图像窗口中绘制选区。新建"图层 35"，分别设置前景色：灰色（R:22, G:22, B:22）和白色，选择工具箱中的【画笔工具】，在选区中涂抹颜色。按【Ctrl+D】组合键，取消选区。效果如图 8-1-52 所示。

图8-1-52

STEP53 ▶▶ 打开"图层 35"的【内阴影】面板，设置【角度】：108 度，其他参数保持默认值。打开【斜面和浮雕】面板，设置【深度】：348%，【大小】：0 像素，【角度】：23 度，其他参数保持默认值，单击【确定】按钮。效果如图 8-1-53 所示。

图8-1-53

STEP54 ▶▶ 按【Ctrl+J】组合键，复制出"图层 35 副本"，按【Ctrl+T】组合键，并右击，选择【水平翻转】命令，改变图像的位置。新建"图层 36"，分别设置前景色：黑色和白色，选择工具箱中的【椭圆工具】，在"图层 35"的下方绘制正圆。效果如图 8-1-54 所示。

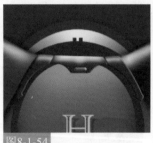

图8-1-54

STEP55 ▶▶ 打开"图层 36"的【内阴影】面板，参数保持不变，单击【确定】按钮。按【Ctrl+Alt】组合键，水平复制生成"图层 36 副本"，放在"图层 35 副本"下方。效果如图 8-1-55 所示。

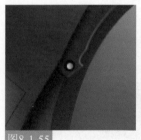

图8-1-55

STEP56 ▶▶ 选择工具箱中的【多边形套索工具】，在"图层 35"上绘制选区。设置前景色：灰色（R:37, G:37, B:37），填充选区并按【Ctrl+D】取消选区。效果如图 8-1-56 所示。

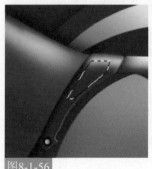

图8-1-56

STEP57 ▶▶ 打开"图层 37"的【内阴影】面板，取消勾选【使用全局光】复选框，并设置【角度】：153度，【距离】：1 像素，其他参数保持默认值，单击【确定】按钮。效果如图 8-1-57 所示。

图8-1-57

STEP58 ▶▶ 选择工具箱中的【移动工具】 ，按住【Shift+Alt】组合键不放，水平或垂直拖移复制出"图层 37 副本"，并调整位置。选择工具箱中的【横排文字工具】 ，设置【字体大小】：30 点，【文本颜色】：橙色（R:212, G:60, B:7），在图像窗口下方输入文字，按【Ctrl+Enter】组合键确定。效果如图 8-1-58 所示。

图8-1-58

STEP59 ▶▶ 打开文字图层的【投影】面板，参数保持不变。打开【描边】面板，参数保持不变。选择工具箱中的【移动工具】 ，按住【Shift+Alt】组合键不放，垂直拖移并复制出副本图层。按【Ctrl+T】组合键，打开自由变换调节框，并右击，打开快捷菜单，选择【垂直翻转】命令，并删除其图层样式。效果如图 8-1-59 所示。

图8-1-59

STEP60 ▶▶ 选择工具箱中的【橡皮擦工具】 ，设置属性栏上的【画笔】：柔角 70 像素，【不透明度】：20%，【流量】：35%，擦除部分图像，制作出倒影效果。单击"背景"图层前面的【指示图层可视性】按钮 ，隐藏该图层。按【Ctrl+Shift+Alt+E】组合键，盖印可视图层，此时【图层】面板自动生成"图层 38"。按住【Ctrl】键，单击"图层 38"的缩览图载入选区，单击【图层】面板下方的【创建新的填充或调整图层】按钮 ，打开快捷菜单，选择【亮度 / 对比度】命令，打开【亮度 / 对比度】对话框，设置参数：21，19，如图 8-1-60 所示。

图8-1-60

STEP61 ▶▶ 执行【亮度 / 对比度】命令后，图像的最终效果如图 8-1-61 所示。

图8-1-61

方案修改

客户J经理仔细看了上一个方案，提出了一些修改意见：

其一， 颜色对比过于强烈、刺眼，希望改为冷色调的效果。

其二， 色彩上要符合年轻人青春、时尚的特性，建议采用翠绿色。

其三， 中间的按钮太单调，希望更改的更丰富一些。

根据客户提出的建议，请读者再次修改上一个方案为不同的方案效果，达到举一反三的效果。制作好以后与以下修改方案进行对比。如图8-1-62所示。如果对以下操作有疑问，可以通过视频学习。这里仅提供简单的流程图提示，如图8-1-63所示。

素材：无
源文件：迷你播放器设计（修改方案）.psd
视频：迷你播放器设计（修改方案）.avi

修改前

修改后

图8-1-62

修改流程图

（1）打开原方案　　（2）关闭不符合要求的图层　　（3）改变背景的颜色（4）运用色相改变播放器颜色

（5）增加播放按钮　　（6）更改按钮的图层混合模式（7）增加播放时间文字（8）利用图层混合模式改变颜色

 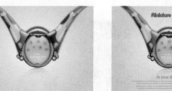 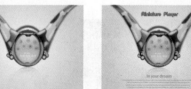

（9）调整播放器的亮度/对比度（10）制作倒影效果　　　（11）增加文字

图8-1-63

8.2 电影播放器设计

任务难度

制作本案例，首先运用【选框工具】，拖移绘制出形状，然后执行【图层样式】命令，增添物体的立体感。

案例分析

此次设计的电影播放器是新年版本，所以主题要有浓郁的喜庆感。但除了有喜庆感外，播放器画面需简洁。

光盘路径

素材. 红色祥云.tif、灰色祥云.tif、电影1.tif、细节.tif、产品广告.tif
源文件：电影播放器设计.psd
视频：电影播放器设计.avi

STEP1 ▶▶ 执行【文件】|【新建】命令，打开【新建】对话框，设置【名称】：电影播放器设计，【宽度】：20 厘米，【高度】：17 厘米，【分辨率】：200 像素/英寸，【颜色模式】：RGB 颜色，【背景内容】：白色，如图 8-2-1 所示，单击【确定】按钮。

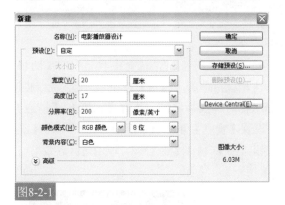

图8-2-1

STEP2 ▶▶ 选择工具箱中的【渐变工具】 ，单击【编辑渐变】按钮 ，打开对话框，设置【渐变色】：0 位置处颜色（R:0, G:0, B:0）；50 位置处颜色（R:79, G:0, B:0）；100 位置处颜色（R:0, G:0, B:0），单击【确定】按钮，在窗口中绘制渐变色。图像效果如图 8-2-2 所示。

图8-2-2

STEP3 ▶▶ 新建"图层 1"，设置前景色：红色（R:213, G:22, B:14），选择工具箱中的【圆角矩形工具】 ，在属性栏上单击【填充像素】按钮 ，在窗口中拖移绘制图形，效果如图 8-2-3 所示。

○ R:	213
○ G:	22
○ B:	14
#	d5160e

图8-2-3

STEP4 ▶▶ 执行【图层】|【图层样式】|【内阴影】命令，打开【图层样式】对话框，单击【使用全局光】复选框，取消其勾选状态。设置【颜色】：淡红

（R:195, G:92, B:92），【不透明度】：71%，【角度】：90度，【距离】：32像素，【阻塞】：14%，【大小】：54像素。单击【外发光】选项，设置【不透明度】：29%，【颜色】：红色（R:255, G:0, B:0），【大小】：14像素。效果如图8-2-4所示。

图8-2-4

STEP5 ▶▶ 打开【内发光】面板，设置【颜色】：棕色（R:102, G:0, B:0），【大小】：22像素。单击【斜面和浮雕】选项，设置【大小】：31像素，【软化】：11像素，【高光模式】的【不透明度】：100%，【阴影模式】的【不透明度】：0%。单击【等高线】选项，设置【范围】：90%，单击【确定】按钮。效果如图8-2-5所示。

图8-2-5

STEP6 ▶▶ 执行【文件】|【打开】命令，打开素材图片：红色祥云.tif。选择工具箱中的【移动工具】，将其导入素材图片中的合适位置。效果如图8-2-6所示。

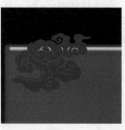

图8-2-6

STEP7 ▶▶ 选择工具箱中的【移动工具】，按住【Shift+Alt】组合键不放，复制出3个副本图层。选择"图层1"，按住【Shift】键，单击"图层2副本3"，同时选中连续的图层并按【Ctrl+E】组合键，合并图层为"图层2"。按住【Ctrl】键不放，单击"图层1"前的缩览图载入选区，按【Shift+Ctrl+I】组合键反向选区，按【Delete】键删除选区内容后取消选区。效果如图8-2-7所示。

图8-2-7

STEP8 ▶▶ 新建"图层3"，选择工具箱中的【圆角矩形工具】，单击【路径】按钮。拖移绘制圆角矩形路径后转换为选区。执行【编辑】|【描边】命令，设置【宽度】：4px，【颜色】：白色，单击【确定】按钮。按【Ctrl+D】组合键，取消选区。效果如图8-2-8所示。

图8-2-8

STEP9 ▶▶ 新建"图层4"，选择工具箱中的【钢笔工具】 ，绘制路径后转换为选区。选择工具箱中的【渐变工具】 ，单击【编辑渐变】按钮 ，设置【渐变色】：0位置处颜色（R:105,G:105, B:105）；100位置处颜色（R:0, G:0, B:0）；单击【确定】按钮，在选区中拖移绘制渐变色后取消选区。图像的效果如图8-2-9所示，

图8-2-9

STEP10 ▶▶ 新建"图层5"，选择工具箱中的【钢笔工具】 ，绘制路径后转换为选区。设置前景色：黑色，按【Alt+Delete】组合键填充选区颜色，按【Ctrl+D】组合键取消选区。图像效果如图8-2-10所示。

图8-2-10

STEP11 ▶▶ 执行【文件】|【打开】命令，打开素材图片：灰色祥云.tif。选择工具箱中的【移动工具】 ，将其导入素材图片中的合适位置。效果如图8-2-11所示。

图8-2-11

STEP12 ▶▶ 复制多个灰色祥云，合并灰色祥云图层为"图层6"，效果如图8-2-12所示。

图8-2-12

STEP13 ▶▶ 执行【文件】|【打开】命令，打开素材图片：电影1.tif。选择工具箱中的【移动工具】 ，将其导入素材图片中的合适位置。效果如图8-2-13所示。

图8-2-13

STEP14 ▶▶ 选择工具箱中的【横排文字工具】 ，设置【字体系列】：方正姚体，【字体大小】：10点，【文本颜色】：白色，在窗口中输入文字，按【Ctrl+Enter】组合键确定。效果如图8-2-14所示。

图8-2-14

STEP15 ▶▶ 新建"图层8"，选择工具箱中的【钢笔工具】 ，绘制路径后转换为选区。设置前景色：红色（R:135, G:0, B:1），按【Alt+Delete】组合键填充选区颜色，按【Ctrl+D】组合键取消选区。图像效果如图8-2-15所示。

图8-2-15

STEP16 ▶▶ 执行【图层】|【图层样式】|【内发光】命令，设置【不透明度】：100%，【颜色】：棕色（R:128, G:3, B:1），【阻塞】：10%，【大小】：9 像素，【范围】：38%，其他参数保持默认值。单击【确定】按钮，图像效果如图 8-2-16 所示。

图8-2-16

STEP17 ▶▶ 新建"图层 9"，选择工具箱中的【钢笔工具】 ，绘制路径后转换为选区，设置前景色：白色，按【Alt+Delete】组合键填充颜色，按【Ctrl+D】组合键取消选区。效果如图 8-2-17 所示。

图8-2-17

STEP18 ▶▶ 执行【图层】|【图层样式】|【内发光】命令，设置【不透明度】：45%，【颜色】：白色，【大小】：7 像素。单击【斜面和浮雕】选项，设置【样式】：枕状浮雕，【深度】：72%，【大小】：5 像素，【软化】：2 像素，【角度】：67 度，【高度】：21 度，【设置高亮颜色】：棕色（R:136, G:32, B:0），【设置阴影颜色】：棕色（R:118, G:9, B:0）。效果如图 8-2-18 所示。

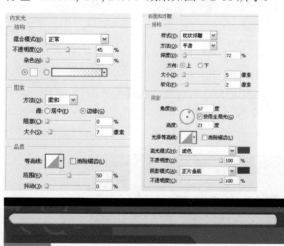
图8-2-18

STEP19 ▶▶ 单击【光泽】选项，设置【混合模式】：正常，【颜色】：黄色（R:249, G:249, B:45），【不透明度】：34%，【角度】：19 度，【距离】：11 像素，【大小】：14 像素。选择工具箱中的【渐变叠加】，单击【编辑渐变】按钮 ，设置【渐变色】：0 位置处颜色（R:237, G:125, B:39）；23 位置处颜色（R:255, G:175, B:8）；50 位置处颜色（R:242, G:117, B:11）；74 位置处颜色（R:255, G:175, B:8）；100 位置处颜色（R:255, G:226, B:31），单击【确定】按钮。图像效果如图 8-2-19 所示。

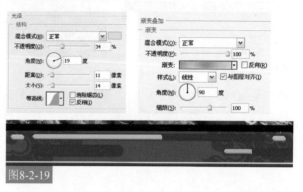

图8-2-19

STEP20 ▶▶ 新建"图层 10"，设置前景色：白色。选择工具箱中的【椭圆工具】 ，单击【填充】按钮 。在窗口中绘制正圆白色按钮。图像效果如图 8-2-20 所示。

图8-2-20

STEP21 ▶▶ 双击"图层 10"后面的空白处，打开【图层样式】对话框，单击【斜面和浮雕】选项，设置【样式】：枕状浮雕，【深度】为：113%，【大小】：6 像素，其他参数保持默认值，单击【确定】按钮。效果如图 8-2-21 所示。

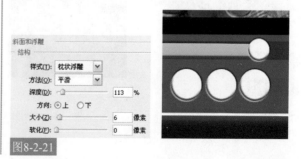
图8-2-21

STEP22 ▶▶ 新建"图层11"，设置前景色：黑色。选择工具箱中的【自定形状工具】，单击【自定形状拾色器】按钮，打开面板，单击右上侧的【弹出菜单】按钮，选择【全部】命令，在打开的询问框中单击【确定】按钮，返回【自定形状】面板，选择【形状】：箭头12，在其中一个白色按钮上拖移绘制图案。效果如图8-2-22所示。

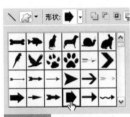

图8-2-22

STEP23 ▶▶ 单击【自定形状拾色器】按钮，选择【形状】：影片，继续在其中一个白色按钮上拖移绘制图案。图像效果如图8-2-23所示。

图8-2-23

STEP24 ▶▶ 同上述方法，依次在白色按钮上绘制所需要的图案。效果如图8-2-24所示。

图8-2-24

STEP25 ▶▶ 选择工具箱中的【横排文字工具】，设置【字体大小】：10点，【文本颜色】：白色，在窗口中输入文字，按【Ctrl+Enter】组合键确定。效果如图8-2-25所示。

图8-2-25

STEP26 ▶▶ 按【Ctrl＋O】组合键，打开素材图片：细节.tif，选择工具箱中的【移动工具】，将其导入窗口中的合适位置。效果如图8-2-26所示。

图8-2-26

STEP27 ▶▶ 单击"背景"前的按钮，隐藏该图层。按【Ctrl＋Alt＋Shift+E】组合键，盖印可视图层。单击"背景"按钮显示图层。按【Ctrl+T】组合键，打开自由变换调节框，右击，选择【垂直翻转】命令，按【Enter】键确定。设置该图层的【不透明度】：20%。倒影效果如图8-2-27所示。

图8-2-27

STEP28 ▶▶ 执行【文件】|【打开】命令，打开素材图片：产品广告.tif。选择工具箱中的【移动工具】，将其导入素材图片中的合适位置。最终效果如图8-2-28所示。

图8-2-28

223

方案修改

客户J经理仔细看了上一个方案，提出了一些修改意见：

其一，上一个案例设计色彩感不错，但是总体感觉过于红艳。

其二，播放器的按钮顺序设计希望能突破常规。

其三，期望整个画面色彩更丰富些，但又不失喜庆色彩。

根据客户提出的建议，请读者再次修改上一个方案为不同的方案效果，达到举一反三的效果。制作好以后与以下修改方案进行对比，如图8-2-29所示。如果对以下操作有疑问，可以通过视频学习。这里仅提供简单的流程图提示，如图8-2-30所示。

素材：电影2.tif

源文件：电影播放器设计（修改方案）.psd

视频：电影播放器设计（修改方案）.avi

修改前

修改后

图8-2-29

修改流程图

（1）打开原方案

（2）关闭不需要的图层

（3）改变底层颜色

（4）改变上层颜色

（5）改变祥云色彩

（6）更换电影海报

（7）调整按钮位置

（8）制作倒影并改文字颜色

图8-2-30

Chapter

——精彩户外设计

户外广告设立在闹市地段，地段越好，行人也就越多，广告所产生的效应也越强。由于其对象是在活动中的行人，所以路牌画面多以图文的形式出现，画面醒目，文字精炼，使人一看就懂，具有印象捕捉快的视觉效应。本章将列举两个户外广告，分别涉及房地产户外广告和车身广告设计。希望读者能够从中获取想要的户外广告设计知识。

9.1 房地产户外广告

任务难度

本例讲解在Photoshop设计软件中，制作房地产户外广告，主要运用【加深工具】、【减淡工具】，制作以绿色为主调的房地产户外广告。

案例分析

本例主要是制作房地产户外广告，突出郊外别墅环境清新自然之感。

光盘路径

素材：湖岸.tif、荷叶.tif、别墅.tif、荷花.tif、蝴蝶.tif、户外广告牌.tif

源文件：房地产户外广告.psd

视频：房地产户外广告.avi

STEP1 ▶▶ 执行【文件】|【新建】命令，打开【新建】对话框，设置【名称】：房地产户外广告，【宽度】：26厘米，【高度】：13厘米，【分辨率】：100像素/英寸，【颜色模式】：RGB颜色，【背景内容】：白色，如图9-1-1所示，单击【确定】按钮。

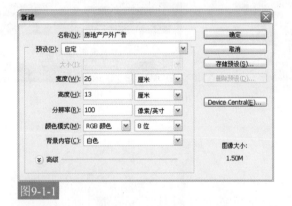

图9-1-1

STEP2 ▶▶ 按【Ctrl+O】组合键，打开素材图片：湖岸.tif。选择工具箱中的【移动工具】，拖动"湖岸"图像窗口中的图像到"房地产户外广告"图像窗口中，自动生成"图层1"，如图9-1-2所示。

图9-1-2

STEP3 ▶▶ 单击【图层】面板下方的【添加图层蒙版】按钮，为"图层1"添加蒙版，按【D】键恢复默认前景色与背景色，选择工具箱中的【画笔工具】，设置属性栏上的【画笔】：柔角150像素，【不透明度】：30%，【流量】：45%，在图像窗口上方的天空上涂抹，隐藏部分图像，效果如图9-1-3所示。

提示

此操作主要的目的是为了将"图层1"图像中天空的颜色减淡一点，所以在涂抹时，应将画笔的【不透明度】和【流量值】设置小一点。

图9-1-3

STEP4 ▶▶ 按【Ctrl+J】组合键，复制生成"图层1
副本"，并设置【图层】面板上的【图层混合模式】：
滤色，删除"图层1副本"的图层蒙版，并为该图
层重新添加图层蒙版。选择工具箱中的【画笔工具】
，设置在图像窗口下方涂抹，隐藏部分图像，效
果如图9-1-4所示。

图9-1-4

STEP5 ▶▶ 按【Ctrl+Shift+Alt+E】组合键，盖印可
见图层，此时【图层】面板自动生成"图层2"。选
择工具箱中的【加深工具】，设置属性栏上的【画
笔】：柔角200像素，【范围】：中间调，【曝光度】：
23%，在图像窗口上方的部分区域涂抹使其颜色加
深，如图9-1-5所示。

图9-1-5

STEP6 ▶▶ 选择工具箱中的【减淡工具】，设置
【画笔】：柔角200像素，【范围】：高光，【曝光
度】：12%，在图像窗口上方涂抹，使其颜色减淡，
如图9-1-6所示。

图9-1-6

STEP7 ▶▶ 选择工具箱中的【仿制图章工具】，
按住【Alt】键不放，在绿色的天空上单击取样，松
开【Alt】键后，涂抹白色的云朵，将其覆盖，如
图9-1-17所示。

提示

　　在涂抹过程中的十字图标代表取样区
域，另外需要反复吸取图形相似的小区域，并且
反复涂抹。

图9-1-7

STEP8 ▶▶ 单击【图层】面板下方的【创建新的填
充或调整图层】按钮，打开快捷菜单，选择【亮
度/对比度】命令，打开【亮度/对比度】对话框，
设置参数：-4，37，如图9-1-8所示，

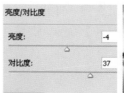

亮度/对比度

亮度: -4

对比度: 37

图9-1-8

STEP9 ▶▶ 按【Ctrl + O】组合键，打开素材图片：荷叶.tif。选择工具箱中的【移动工具】，拖动"荷叶"图像窗口中的图像到"房地产户外广告"图像窗口左下角，自动生成"荷叶"图层，如图9-1-9所示。

图9-1-9

STEP10 ▶▶ 按住【Ctrl】键，单击"荷叶"图层的缩览图载入选区。新建"图层3"，设置前景色：绿色（R:92, G:225, B:84），按【Alt+Delete】组合键，填充"图层3"。按【Ctrl+D】组合键，取消选区。设置该图层的【图层混合模式】：正片叠底，【不透明度】：62%，效果如图9-1-10所示。

图9-1-10

STEP11 ▶▶ 按【Ctrl+O】组合键，打开素材图片：别墅.tif。选择工具箱中的【魔棒工具】，单击【添加到选区】按钮，设置【容差】：32像素，在图像窗口上方单击白色像素载入选区。按【Ctrl+Shift+I】组合键，反向选区，如图9-1-11所示。

图9-1-11

STEP12 ▶▶ 选择工具箱中的【移动工具】，拖动选区内容到"房地产户外广告"图像窗口中，自动生成"图层4"，按【Ctrl+T】组合键，打开自由变换调节框，右击，选择【水平翻转】命令，并按住【Shift】键，等比例缩小图像，摆放在窗口的右下方，按【Enter】键确定。选择工具箱中的【橡皮擦工具】，设置【画笔】：柔角100像素，【不透明

度】：40%，【流量】：35%，涂抹擦除图像的右边边缘，如图9-1-12所示。

图9-1-12

STEP13 ▶▶ 新建"图层5"，设置前景色：红色（R:249, G:0, B:0），选择工具箱中的【画笔工具】，设置【画笔】：柔角50像素，【不透明度】：30%，【流量】：45%，在"图层4"的房子上涂抹绘制颜色，效果如图9-1-13所示。

图9-1-13

STEP14 ▶▶ 按住【Ctrl】键，单击"图层5"的缩览图载入选区，单击【创建新的填充或调整图层】按钮，选择【色相/饱和度】命令，设置参数：-5，+18，0，其他参数保持默认值，如图9-1-14所示。

图9-1-14

STEP15 ▶▶ 按【Ctrl + O】组合键，打开素材图片：荷花.tif。选择工具箱中的【移动工具】，拖动"荷花"到图像窗口中，摆放在荷叶图像上，自动生成"荷花"图层，如图9-1-15所示。

图9-1-15

STEP16 ▶▶ 按【Ctrl+J】组合键，复制"荷花"图层3
次，并分别执行【自由变换】命令，改变图像的大
小和位置。再次分别复制"荷花"图层，制作倒影
效果。效果如图 9-1-16 所示。

图9-1-16

STEP17 ▶▶ 选择工具箱中的【横排文字工具】T，设
置【字体系列】：文鼎中行书简，【字体大小】：46
点和 7.5 点，【文本颜色】：黑色，在图像窗口上方输
入文字，按【Ctrl+Enter】组合键确定，如图 9-1-17
所示。

图9-1-17

STEP18 ▶▶ 按【Ctrl+O】组合键，打开素材图片：蝴
蝶 .tif，将其导入到图像窗口的上方，如图 9-1-18
所示。

 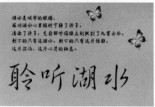

图9-1-18

STEP19 ▶▶ 载入"蝴蝶"图层选区，单击【创建新
的填充或调整图层】按钮 ●，选择【色相/饱和度】
命令，设置参数：+82，+74，0，如图 9-1-19 所示，

 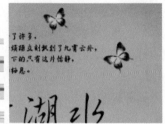

色相：	+82
饱和度：	+74
明度：	0

图9-1-19

STEP20 ▶▶ 选择"蝴蝶"图层，按【Ctrl+J】组合键，
复制生成"蝴蝶副本"图层，按【Ctrl+T】组合键，
改变图像的大小和位置，摆放在窗口左上方，如
图 9-1-20 所示。

图9-1-20

STEP21 ▶▶ 单击【创建新的填充或调整图层】按
钮 ●，选择【曲线】命令，调整曲线弧度，如
图 9-1-21 所示。

图9-1-21

STEP22 ▶▶ 按【Ctrl + O】组合键，打开素材图片：户外广告牌 .tif，如图 9-1-22 所示。

图9-1-22

STEP23 ▶▶ 选择"房地产户外广告"图像窗口，按【Ctrl+Shift+Alt+E】组合键，盖印可见图层，此时【图层】面板自动生成"图层 6"。选择工具箱中的【移动工具】，拖动"图层 6"到"户外广告牌"图像窗口中，按【Ctrl+T】组合键，按照广告牌改变其形状和大小，并摆放在如图 9-1-23 所示的位置。

图9-1-23

STEP24 ▶▶ 单击【创建新的填充或调整图层】按钮，选择【亮度 / 对比度】命令，设置参数：4，29，如图 9-1-24 所示。

图9-1-24

方案修改

客户J经理仔细看了上一个方案，提出了一些修改意见：

其一，上一个案例设计的主体颜色很好，但是整体感觉太绿，希望加入其他颜色。

其二，房屋前面的草地太乱太过于吸引注意，希望将草地改得简单一些。

其三，希望能增加部分素材，如船只和人物，增强真实感。

其四，黑色文字不够清楚，不够醒目，希望改变文字的颜色。

根据客户提出的建议，请读者再次修改上一个方案为不同的方案效果，达到举一反三的效果。制作好以后与以下修改方案进行对比，如图9-1-25所示。如果对以下操作有疑问，可以通过视频学习。这里仅提供简单的流程图提示，如图9-1-26所示。

素材：船.tif、草地.tif、美女.tif、星光.tif
源文件：房地产户外广告（修改方案）.psd
视频：房地产户外广告（修改方案）.avi

图9-1-25

修改前

修改后

Chapter 9
精彩户外设计

（1）打开原方案　　（2）关闭不符合要求的图层　　（3）改变整体颜色即色相　　（4）涂抹覆盖天空部分图像

（5）改变树及湖水的颜色　　（6）填充渐变色　　（7）绘制月亮和星光　　（8）添加船素材

（9）添加草地素材　　（10）添加人物素材　　（11）改变文字的颜色　　（12）放入户外广告牌

修改流程图

图9-1-26

9.2 车身广告设计

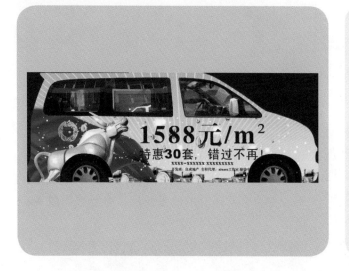

任务难度

本例主要是制作车身广告设计，通过【渐变工具】及其【矩形工具】绘制整体背景，制作出最终效果。

案例分析

在设计过程中应先测量车体的尺寸，使图像的整体效果能完全融合车体。

光盘路径

素材：金币堆.tif、金币.tif、绸带.tif、金牛.tif、logo.tif

源文件：车身广告设计.psd

视频：车身广告设计.avi

231

STEP1 ▶▶ 执行【文件】|【新建】命令，打开【新建】对话框，设置【名称】：车身广告设计，【宽度】：18.5 厘米，【高度】：8 厘米，【分辨率】：150 像素 / 英寸，【颜色模式】：RGB 颜色，【背景内容】：白色，单击【确定】按钮，如图 9-2-1 所示。

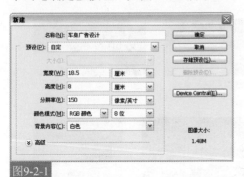

图9-2-1

STEP2 ▶▶ 设置前景色：深黄色（R:239, G:155, B:29），背景色：紫色（R:250, G:226, B:701），选择工具箱中的【渐变工具】，单击属性栏上的【编辑渐变】按钮，打开【渐变编辑器】对话框，设置渐变色：前景色到背景色渐变，在属性栏上单击【线性渐变】按钮，在图像窗口中拖移绘制渐变色，图像效果如图 9-2-2 所示。

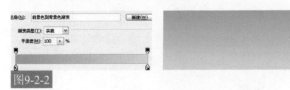

图9-2-2

STEP3 ▶▶ 单击【图层】面板下方的【创建新图层】按钮，新建"图层 1"，设置前景色：淡黄色（R:237, G:223, B:88），选择工具箱中的【矩形选框工具】，在图像窗口中拖移并绘制矩形选区。按【Alt+Delete】组合键，填充前景色。按【Ctrl+T】组合键，打开自由变换调节框，分别调整上方及其下方中心节点，使其矩形变长，按【Enter】键确定，如图 9-2-3 所示，按【Ctrl+D】组合键，取消选区。

提示

在绘制过程中，填充颜色时只能填充其画布内部的选区，为便于后期处理的图像效果，此处将线条进行延长处理。

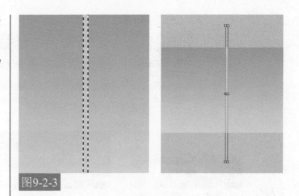

图9-2-3

STEP4 ▶▶ 按【Ctrl+J】组合键，复制生成"图层 1 副本"图层，按【Ctrl+T】组合键，打开自由变换调节框，按住【Alt】键，将其圆心点放置到下方调节框中点的点中，在属性栏中设置【旋转】：8 度。效果如图 9-2-4 所示。

提示

对于较小调节框中，不便于选择圆心点时，可按住【Alt】键不放，则可迅速选中圆心点。

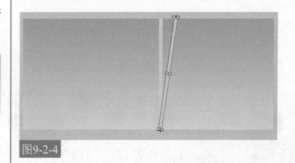

图9-2-4

STEP5 ▶▶ 按【Ctrl+Shift+Alt+T】组合键若干次，应用再制图像，使其线条旋转图像半圈，按【Ctrl+E】组合键，合并所有的线条图层，组合键如图 9-2-5 所示。

图9-2-5

STEP6 ▶▶ 执行【文件】|【打开】命令，打开素材图片：绸带 .tif。选择工具箱中的【移动工具】，

拖动素材到"车身广告设计"图像窗口中,按【Ctrl+T】组合键,打开自由变换调节框调整图像角度,按【Enter】键确定,图像效果如图 9-2-6 所示。

图9-2-6

STEP7 ▶ 执行【图像】|【调整】|【色阶】命令,打开【色阶】对话框,设置参数:62,0.61,223,图像效果如图 9-2-7 所示。

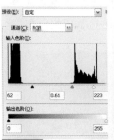

图9-2-7

STEP8 ▶ 按【Ctrl+J】组合键两次,复制生成两个新的图层,按【Ctrl+T】,分别调整其绸带位置,图像效果如图 9-2-8 所示。

图9-2-8

STEP9 ▶ 执行【文件】|【打开】命令,打开素材图片:金币堆 .tif。选择工具箱中的【移动工具】，拖动素材到"车身广告设计"图像窗口中,并将其放置"绸带 副本 2"图层下方,效果如图 9-2-9 所示。

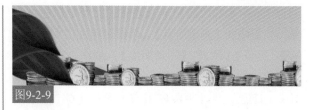
图9-2-9

STEP10 ▶ 执行【图像】|【调整】|【色阶】命令,打开【色阶】对话框,设置参数:42,0.82,236,图像效果如图 9-2-10 所示。

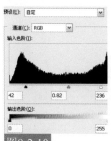

图9-2-10

STEP11 ▶ 按【Ctrl+J】组合键,复制生成新的金币堆图层,并将其放置图像左侧,如图 9-2-11 所示。

图9-2-11

STEP12 ▶ 执行【文件】|【新建】命令,打开【新建】对话框,设置【名称】:星光笔刷,【宽度】:4 厘米,【高度】:4 厘米,【分辨率】:150 像素 / 英寸,【颜色模式】:RGB 颜色,【背景内容】:白色,如图 9-2-12 所示,单击【确定】按钮。

图9-2-12

STEP13 ▶▶ 新建"图层1",设置前景色:黑色,选择工具箱中的【画笔工具】✐,设置属性栏上的【画笔】:柔角20像素,【不透明度】:100%,在其图像内部绘制图像。单击属性栏上的【画笔选取器】按钮·,打开下拉面板,单击右上角的【弹出菜单】按钮▶,选择【混合画笔】命令。此时将自动弹出询问框,单击【追加】按钮 追加(A)。返回面板,选择【画笔】:交叉排线1,在其图像中绘制。图像效果如图9-2-13所示。

图9-2-13

STEP14 ▶▶ 执行【编辑】|【定义画笔预设】命令,打开【画笔名称】对话框,设置名称为:"星光笔刷",如图9-2-14所示,单击【确定】按钮。

图9-2-14

STEP15 ▶▶ 返回"车身广告设计"图像窗口,新建"图层2",并将其放置【图层】面板最顶层,设置前景色:白色,选择工具箱中的【画笔工具】✐,设置属性栏上的【画笔】:星光笔刷,在其图像内部随意绘制星光效果,图像效果如图9-2-15所示。

图9-2-15

STEP16 ▶▶ 执行【文件】|【打开】命令,打开素材图片:金币.tif。选择工具箱中的【移动工具】▶♣,拖动素材到"车身广告设计"图像窗口中,按【Ctrl+J】组合键若干次,复制生成若干金币图层,并分别调整其位置与大小,图像效果如图9-2-17所示。

图9-2-16

STEP17 ▶▶ 按【Ctrl+J】组合键,复制生成"图层6副本"图层,新建"图层7",同时选中"图层6副本"图层及"图层7",按【Ctrl+E】组合键,合并图层,自动生成"图层7",调整其位置,图像效果如图9-2-17所示。

提示

同时选中两个图层,执行合并图层命令操作,此时被合并图层的图层样式也将被合并。

图9-2-17

STEP18 ▶▶ 执行【图像】|【调整】|【色阶】命令,打开【色阶】对话框,设置参数:6,1.17,229,图像效果如图9-2-18所示。

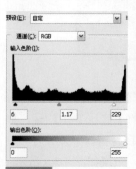

图9-2-18

STEP19 ▶▶ 选择工具箱中的【横排文字工具】T,输入自己喜好的文字,按【Ctrl+Enter】组合键确定。图像效果如图9-2-19所示。

图9-2-19

STEP20 ▶▶ 双击该文字图层后面的空白处,打开【图层样式】对话框,单击【渐变叠加】选项,打开【渐变叠加】面板,打开【渐变编辑器】,设置渐变色:0 位置处颜色(R:255, G:110, B:2);100 位置处颜色(R:255, G:255, B:0),图像效果如图 9-2-20 所示。

图9-2-20

STEP21 ▶▶ 单击【图层】面板下方的【创建新的填充或调整图层】按钮 ◐.,打开快捷菜单,选择【色阶】命令,打开【色阶】对话框,设置参数:23,1.00,240,按【Ctrl+Shift+Alt+E】组合键,盖印可视图层,此时【图层】面板自动生成“图层 3”,图像效果如图 9-2-21 所示。

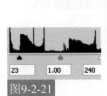

图9-2-21

STEP22 ▶▶ 执行【文件】|【打开】命令,打开素材图

片:车体 .tif。选择工具箱中的【移动工具】 ,拖动“车身广告设计”图像拖移至“车体”图像窗口中,按【Ctrl+Alt+G】组合键,向下创建剪贴蒙版,图像效果如图 9-2-22 所示。

图9-2-22

STEP23 ▶▶ 单击“图层 1”前面的【指示图层可视性】按钮 ,隐藏该图层。选中“车体”图层,选择工具箱中的【魔棒工具】 ,载入车体内部白色区域,显示“图层 1”,单击【图层】面板下方的【添加图层蒙版】按钮 ,为“图层 1”添加蒙版,隐藏选区内容,图像效果如图 9-2-23 所示。

图9-2-23

STEP24 ▶▶ 选中“图层 1”后面的【蒙版缩览图】,设置前景色:白色,选择工具箱中的【画笔工具】 ,设置属性栏上的【画笔】:尖角 5 像素,在其牛角出涂抹,显示牛角,图像效果如图 9-2-24 所示。

图9-2-24

STEP25 ▶▶ 再次盖印可视图层，自动生成"图层2"，执行【滤镜】|【模糊】|【高斯模糊】命令，打开【高斯模糊】对话框，设置【半径】：2像素，图像效果如图9-2-25所示。

半径(R): 2.0

图9-2-25

STEP26 ▶▶ 选择"图层1"，设置【图层】面板上的【图层混合模式】：柔光，【不透明度】：60%，图像最终效果如图9-2-26所示。

图9-2-26

方案修改

客户Q经理仔细看了上一个方案，提出了一些修改意见：

其一，上一个案例整体色调较为沉重，希望整体色调较为活泼。

其二，希望在车体广告中出现宣传的楼盘效果图，给以受众更加直接的广告效果。

根据客户提出的建议，请读者再次修改上一个方案为不同的方案效果，达到举一反三的效果。制作好以后与以下修改方案进行对比。如图9-2-27所示。如果对以下操作有疑问，可以通过视频学习。这里仅提供简单的流程图提示，如图9-2-28所示。

素材：草坪.tif、楼盘.tif
源文件：车身广告设计（修改方案）.psd
视频：车身时装广告设计（修改方案）.avi

修改前

图9-2-27

修改后

修改流程图

（1）打开原方案

（2）关闭图层并调整素材

（3）更换背景

（4）添加楼盘

（5）绘制星光

（6）调整图像

图9-2-28

Chapter

10 ——经典卡片设计

卡片设计的种类很多，包括吊牌、银行卡、优惠卡、贺卡等。卡片的特点是小而精致，突出表现一个主题，一般多为优惠、促销、祝福或树立品牌形象等。本章重点学习如何设计卡片，并提供了两个不同种类的卡片设计及其演变的方案，将卡片设计的特点与特色呈现在读者面前，希望读者能够从中获益。

10.1 视觉传达卡片设计

STEP1 ▶▶ 执行【文件】|【新建】命令，打开【新建】对话框，设置【名称】：视觉传达卡片设计，【宽度】：12 厘米，【高度】：15 厘米，【分辨率】：200 像素/英寸，【颜色模式】：RGB 颜色，如图 10-1-1 所示，单击【确定】按钮。

图10-1-1

STEP2 ▶▶ 选择工具箱中的【渐变工具】，单击属性栏上的【径向渐变】按钮，单击【编辑渐变】按钮，打开【渐变编辑器】对话框，设置渐变色：0 位置处颜色（R:163, G:1, B:16）；100 位置处颜色（R:105, G:1, B:5），单击【确定】按钮，在窗口中拖移绘制渐变色，效果如图 10-1-2 所示。

图10-1-2

STEP3 ▶▶ 新建"图层 1"，选择工具箱中的【矩形选框工具】，绘制矩形。选择工具箱中的【渐变工具】，单击【线性渐变】按钮，单击按钮，设置【渐变色】：0 位置处颜色（R:251, G:255, B:197）；100 位置颜色（R:85, G:220,B:233）；单击【确定】按钮，在选区中推移绘制渐变色，按【Ctrl+D】组合键取消选区。图像效果如图 10-1-3 所示。

图10-1-3

STEP4 ▶ 按【Ctrl＋O】组合键，打开素材图片：花纹 .tif。选择工具箱中的【移动工具】，将其拖动到合适位置。选择工具箱中的【矩形选框工具】，框选花纹多余部分，按【Delete】键删除后取消选区。图像效果如图 10-1-4 所示。

图10-1-4

STEP5 ▶ 按【Ctrl＋O】组合键，打开素材图片：代言人 1.tif。选择工具箱中的【移动工具】，将其导入图像窗口中的合适位置，图像效果如图 10-1-5 所示。

图10-1-5

STEP6 ▶ 按【Ctrl+J】组合键复制生成副本图层，设置"图层3"的【图层混合模式】：正片叠底，【不透明度】：30%，图像效果如图 10-1-6 所示。

图10-1-6

STEP7 ▶ 新建"图层4"，选择工具箱中的【钢笔工具】，绘制路径后转换为选区。设置前景色：黄色（R:248, G:252, B:41），按【Alt+Delete】组合键填充选区颜色。图像效果如图 10-1-7 所示。

图10-1-7

STEP8 ▶ 设置前景色：绿色（R:129, G:242, B:118），选择工具箱中的【画笔工具】，设置【画笔】：柔角 65 像素，【不透明度】：90%，【流量】：90%，在选区中涂抹颜色。设置前景色：红色（R:255, G:10, B:60），继续涂抹颜色并取消选区。图像效果如图 10-1-8 所示。

图10-1-8

STEP9 ▶ 新建"图层5"，设置前景色：黑色，选择工具箱中的【椭圆工具】，拖移绘制黑色正圆。设置前景色：淡粉（R:246, G:155, B:131），选择工具箱中的【自定形状工具】，单击【自定形状拾色器】按钮，打开面板，单击右上侧的【弹出菜单】按钮，选择【形状】命令，在打开的询问框中单击【确定】按钮，返回【自定形状】面板，选择【形状】：圆形边框，继续绘制图案。图像效果如图10-1-9 所示。

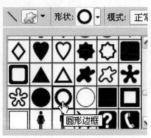

图10-1-9

STEP10 ▶▶ 选择工具箱中的【移动工具】，按住【Shift+Alt】组合键，拖移并复制出副本图层。新建"图层6"，设置前景色：墨绿色（R:36, G:80, B:83），选择工具箱中的【画笔工具】，设置【画笔】：尖角5像素，【不透明度】：100%，【流量】：100%，在窗口中单击鼠标绘制图案。效果如图10-1-10 所示。

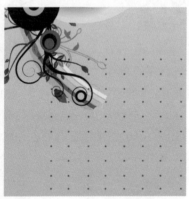

图10-1-10

STEP11 ▶▶ 新建"图层7"，设置前景色：黑色，选择工具箱中的【直线工具】，设置【粗细】：75px，拖移绘制直线。新建"图层8"，设置前景色：白色，设置【粗细】：15px，继续绘制直线。图像效果如图10-1-11 所示。

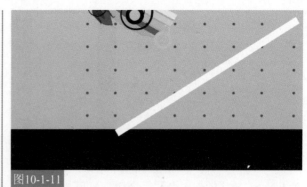

图10-1-11

STEP12 ▶▶ 选择工具箱中的【横排文字工具】，设置【字体系列】：文鼎CS大宋，【字体大小】：45点，【文本颜色】：白色，在窗口中输入文字，按【Ctrl+Enter】组合键确定。按【Ctrl+T】组合键，旋转字体，按【Enter】键确定。效果如图10-1-12 所示。

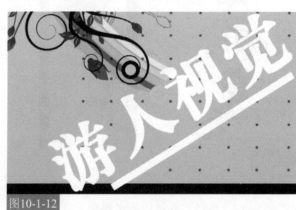

图10-1-12

STEP13 ▶▶ 设置【字体大小】：15点，在窗口中输入英文。按【Ctrl+Enter】组合键确定。图像效果如图10-1-13 所示。

CHINAYOURENSHIJUE
SHIJUECHUANDA

图10-1-13

STEP14 ▶▶ 新建"图层9"，设置前景色：黑色。选择工具箱中的【钢笔工具】，在窗口中绘制路径后转换为选区，填充选区为黑色。按【Ctrl+D】组合键，取消选区。效果如图10-1-14 所示。

图10-1-14

STEP15 ▶▶ 选择工具箱中的【画笔工具】✐，单击
【画笔选取器】按钮⊡，打开下拉面板，单击右上角
的【弹出菜单】按钮⏵，选择【混合画笔】命令。
此时将自动弹出询问框，单击【追加】按钮。返回
面板，选择【画笔：同心圆】◎。在窗口中绘制图
案，如图10-1-15所示。

提示

在绘制的过程中，需调节【画笔大小】，
以丰富画面效果。

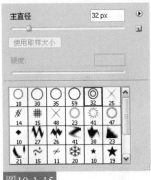 

图10-1-15

STEP16 ▶▶ 单击"背景"前的按钮●隐藏图层。按
【Ctrl + Alt+ Shift+E】组合键两次，盖印可见图层为
"图层10"和"图层11"。单击"背景"前的按钮

●显示图层。依次将"图层1"～"图层9"之间
的所有图层隐藏，并分别对"图层10"和"图层
11"执行【自由变换】命令，旋转图像到合适位置。
图像效果如图10-1-16所示。

图10-1-16

STEP17 ▶▶ 分别双击"图层10"和"图层11"后
面的空白处，打开对话框，单击【投影】选项，打
开面板，保持参数为默认值，单击【确定】按钮。
最终效果如图10-1-17所示。

图10-1-17

方案修改

客户J经理仔细看了上一个方案，提出了一些修改意见：

其一，上一个案例图案选择不错，可以保留。但代言人需要更换。

其二，"游人视觉"的标题不够明显，需更换。

其三，整体构图的位置需更换。

根据客户提出的建议，请读者再次修改上一个方案为不同的方案效果，达到举一反三的效果。制作好以后与以下修改方案进行对比，如图10-1-18所示。如果对以下操作有疑问，可以通过视频学习。这里仅提供简单的流程图提示，如图10-1-19所示。

素材：代言人2.tif

源文件：视觉传达卡片设计（修改方案）.psd

视频：视觉传达卡片设计（修改方案）.avi

修改前

修改后

图10-1-18

修改流程图

（1）打开原方案

（2）删除不要的图层

（3）打开需要的图层

（4）更换背景渐变

（5）移动局部图像

（6）更换【图层样式】

（7）更换代言人

（8）盖印旋转图像

图10-1-19

10.2 新年贺卡设计

任务难度

本例讲解新年贺卡的设计，主要运用【渐变工具】、【画笔工具】制作出贺卡的立体效果。

案例分析

贺卡跟明信片不同，贺卡一般都是立体的，所以最基本的要求就是需制作出立体效果。

光盘路径

素材：花朵.tif、梅花.tif、牡丹花.tif、花边.tif、2009.tif、黄色小球.tif、金鱼.tif、中国结.tif、蝴蝶结.tif、牛.tif、文字一.tif、文字二.tif、花纹.tif、义字.tif

源文件：新年贺卡设计.psd
视频：新年贺卡设计.avi

STEP1 ▶▶ 执行【文件】|【新建】命令，打开【新建】对话框，设置【名称】：新年贺卡设计（1），【宽度】：27厘米，【高度】：21厘米，【分辨率】：150像素/英寸，【颜色模式】：RGB颜色，【背景内容】：白色，如图10-2-1所示，单击【确定】按钮。

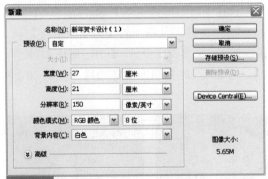

图10-2-1

STEP2 ▶▶ 选择工具箱中的【渐变工具】 ，单击属性栏上的【编辑渐变】按钮 ，打开【渐变编辑器】对话框，设置渐变色：0位置处颜色（R:250,G:1, B:0）；100位置处颜色（R:169, G:0, B:0），单击【确定】按钮。在属性栏上单击【线性渐变】按

钮 ，在图像窗口中从上向下拖移，填充渐变色，如图10-2-2所示。

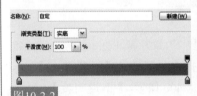

图10-2-2

STEP3 ▶▶ 新建"图层2"，设置前景色：红色（R:136,G:0, B:1），选择工具箱中的【画笔工具】 ，设置属性栏上的【画笔】：柔角600像素，【不透明度】：100%，【流量】：100%，在图像窗口中的左上角和右下角涂抹，绘制颜色。按【Ctrl + O】组合键，打开素材图片：花朵.tif，如图10-2-3所示。

图10-2-3

STEP4 ▶▶ 选择工具箱中的【移动工具】，拖动"花朵"图像窗口中的图像到"新年贺卡设计（1）"图像窗口右方，【图层】面板中自动生成"花朵"图层。选择工具箱中的【橡皮擦工具】，设置【画笔】：柔角 300 像素，【不透明度】：50%，【流量】：55%，擦除部分图像，如图 10-2-4 所示。

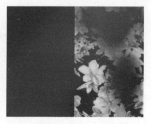

图10-2-4

STEP5 ▶▶ 设置"花朵"图层的【图层混合模式】：线性加深，【不透明度】：85%，如图 10-2-5 所示。

图10-2-5

STEP6 ▶▶ 新建"图层 2"，设置前景色：浅黄色（R:248,G:229，B:155），选择工具箱中的【画笔工具】，设置【画笔】：柔角 400 像素，【不透明度】：50%，【流量】：40%，在图像窗口右下角涂抹绘制颜色。设置【图层混合模式】：叠加，效果如图 10-2-6 所示。

提示

本操作的目的是使图像的部分区域变亮一点，除此方法，还可运用【减淡工具】，减淡图像的颜色。

图10-2-6

STEP7 ▶▶ 按【Ctrl ＋ O】组合键，打开素材图片：梅花 .tif。选择工具箱中的【移动工具】，拖动"梅花"到"新年贺卡设计（1）"图像窗口右上角，自动生成"梅花"图层，如图 10-2-7 所示。

图10-2-7

STEP8 ▶▶ 设置"梅花"图层的【图层混合模式】：叠加。按【Ctrl+J】组合键，复制生成"梅花副本"图层，使梅花图像的颜色更深，效果如图 10-2-8 所示。

图10-2-8

STEP9 ▶▶ 打开"花朵"文件，将图像导入到图像窗口左侧。设置【图层混合模式】：线性加深，【不透明度】：43%，选择工具箱中的【橡皮擦工具】，设置【画笔】：柔角 300 像素，【不透明度】：40%，【流量】：35%，擦除图像的右边边缘，如图 10-2-9 所示。

图10-2-9

STEP10 ▶▶ 按【Ctrl ＋ O】组合键，打开素材图片：牡丹花 .tif。选择工具箱中的【移动工具】，拖动"牡丹花"到"新年贺卡设计（1）"图像窗口左下方，自动生成"牡丹花"图层，如图 10-2-10 所示。

图10-2-10

STEP11 ▶▶ 按【Ctrl＋O】组合键，打开素材图片：花边 .tif,。选择工具箱中的【移动工具】，拖动"花边"到图像窗口左侧，自动生成"花边"图层，设置其【图层混合模式】：正片叠底，效果如图 10-2-11 所示。

图10-2-11

STEP12 ▶▶ 按【Ctrl＋O】组合键，打开素材图片：2009.tif。选择工具箱中的【移动工具】，拖动"2009"到图像窗口左中央，自动生成"2009"图层，如图 10-2-12 所示。

图10-2-12

STEP13 ▶▶ 按【Ctrl＋O】组合键，打开素材图片：黄色小球 .tif。选择工具箱中的【移动工具】，拖动"黄色小球"、到图像窗口左下方，如图 10-2-13 所示。

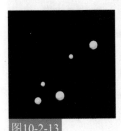

图10-2-13

STEP14 ▶▶ 按【Ctrl＋O】组合键，打开素材图片：金鱼 .tif，选择工具箱中的【移动工具】，拖动"金鱼"到图像窗口右下方，如图 10-2-14 所示。

图10-2-14

STEP15 ▶▶ 打开素材图片：中国结 .tif。选择工具箱中的【移动工具】，拖动"中国结"到图像窗口右方，自动生成"中国结"图层，如图 10-2-15 所示。

图10-2-15

STEP16 ▶▶ 双击"中国结"图层后面的空白处，打开【图层样式】对话框,单击【投影】选项,打开【投影】面板，设置【不透明度】：100%,【角度】：122度,【距离】：22 像素,【大小】：16 像素,单击【确定】按钮，如图 10-2-16 所示。

图10-2-16

STEP17 ▶▶ 打开素材图片：牛 .tif。选择工具箱中的【移动工具】，拖动"牛"到图像窗口右中央，自动生成"牛"图层，如图 10-2-17 所示。

图10-2-17

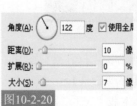

图10-2-20

STEP18 ▶▶ 打开素材图片：蝴蝶结 .tif。选择工具箱中的【移动工具】，拖动"蝴蝶结"到图像窗口左上方，自动生成"蝴蝶结"图层，如图 10-2-18 所示。

图10-2-18

STEP19 ▶▶ 打开素材图片：文字一 .tif。选择工具箱中的【移动工具】，拖动"文字一"到图像窗口右下角，如图 10-2-19 所示。

STEP21 ▶▶ 按【Ctrl+J】组合键，复制生成"文字一副本"副本。拖动"文字一副本"的【指示图层效果】按钮，到【图层】面板右下方的【删除图层】按钮上，将其删除，并设置该图层的【图层混合模式】：叠加，【填充】：85%。效果如图 10-2-21 所示。

图10-2-21

图10-2-19

STEP20 ▶▶ 打开"文字一"的【图层样式】对话框，单击【投影】选项，打开【投影】面板，设置【角度】：122 度，【距离】：10 像素，【大小】：7 像素，其他参数保持默认值。打开【斜面和浮雕】面板，参数保持不变，单击【确定】按钮，如图 10-2-20 所示。

STEP22 ▶▶ 打开素材图片：文字二 .tif。选择工具箱中的【移动工具】，拖动"文字二"到图像窗口中，如图 10-2-22 所示。

图10-2-22

STEP23 ▶▶ 执行【文件】|【新建】命令，打开【新建】对话框，设置【名称】：新年贺卡设计（2），【宽度】：27 厘米，【高度】：21 厘米，【分辨率】：150 像素 /

英寸,【颜色模式】:RGB 颜色,【背景内容】:白色,如图 10-2-23 所示,单击【确定】按钮。

图10-2-23

STEP24 ▶▶ 设置前景色:浅黄色(R:255, G:234, B:184),按【Alt+Delete】组合键,填充"背景"图层。新建"图层 1",设置前景色:黄色(R:254, G:201, R:101),选择工具箱中的【画笔工具】,设置【画笔】:蜡笔暗 600 像素,【不透明度】:100%,【流量】:100%,在图像窗口右上角涂抹绘制颜色,如图 10-2-24 所示。

图10-2-24

STEP25 ▶▶ 打开素材图片:梅花 .tif,选择工具箱中的【移动工具】,拖动"梅花"到"新年卡片设计(2)"图像窗口右上角。用相同的方法,导入素材:花纹,将其放在图像窗口的左侧,如图 10-2-25 所示。

图10-2-25

STEP26 ▶▶ 选择"花纹"图层,设置【图层混合模式】:叠加。打开素材图片:牡丹花 .tif,将其导入到图像窗口左下角,按【Ctrl+T】组合键,打开自由变

换调节框,并右击,选择【水平翻转】命令,旋转图像,按【Enter】键确定。图像效果如图 10-2-26 所示。

图10-2-26

STEP27 ▶▶ 打开素材图片:文字 .tif。选择工具箱中的【移动工具】,拖动"文字"到图像窗口左侧,如图 10-2-27 所示。

图10-2-27

STEP28 ▶▶ 新建"图层 2",设置前景色:黄灰色(R:208, G:184, B:125),选择工具箱中的【矩形工具】,在窗口中央推移绘制细长的矩形条,如图 10-2-28 所示。

图10-2-28

STEP29 ▶▶ 执行【文件】|【新建】命令,打开【新建】对话框,设置【名称】:新年贺卡立体效果,【宽度】:12 厘米,【高度】:8 厘米,【分辨率】:100 像素/英寸,【颜色模式】:RGB 颜色,【背景内容】:白色,如图 10-2-29 所示,单击【确定】按钮。

图10-2-29

STEP30 ▶▶ 选择工具箱中的【渐变工具】█，单击属性栏上的【编辑渐变】按钮█████，打开【渐变编辑器】对话框，设置渐变色为：0 位置处颜色（R:224, G:225, B:228）；100 位置处颜色（R:186, G:189, B:193），单击【确定】按钮。在属性栏上单击【线性渐变】按钮█，在图像窗口中从上向下拖移，填充渐变色，如图 10-2-30 所示。

图10-2-30

STEP31 ▶▶ 切换到"新年贺卡设计（1）"图像窗口，选择工具箱中的【矩形选框工具】▣，沿图像的右半边边缘绘制选区。选择工具箱中的【移动工具】▶，拖动选区内容到"新年贺卡立体效果"图像窗口中，自动生成"图层 1"。按【Ctrl+T】组合键，打开自由变换调节框，按住【Shift】键，拖动调节框的控制点，等比例缩小图像，并摆放在窗口的右上角，按【Enter】键确定，如图 10-2-31 所示。

图10-2-31

STEP32 ▶▶ 双击"图层 1"后面的空白处，打开【图层样式】对话框，单击【投影】选项，打开【投影】面板，设置【角度】：156 度，其他参数保持默认值，单击【确定】按钮，如图 10-2-32 所示。

图10-2-32

STEP33 ▶▶ 切换到"新年贺卡设计（1）"图像窗口，选择工具箱中的【矩形选框工具】▣，沿图像的左半边边缘绘制选区。选择工具箱中的【移动工具】▶，拖动选区内容到"新年贺卡立体效果"图像窗口中，自动生成"图层 2"。按【Ctrl+T】组合键，打开自由变换调节框，按住【Shift】键，拖动调节框的控制点，等比例缩小图像，并摆放在"图层 1"的左方，按【Enter】键确定，如图 10-2-33 所示。

图10-2-33

STEP34 ▶▶ 打开"图层 2"的【投影】面板，设置【角度】：156 度，【距离】：3 像素，其他参数保持默认值，单击【确定】按钮。选择"新年贺卡设计（2）"图像窗口，按【Ctrl+Shift+Alt+E】组合键，盖印可见图层，自动生成"图层 3"。选择工具箱中的【移动工具】▶，拖动"新年贺卡设计（2）"图像窗口中的图像到"新年贺卡立体效果"图像窗口中，自动生成"图层 3"。按【Ctrl+T】组合键，打开自由变换调节框，按住【Ctrl】键，改变图像的大小和形状，并摆放在窗口的下方，按【Enter】键确定，如图 10-2-34 所示。

图10-2-34

STEP35 ▶ 打开"图层3"的【投影】面板,设置【角度】:156度,【距离】:3像素,其他参数保持默认值,单击【确定】按钮,如图10-2-35所示。

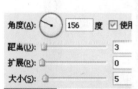

图10-2-35

STEP36 ▶ 切换到"新年贺卡设计(1)"图像窗口,选择工具箱中的【矩形选框工具】,继续框选右半边图像,并将其移动到"新年贺卡立体效果"窗口中,自动生成"图层4",按【Ctrl+T】组合键,打开自由变换调节框,按住【Ctrl】键,改变图像的大小和形状,并摆放在窗口左侧,按【Enter】键确定。切换到"新年贺卡设计(2)"图像窗口,选择工具箱中的【矩形选框工具】,框选右半边图像,并将其移动到"新年贺卡立体效果"窗口中,自动生成"图层5",将其拖到"图层4"的下方。

按【Ctrl+T】组合键,打开自由变换调节框,按住【Ctrl】键,改变图像的大小和形状,并摆放在窗口左侧,按【Enter】键确定。效果如图10-2-36所示。

图10-2-36

STEP37 ▶ 选择工具箱中的【加深工具】,设置属性栏上的【画笔】:柔角125像素,【范围】:中间调,【曝光度】:13%,涂抹"图层5"的右上角和右下角,加深图像的颜色。图像的最终效果如图10-2-37所示。

图10-2-37

方案修改

客户J经理仔细看了上一个方案，提出了一些修改意见：

其一，上一个案例设计色彩感不错，但是太红了，希望变得稍微清爽一些，以桃红色配红色为主色调。

其二，素材选得很符合主题，但是太杂乱，希望选一些稍简单的素材。

其三，主题文字过于繁多，希望减去一些。

其四，在制作立体效果时，希望增加倒影效果，增强立体感。

根据客户提出的建议，请读者再次修改上一个方案为不同的方案效果，达到举一反三的效果。制作好以后与以下修改方案进行对比，如图10-2-38所示。如果对以下操作有疑问，可以通过视频学习。这里仅提供简单的流程图提示，如图10-2-39所示。

素材：文字.tif 牛.tif 花纹.tif 等

源文件：新年贺卡设计（修改方案）.psd

视频：新年贺卡设计（修改方案）.avi

修改前

修改后

图10-2-38

修改流程图

（1）打开第一个文件 （2）关闭不符合要求的图层 （3）改颜色、素材模式、导入素材 （4）打开第二个文件

（5）关图层改颜色 （6）导入素材图片 （7）绘制细长矩形条 （8）制作整体整体的立体效果

图10-2-39

Chapter

11 ——唯美插画设计

美好而悠远的意境是现实生活中所不能实现的梦幻，唯美的画面常常存在于人们的想象中。本章重点表现插画设计的各种类型，如有的插画适合表现唯美神秘的风格，而有的插画适合表现童话故事的幻想。通过本章的引导，希望读者能够设计出适合客户需求的插画设计。

11.1 唯美人物插画设计

任务难度

本案例重点采用仿制图章工具涂抹其眉毛，再采用钢笔描边的方法描绘出白色带蓝的发丝，最终塑造出梦幻唯美的人物形象。

案例分析

人物的化妆效果包括将头饰等改变为唯美魔幻的效果。环境要求自然神秘，冷色调为主。

光盘路径

素材：梦幻背景1.tif、梦幻美女.tif、蝴蝶.tif
源文件：唯美人物插画设计.psd
视频：唯美人物插画设计.avi

STEP1 ▶▶ 执行【文件】|【打开】命令，打开素材图片：梦幻背景 1.tif，如图 11-1-1 所示。

图11-1-1

STEP2 ▶▶ 按【Ctrl+J】组合键，复制生成副本图层，按【Shift+Ctrl+U】组合键，为图像去色。按【Ctrl+U】组合键，勾选【着色】复选框，设置【参数】：187、34、-1，单击【确定】按钮。设置"背景副本"的【不透明度】：80%，图像效果如图 11-1-2 所示。

图11-1-2

STEP3 ▶▶ 执行【文件】|【打开】命令，打开素材图片：梦幻美女 .tif。选择工具箱中的【移动工具】，将其导入窗口中的合适位置。图像效果如图 11-1-3 所示。

图11-1-3

STEP4 ▶▶ 选择工具箱中的【仿制图章工具】，设置【画笔】：柔角 14 像素，【不透明度】：72%，【流量】：65%。按住【Alt】键不放，在人物眉毛上方或下方单击取样，松开【Alt】键后，涂抹眉毛区域，将其掩盖。图像效果如图 11-1-4 所示。

提示

在涂抹过程中的十字图标代表取样区域，另外需要反复吸取图形相似的小区域，并且反复涂抹。

图11-1-4

STEP5 ▶▶ 新建"图层2"，选择【通道】面板，按住【Ctrl】键不放，单击【红】通道的缩览载入选区，返回【图层】面板，按【Ctrl+Delete】组合键填充选区颜色，按【Ctrl+D】组合键取消选区。效果如图11-1-5所示。

提示

默认状态下，前景色为黑色，背景色为白色，按【D】键可快速复位默认前景色与背景色。

图11-1-5

STEP6 ▶▶ 设置"图层2"的【不透明度】：50%。选择工具箱中的【橡皮擦工具】🖋，设置【画笔】：柔角100像素，将多余白色像素部分擦除，图像效果如图11-1-6所示。

图11-1-6

STEP7 ▶▶ 按【Ctrl+E】组合键向下合并图层。按【Ctrl+M】组合键，打开【曲线】对话框，选择【通

道】为：红，拖动弧线到合适位置；选择【通道】为：RGB，拖动弧线到合适位置，单击【确定】按钮，人物效果如图11-1-7所示。

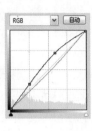

图11-1-7

STEP8 ▶▶ 按【Ctrl+B】组合键，打开【色彩平衡】对话框，设置【参数】：-47，4，42，单击【确定】按钮。效果如图11-1-8所示。

图11-1-8

STEP9 ▶▶ 新建"图层2"，设置前景色：深蓝（R:26，G:79，B:113），选择工具箱中的【画笔工具】🖋，设置【画笔】：柔角21像素，【不透明度】：70%，【流量】：70%，给人物绘制眼影。图像效果如图11-1-9所示。

图11-1-9

STEP10 ▶▶ 新建"图层3"，设置前景色：蓝色（R:74，G:147，B:167），选择工具箱中的【画笔工具】🖋，设置【不透明度】：100%，【流量】：100%，涂抹人物头发。设置"图层3"的【不透明度】：48%，图像效果如图11-1-10所示。

图11-1-10

STEP11 ▶▶ 新建"图层4",设置前景色：灰蓝（R:167,G:195,B:203），继续涂抹人物头发。设置"图层4"的【图层混合模式】：叠加，【不透明度】：42%，效果如图 11-1-11 所示。

图11-1-11

STEP12 ▶▶ 新建"图层5",选择工具箱中的【钢笔工具】，在人物头发上绘制路径。设置前景色：白色，选择工具箱中的【画笔工具】，设置【画笔】：尖角2像素。选择工具箱中的【钢笔工具】，右击，弹出快捷菜单，选择【描边路径】命令，设置【描边路径】：画笔，勾选【模拟压力】复选框，单击【确定】按钮，取消路径。效果如图 11-1-12 所示。

图11-1-12

STEP13 ▶▶ 同上述方法，绘制出一片头发效果。设置"图层5"的【不透明度】：50%，图像效果如图 11-1-13 所示。

图11-1-13

STEP14 ▶▶ 选择工具箱中的【移动工具】，按住【Alt】键不放，拖移并复制出副本图层。按【Ctrl+E】组合键向下合并图层。选择工具箱中的【橡皮擦工具】，在属性栏中设置【画笔】：柔角65像素，【不透明度】：80%，【流量】：80%，擦除多余头发，效果如图 11-1-14 所示。

图11-1-14

STEP15 ▶▶ 新建"图层6",选择工具箱中的【钢笔工具】，绘制刘海路径，并右击，弹出快捷菜单，选择【描边路径】命令，单击【确定】按钮，取消路径。图像效果如图 11-1-15 所示。

图11-1-15

STEP16 ▶▶ 同上述方法，绘制一片刘海效果。新建"图层7",在人物耳朵边绘制头发路径。图像效果如图 11-1-16 所示。

图11-1-16

STEP17 ▶▶ 用画笔描边路径后取消路径，继续绘制多根头发。图像效果如图 11-1-17 所示。

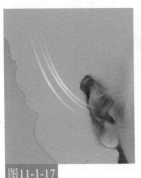

图11-1-17

STEP18 ▶▶ 选择工具箱中的【移动工具】，按住【Alt】键不放，拖移并复制出两个副本图层。图像效果如图 11-1-18 所示。

提示

在拖移复制的过程中，需分别旋转副本图层，使复制出来的头发也有重叠的效果。

图11-1-18

STEP19 ▶▶ 按住【Alt】键不放，继续拖移并复制出副本图层。执行【自由变换】命令等比例放大图像，设置"图层 7 副本 3"的【不透明度】：64%。继续

复制生成副本图层，设置"图层 7 副本 4"的【不透明度】：100%，图像效果如图 11-1-19 所示。

图11-1-19

STEP20 ▶▶ 选择工具箱中的【橡皮擦工具】，在属性栏中设置【画笔】：柔角 100 像素，分别选择"图层 7"、"图层 7 副本"、"图层 7 副本 2"、"图层 7 副本 3"、"图层 7 副本 4"，对其进行擦除。图像效果如图 11-1-20 所示。

提示

之所以不将这几个图层合并后再进行擦除，而是逐一擦除，是因为这样的操作更能使画面具有发丝的重叠感。

图11-1-20

STEP21 ▶▶ 新建"图层 8"，继续同上述方法绘制人物发丝，图像效果如图 11-1-21 所示。

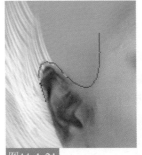

图11-1-21

STEP22 ▶▶ 新建"图层 9"，继续绘制发丝，在绘制一片后，可将其合并再依次复制。效果如图 11-1-22 所示。

图11-1-22

STEP23 ▶▶ 新建"图层 10"，继续绘制发髻效果。此时人物头发的整体效果已完成，如图 11-1-23 所示。

图11-1-23

STEP24 ▶▶ 新建"图层 11"，设置前景色：深绿（R:0, G:65, B:80），选择工具箱中的【画笔工具】 ，设置【画笔】：尖角 45 像素，在人物头发上涂抹颜色。设置"图层 11"的【图层混合模式】：叠加，图像效果如图 11-1-24 所示。

图11-1-24

STEP25 ▶▶ 设置"图层 11"的【不透明度】：25%，选择工具箱中的【橡皮擦工具】 ，在属性栏中设置【画笔】：柔角 60 像素，【不透明度】：50%，【流量】：50%，将颜色较深的地方擦除，图像效果如图 11-1-25 所示。

图11-1-25

STEP26 ▶▶ 选择"图层 2"，设置【图层混合模式】：叠加，图像效果如图 11-1-26 所示。

图11-1-26

STEP27 ▶▶ 选择"图层 1"，选择工具箱中的【橡皮擦工具】 ，设置【不透明度】：100%，【流量】：100%，将人物后脑勺多余部分擦除，效果如图 11-1-27 所示。

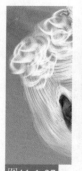

图11-1-27

STEP28 ▶▶ 选择"图层 4"，继续将后脑勺多余部分擦除，图像效果如图 11-1-28 所示。

图11-1-28

STEP29 ▶▶ 选择"图层 3",继续擦除最后多余图像,此时人物头发部分已全部绘制完毕。效果如图 11-1-29 所示。

图11-1-29

STEP30 ▶▶ 执行【文件】|【打开】命令,打开素材图片:蝴蝶 .tif。选择工具箱中的【移动工具】,将其导入窗口中的合适位置,效果如图 11-1 30 所示。

图11-1-30

STEP31 ▶▶ 选择工具箱中的【移动工具】,按住【Alt】键不放,拖移并复制出多个副本图层。并分别执行【自由变换】命令,等比例缩小并旋转图像,按【Enter】键确定。图像效果如图 11-1-31 所示。

图11-1-31

STEP32 ▶▶ 合并所有蝴蝶图层为"图层 12",打开【色彩平衡】对话框,设置【参数】:-100,73,69,单击【确定】按钮。图像效果如图 11-1-32 所示。

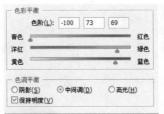

图11-1-32

STEP33 ▶▶ 按【Ctrl+M】组合键,打开【曲线】对话框,设置【通道】:红,调整弧线到合适位置;设置【通道】:RGB,调整弧线到合适位置,单击【确定】按钮。图像效果如图 11-1-33 所示。

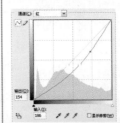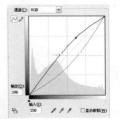

图11-1-33

STEP34 ▶▶ 设置前景色:白色,选择工具箱中的【画笔工具】,设置【画笔】:尖角 20 像素,在蝴蝶尾巴上涂抹亮光,最终效果如图 11-1-34 所示。

图11-1-34

方案修改

客户J经理仔细看了上一个方案，提出了一些修改意见：

其一，上一个案例整体设计风格不错，但是客户更希望是偏黑魔幻唯美风格的插画。

其二，人物绘制得很不错，但由于采用的是偏淡的冷色调，对比度不够强。

根据客户提出的建议，请读者再次修改上一个方案为不同的方案效果，达到举一反三的效果。制作好以后与以下修改方案进行对比，如图11-1-35所示。如果对以下操作有疑问，可以通过视频学习。这里仅提供简单的流程图提示，如图11-1-36所示。

素材：梦幻背景2.tif

源文件：唯美人物插画设计（修改方案）.psd

视频：唯美人物插画设计（修改方案）.avi

修改前

修改后

图11-1-35

修改流程图

（1）打开原方案

（2）删除不需要的图层

（3）更换背景

（4）调整图像位置

（5）调整人物【色阶】

（6）调整人物【色彩平衡】

（7）绘制星光并增添【外发光】

（8）调整蝴蝶色彩

图11-1-36

11.2 可爱插画设计

任务难度

本例在颜色上，需要制作成清爽且具有春天气息的主题颜色，所以绿色显得尤为重要。

案例分析

本例主要讲解"可爱插画设计"图像的制作方法，首先运用了【渐变工具】、【半调图案】命令和【极坐标】命令等，绘制插画的背景内容，再运用调整图层命令，配合【图层混合模式】，调整素材图片的颜色。

光盘路径

素材：磨菇.tif、玫瑰一.tif、小兔.tif、可爱蘑菇.tif、绿叶.tif、边框.tif、玫瑰二.tif、星光.tif

源文件：可爱插画设计.psd

视频：可爱插画设计.avi

STEP1 ▶▶ 执行【文件】|【新建】命令，打开【新建】对话框，设置【名称】：可爱插画设计，【宽度】：17 厘米，【高度】：17 厘米，【分辨率】：150 像素 / 英寸，【颜色模式】：RGB 颜色，【背景内容】：白色，如图 11-2-1 所示，单击【确定】按钮。

图11-2-1

STEP2 ▶▶ 设置前景色：橙色（R:229, G:142, B:56），按【Alt+Delete】组合键，填充"背景"图层，如图 11-2-2 所示。

图11-2-2

STEP3 ▶▶ 选择工具箱中的【渐变工具】，单击属性栏上的【编辑渐变】按钮，打开【渐变编辑器】对话框，设置渐变色：0 位置处颜色（R:148, G:166, B:80）；100 位置处颜色（R:197, G:215, B:129），单击【确定】按钮。新建"图层 1"，单击属性栏上的【线性渐变】按钮，在图像窗口中从上向下拖移，填充渐变色，如图 11-2-3 所示。

图11-2-3

图11-2-6

STEP4 ▶▶ 单击【图层】面板下方的【添加图层蒙版】按钮，为"图层 1"添加蒙版，并按【D】键恢复默认前景色与背景色■。选择工具箱中的【画笔工具】，设置属性栏上的【画笔】：柔角 250 像素，【不透明度】：50%，【流量】：55%，涂抹"图层 1"四周隐藏部分的图像，如图 11-2-4 所示。

图11-2-4

STEP5 ▶▶ 单击【图层】面板下方的【创建新的填充或调整图层】按钮，打开快捷菜单，选择【色阶】命令，打开【色阶】对话框，设置参数：28，1.00，238，其他参数保持默认值，如图 11-2-5 所示，

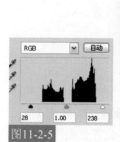

图11-2-5

STEP6 ▶▶ 单击【图层】面板下方的【创建新的填充或调整图层】按钮，选择【色相 / 饱和度】命令，设置参数：4，16，0，其他参数保持默认值，如图 11-2-6 所示。

STEP7 ▶▶ 新建"图层 2"，设置前景色：白色，选择工具箱中的【画笔工具】，设置【画笔】：柔角 500 像素，【不透明度】：100%，【流量】：100%，在图像窗口中涂抹绘制颜色，设置该图层的【图层混合模式】：叠加，如图 11-2-7 所示。

图11-2-7

STEP8 ▶▶ 新建"图层 3"，按【D】键恢复默认前景色与背景色■，执行【滤镜】|【素描】|【半调图案】命令，设置【大小】：7，【对比度】：50，【图案类型】：直线，单击【确定】按钮，如图 11-2-8 所示。

图11-2-8

STEP9 ▶▶ 按【Ctrl+T】组合键，打开自由变换调节框，并右击，选择【旋转 90 度（顺时针）】命令，按【Enter】键确定。执行【滤镜】|【扭曲】|【极坐标】命令，打开【极坐标】对话框，勾选【平面坐标到极坐标】

复选框，单击【确定】按钮，如图 11-2-9 所示。

图11-2-9

STEP10 ▶▶ 设置"图层 3"的【图层混合模式】：叠加，【不透明度】：38%。选择工具箱中的【橡皮擦工具】🖋，设置属性栏上的【画笔】：柔角 175 像素，【不透明度】：20%，【流量】：35%，擦除"图层 3"部分图像，如图 11-2-10 所示。

图11-2-10

STEP11 ▶▶ 按【Ctrl + O】组合键，打开素材图片：蘑菇。选择工具箱中的【移动工具】▶➕，拖动"蘑菇"图像窗口中的图像到"可爱插画设计"图像窗口中，自动生成"蘑菇"图层，如图 11-2-11 所示。

图11-2-11

STEP12 ▶▶ 按住【Ctrl】键，单击"蘑菇"图层的缩览图载入选区，单击【创建新的填充或调整图层】按钮🖉，选择【色相 / 饱和度】命令，设置参数：-1，13，0，如图 11-2-12 所示。

色相：	-1
饱和度：	+13
明度：	0

图11-2-12

STEP13 ▶▶ 载入"蘑菇"图层选区，单击【创建新的填充或调整图层】按钮🖉，选择【亮度 / 对比度】命令，设置参数：12，0，如图 11-2-13 所示。

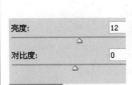

| 亮度： | 12 |
| 对比度： | 0 |

图11-2-13

STEP14 ▶▶ 按【Ctrl + O】组合键，打开素材图片：玫瑰一 .tif。选择工具箱中的【移动工具】▶➕，拖动"玫瑰一"到"可爱插画设计"图像窗口下方，自动生成"玫瑰一"图层，如图 11-2-14 所示。

图11-2-14

STEP15 ▶▶ 载入"玫瑰一"图层选区，新建"图层 4"，设置前景色：红色（R:185, G:0, B:26），按【Alt+Delete】组合键，填充"玫瑰一"图层，按【Ctrl+D】组合键，取消选区。设置"图层 4"的【图层混合模式】：柔光，如图 11-2-15 所示。

图11-2-15

STEP16 ▶▶ 载入"玫瑰一"图层选区，单击【创建新的填充或调整图层】按钮 ⊘.，选择【曲线】命令，调整曲线弧度。继续载入"玫瑰一"图像的选区，新建"图层5"，设置前景色：绿色（R:84, G:132, B:0），在选区下边涂抹绿色。按【Ctrl+D】组合键，取消选区，如图 11-2-16 所示。

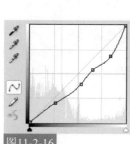 

图11-2-16

STEP17 ▶▶ 载入"玫瑰一"图层的选区，单击【创建新的填充或调整图层】按钮 ⊘.，选择【色相/饱和度】命令，设置参数：-5, -15, 0，如图 11-2-17 所示。

图11-2-17

STEP18 ▶▶ 按【Ctrl+O】组合键，打开素材图片：小兔.tif。选择工具箱中的【移动工具】 ▶+，拖动"小兔"到图像窗口下方，自动生成"小兔"图层，如图 11-2-18 所示。

图11-2-18

STEP19 ▶▶ 载入"小兔"图层的选区，单击【创建新的填充或调整图层】按钮 ⊘.，选择【亮度/对比度】命令，设置参数：-67, 27，自动生成"亮度/对比度2"图层，如图 11-2-19 所示。

图11-2-19

STEP20 ▶▶ 继续载入"小兔"图层的选区，单击【创建新的填充或调整图层】按钮 ⊘.，选择【曲线】命令，调整曲线弧度，自动生成"曲线2"图层，如图 11-2-20 所示。

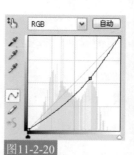 

图11-2-20

STEP21 ▶▶ 按住【Shift】键，同时选中"亮度/对比度2"至"小兔"图层，按【Ctrl+E】组合键，合并图层并更改名称为"小兔"。按【Ctrl+T】组合键，等比例改变图像的大小和位置。选择工具箱中的【橡皮擦工具】 ⊘，设置属性栏上的【画笔】：柔角60

像素，【不透明度】：50%，【流量】：55%，擦除部分图像。按【Ctrl+J】组合键，复制生成"小兔副本"图层，按【Ctrl+T】组合键，单击右键，选择【水平翻转】命令，翻转图像，并改变图像的位置，按【Enter】键确定。效果如图 11-2-21 所示。

图11-2-21

STEP22 ▶ 按【Ctrl ＋ O】组合键，打开素材图片：可爱蘑菇 .tif。选择工具箱中的【移动工具】，拖动"可爱蘑菇"到图像窗口下方，如图 11-2-22 所示。

图11-2-22

STEP23 ▶ 新建"图层 6"，设置前景色：黄色（R:236, G:215, B:89），选择工具箱中的【画笔工具】，设置属性栏上的【画笔】：草 134 像素，【不透明度】：100%，【流量】：100%，在图像窗口下方绘制图像。新建"图层 7"，设置前景色：绿色（R:143, G:173, B:47），继续绘制图像，如图 11-2-23 所示。

图11-2-23

STEP24 ▶ 按【Ctrl ＋ O】组合键，打开素材图片：绿叶 .tif。选择工具箱中的【移动工具】，拖动"绿叶"到图像窗口上方，自动生成"绿叶"图层。复

制"绿叶"图层多次，分别执行【自由变换】命令，旋转图像，并改变其位置，摆放在窗口的四周，如图 11-2-24 所示。

图11-2-24

STEP25 ▶ 按【Ctrl ＋ O】组合键，打开素材图片：边框 .tif。选择工具箱中的【移动工具】，拖动"边框"到图像窗口中，如图 11-2-25 所示。

图11-2-25

STEP26 ▶ 按【Ctrl ＋ O】组合键，打开素材图片：玫瑰二 .tif。选择工具箱中的【移动工具】，拖动"玫瑰二"到图像窗口右方，自动生成"玫瑰二"，如图 11-2-26 所示。

图11-2-26

STEP27 ▶ 载入"玫瑰二"图层选区，单击【创建新的填充或调整图层】按钮，选择【色相/饱和度】命令，设置参数：-23，+2，0，自动生成"色相/饱和度 4"图层，如图 11-2-27 所示。

图11-2-27

STEP28 ▶▶ 继续载入"玫瑰二"选区，单击【创建新的填充或调整图层】按钮 ⊘.，选择【亮度 / 对比度】命令，设置参数：-56，19，自动生成"亮度 / 对比度 2"图层，如图 11-2-28 所示。

图11-2-28

STEP29 ▶▶ 按住【Shift】键，同时选中"色相 / 饱和度 4"至"玫瑰二"图层，按【Ctrl+E】组合键，合并图层并更名为"玫瑰二"。单击【添加图层蒙版】按钮 ◻，为"玫瑰二"图层添加蒙版，选择工具箱中的【画笔工具】✐，设置属性栏上的【画笔】：柔角 80 像素，【不透明度】：60%，【流量】：75%，涂抹隐藏部分图像。效果如图 11-2-29 所示。

图11-2-29

STEP30 ▶▶ 按【Ctrtl+J】组合键，复制生成"玫瑰二"副本图层，按【Ctrl+T】组合键，水平翻转图像并改变图像的位置，如图 11-2-30 所示。

图11-2-30

STEP31 ▶▶ 按【Ctrl ＋ O】组合键，打开素材图片：星光 .tif。选择工具箱中的【移动工具】▶♣，拖动"星光"到图像窗口中。图像的最终效果如图 11-2-31 所示。

图11-2-31

方案修改

客户J经理仔细看了上一个方案，提出了一些修改意见：

其一，上一个案例设计色彩很清新，但是整体颜色偏重于绿色。

其二，希望将绿色元素减少，使整体图像有秋天的感觉。

其三，边框过于复杂厚重，希望变得清爽简单一些。

其四，玫瑰素材颜色不够鲜艳，星光太多，希望有所修改。

根据客户提出的建议，请读者再次修改上一个方案为不同的方案效果，达到举一反三的效果。制作好以后与以下修改方案进行对比，如图11-2-32所示。如果对以下操作有疑问，可以通过视频学习。这里仅提供简单的流程图提示，如图11-2-33所示。

素材：边框2.tif、蝴蝶.tif

源文件：可爱插画设计（修改方案）.psd

视频：可爱插画设计（修改方案）.avi

修改前

修改后

图11-2-32

修改流程图

（1）打开原方案

（2）关闭图层并调整颜色

（3）改变玫瑰颜色并绘制花边

（4）导入边框花纹

（5）导入蝴蝶素材

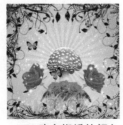
（6）改变蝴蝶的颜色

（7）隐藏部分星光图像

（8）输入文字并导入素材

图11-2-33

CHAPTER
12 ——DM单艺术设计

本章模拟生活中客户提出的具体设计要求，读者可以首先思考如何满足该客户的要求。比如客户要求比较鲜艳的颜色，则可以考虑以纯色为主的暖色调。如果需要突出文字，就可以思考设计文字的独特性。建议读者朋友自己根据自己的想法先动手制作，然后再对比本章所提供的设计展示，就很容易对比并认识到自己的不足，只有这样稳打稳扎，最终才能获得强大的设计能力。

12.1 服饰店DM单

客户要求

　　服饰是市场上需求量非常大的一种商品，而且服饰店具有竞争激烈、更换频率高、女性顾客偏多、时尚感强等特点。本任务便是设计一幅减价大酬宾的服饰店DM宣传单。在制作的过程中，要求色彩鲜艳、内容丰富，并且突出服饰店打折优惠的广告主题。

光盘路径

素材：卡通人物.tif
源文件：服饰店DM单.psd
视频：服饰店DM单.avi

STEP1 ►► 新建文件，设置【名称】：服饰店 DM 单，【宽度】：23 厘米，【高度】：15 厘米，【分辨率】：200 像素 / 英寸，【颜色模式】：RGB 颜色，【背景内容】：白色，如图 12-1-1 所示。

图12-1-1

STEP2 ►► 新建"图层 1"，选择工具箱中的【矩形选框工具】，绘制选区。选择工具箱中的【渐变工具】，拖移绘制渐变色，选择工具箱中的【画笔工具】，在选区上方中涂抹颜色，按【Ctrl+D】组合键，取消选区。效果如图 12-1-2 所示。

图12-1-2

STEP3 ►► 新建"图层 2"，选择工具箱中的【钢笔工具】，绘制路径，按【Ctrl+Enter】组合键转换为选区，并按【Alt+Delete】组合键填充颜色，按【Ctrl+D】组合键取消选区。重复执行上述操作，效果如图 12-1-3 所示。

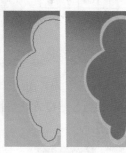

图12-1-3

STEP4 ►► 执行【描边】命令，对图案进行描边。重复绘制几个图案，使色彩鲜艳。效果如图 12-1-4 所示。

图12-1-4

STEP5 ▶▶ 同上述方法，继续绘制多个图案。效果如图12-1-5所示。

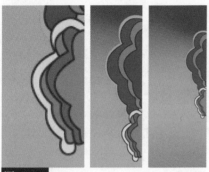

图12-1-5

STEP6 ▶▶ 新建"图层3"，选择工具箱中的【自定形状工具】，选择【形状】：花2，并设置前景色：白色。绘制图案。效果如图12-1-6所示。

图12-1-6

STEP7 ▶▶ 绘制多个"花2"图案，并合并所有"花2"图层和"图层2"为"图层2"。复制生成副本图层，并将其移动到合适位置，等比例缩小图像。效果如图12-1-7所示。

图12-1-7

STEP8 ▶▶ 新建"图层3"，选择工具箱中的【矩形选框工具】，绘制选区。选择工具箱中的【渐变工具】，绘制渐变色，按【Ctrl+D】组合键取消

选区。效果如图12-1-8所示。

图12-1-8

STEP9 ▶▶ 选择工具箱中的【横排文字工具】T，在窗口中输入数字。图像效果如图12-1-9所示。

图12-1-9

STEP10 ▶▶ 合并这几个文字图层为"图层4"，执行【图层样式】命令，依次选择【投影】、【渐变叠加】、【描边】，并分别对其进行参数设置，数字效果如图12-1-10所示。

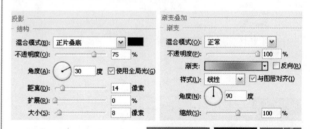

图12-1-10

STEP11 ▶▶ 新建"图层5"，设置前景色：白色，选择工具箱中的【画笔工具】，设置【画笔】：交叉排线，在数字上绘制星光图案，如图12-1-11所示。

图12-1-11

STEP12 ▶▶ 设置【画笔】：柔角7像素，继续文字的星光效果，如图12-1-12所示。

图12-1-12

STEP13 ▶▶ 选择工具箱中的【横排文字工具】Ｔ，在窗口中分别输入文字：激情。分别执行【自由变换】命令，旋转文字。效果如图12-1-13所示。

图12-1-13

STEP14 ▶▶ 继续输入文字，执行【图层样式】命令，分别对【渐变叠加】和【描边】进行参数设置，文字图像效果如图12-1-14所示。

图12-1-14

STEP15 ▶▶ 输入文字，执行【图层】|【图层样式】|【描边】命令，对文字增添描边效果，如图12-1-15所示。

图12-1-15

STEP16 ▶▶ 继续输入所需要文字，并对文字添加【渐变叠加】、【描边】效果，如图12-1-16所示。

图12-1-16

STEP17 ▶▶ 继续输入小的广告字体。合并这3个文字图层并复制生成副本图层，将其拖移到合适位置。图像效果如图12-1-17所示。

图12-1-17

STEP18 ▶▶ 新建"图层6"，选择工具箱中的【矩形选框工具】▣，绘制矩形选区。效果如图 12-1-18 所示。

图12-1-18

STEP19 ▶▶ 选择工具箱中的【画笔工具】✎，为矩形选区填充丰富的颜色。效果如图 12-1-21 所示。

图12-1-19

STEP20 ▶▶ 同上述方法，在窗口的其他地方绘制，效果如图 12-1-20 所示。

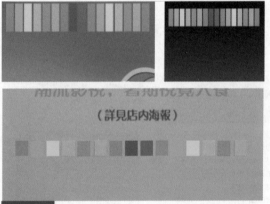
图12-1-20

STEP21 ▶▶ 新建"图层 8"，选择工具箱中的【钢笔工具】✒，绘制路径，按【Ctrl+Enter】组合键转换为选区，按【Alt+Delete】组合键填充颜色，按【Ctrl+D】组合键取消选区。依次绘制下面形状。效果如图 12-1-21 所示。

图12-1-21

STEP22 ▶▶ 拖入素材图片：卡通人物 .tif，如图 12-1-22 所示。

图12-1-22

STEP23 ▶▶ 绘制其他文字细节部分，效果如图 12-1-23 所示。

图12-1-23

STEP24 ▶▶ 按【Ctrl+Shift+Alt+E】组合键，盖印除背景外的所有图层，并将其移动到右边空白处位置。最终效果如图 12-1-24 所示。

图12-1-24

12.2 水吧宣传DM单

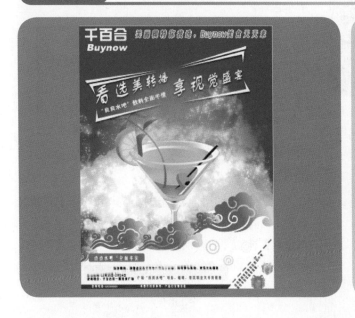

STEP1 ▶▶ 新建文件，设置【名称】：水吧宣传DM单，【宽度】：9厘米，【高度】：12厘米，【分辨率】：150像素/英寸，【颜色模式】：RGB颜色，【背景内容】：白色，如图12-2-1所示。

图12-2-1

STEP2 ▶▶ 设置前景色：红色，按【Alt+Delete】组合键填充前景色，并绘制椭圆选区，羽化选区，填充橙色。效果如图13-2-2所示。

图12-2-2

STEP3 ▶▶ 分别导入素材图片：星光.tif、云朵.tif和饮料杯.tif，调整其位置，并设置"星光"图层的【图层混合模式】：滤色。效果如图12-2-3所示。

> 提示
> 　　在导入素材过程中，应注意素材图层在【图层】面板中的位置关系。

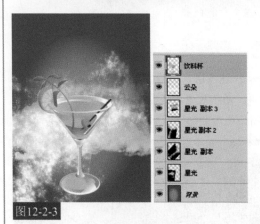

图12-2-3

STEP4 ▶▶ 选择工具箱中的【钢笔工具】，在其图像下方绘制波浪闭合路径。效果如图12-2-4所示。

图12-2-4

STEP5 ▶▶ 按【Ctrl+Enter】组合键,转换路径为选区。新建图层,并为选区填充白色。效果如图 12-2-5 所示。

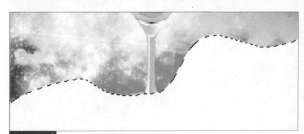

图12-2-5

STEP6 ▶▶ 导入素材祥云 .tif,选择工具箱中的【渐变工具】 ,载入祥云选区,并对其填充渐变色,复制多个祥云图层,分别调整其位置。效果如图 12-2-6 所示。

图12-2-6

STEP7 ▶▶ 新建图层,选择工具箱中的【多边形套索工具】 ,单击属性栏上的【添加到选区】按钮 在图像窗口中绘制选区,效果如图 12-2-7 所示。

图12-2-7

STEP8 ▶▶ 设置前景色:白色,并对其执行【图层样式】效果处理,为其添加阴影效果。效果如图 12-2-8 所示。

图12-2-8

STEP9 ▶▶ 新建图层,分别选择工具箱中的【矩形工具】 及其【圆角矩形工具】 ,单击属性栏上的【填充像素】按钮 ,分别设置前景色:浅蓝色和粉色,在其内部绘制装饰线条,效果如图 12-2-9 所示。

图12-2-9

STEP10 ▶▶ 导入素材图片:圆环 .tif 及礼盒 .tif,并分别调整其位置。效果如图 12-2-10 所示。

图12-2-10

STEP11 ▶▶ 单击【图层】面板下方的【创建新的填充或调整图层】按钮 ,打开快捷菜单,选择【色阶】命令,调整图像整体色调对比效果,如图 12-2-11 所示。

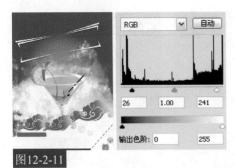

图12-2-11

STEP12 ▶▶ 选择工具箱中的【横排文字工具】$\boxed{T}$，在图像窗口中输入自己喜好的文字。效果如图12-2-12所示。

图12-2-12

STEP13 ▶▶ 对其主标题文字进行【投影】图层样式处理。效果如图12-2-13所示。

图12-2-13

STEP14 ▶▶ 对其副标题文字进行【描边】图层样式处理。最终效果如图12-2-14所示。

图12-2-14

12.3 手机促销DM单

📠 客户要求

本任务是设计一幅通信商家周年庆的手机促销DM单，要求整体色调以暖色为主，能体现出周年庆典的喜庆，并需要对其背景搭配的各种素材进行点缀，以促销手机为主体，并对手机性能和价格进行简单的阐述。

💿 光盘路径

素材：花纹.tif、条形环.tif、蝴蝶.tif、手机.tif
源文件：手机促销DM单.psd
视频：手机促销DM单.avi

STEP1 ▶▶ 新建文件，设置【名称】：手机促销 DM
单，【宽度】：9 厘米，【高度】：12 厘米，【分辨率】：
150 像素 / 英寸，【颜色模式】：RGB 颜色，【背景内
容】：白色，如图 12-3-1 所示。

图12-3-1

STEP2 ▶▶ 设置前景色：黑色，按【Alt+Delete】组
合键填充前景色。新建图层，选择工具箱中的【多
边形套索工具】，在图像窗口中绘制选区，设置
前景色：红色，按【Alt+Delete】组合键，填充前景
色。效果如图 12-3-2 所示。

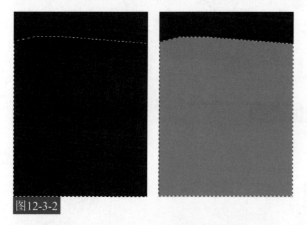

图12-3-2

STEP3 ▶▶ 双击"图层 1"，打开【图层样式】对话框，
对其执行【描边】处理。效果如图 12-3-3 所示。

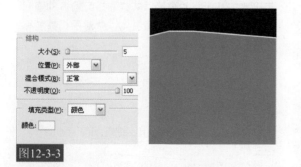

图12-3-3

STEP4 ▶▶ 导入素材：花纹 .tif 及条形环 .tif，并调整
其角度与位置。效果如图 12-3-4 所示。

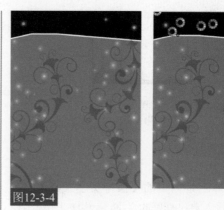

图12-3-4

STEP5 ▶▶ 新建图层，选择工具箱中的【椭圆选框工
具】，按住【Shift】键，在图像窗口左上方拖移，
绘制正圆选区，设置前景色：黑色，填充前景色。
效果如图 12-3-5 所示。

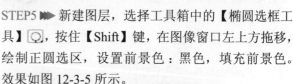

图12-3-5

STEP6 ▶▶ 双击该图层后面的空白处，打开【图层样
式】对话框，分别对其执行【内发光】及【外发光】
图层样式命令。效果如图 12-3-6 所示。

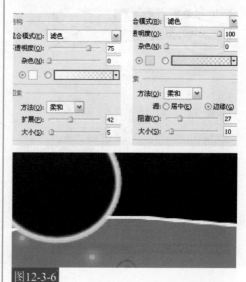

图12-3-6

STEP7 ▶ 按【Ctrl+J】组合键，复制生成新的半圆图层，按【Ctrl+T】组合键，打开自由变换调节框，调整其角度，效果如图 12-3-7 所示。

图12-3-7

STEP8 ▶ 选择工具箱中的【横排文字工具】 T ，分别输入自己喜好的文字。效果如图 12-3-8 所示。

图12-3-8

STEP9 ▶ 分别对其文字进行图层样式处理。效果如图 12-3-9 所示。

图12-3-9

STEP10 ▶ 新建图层，在其图像窗口上方绘制自定义形状，并对其进行【渐变叠加】图层样式处理。效果如图 12-3-10 所示。

图12-3-10

STEP11 ▶ 导入素材：蝴蝶 .tif，按【Ctrl+J】组合键若干次，复制生成若干蝴蝶图层，并分别调整其大小与位置，如图 12-3-11 所示。

图12-3-11

STEP12 ▶ 新建图层，选择工具箱中的【矩形选框工具】 ，绘制矩形选区。执行【选择】|【修改】|【平滑】命令，使其矩形边角圆润，设置前景色：枣红色，填充前景色，并对其添加图层蒙版，填充黑白渐变，隐藏部分图像。效果如图 12-3-12 所示。

图12-3-12

STEP13 ▶ 按【Ctrl+J】组合键若干次，复制生成若干新图层，分别调整其位置，并输入文字及说明区域内容。效果效果如图 12-3-13 所示。

图12-3-13

STEP14 ▶ 分别导入"手机"素材，并输入其说明文字。效果如图 12-3-14 所示。

图12-3-14

STEP15 新建图层,设置前景色:黑色。绘制矩形,并输入文字。效果如图 12-3-15 所示。

图12-3-15

STEP16 单击【图层】面板下方的【创建新的填充或调整图层】按钮，打开快捷菜单，选择【色阶】命令，打开【色阶】对话框，设置参数：14，1.22，215。效果如图 12-3-16 所示。

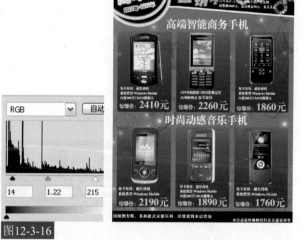

图12-3-16

12.4 冰淇淋店DM单

客户要求

冰淇淋是人人都爱吃的冰冻甜食，冰淇淋火锅更是别有一番风味。本任务便是设计一幅开业大酬宾的火锅冰淇淋店DM宣传单。在制作的过程中，要求色彩鲜艳、内容丰富，并且能突出火锅冰淇淋的特色与该广告的主题，使人一看就有购买的欲望，从而达到广告的宣传效果。

光盘路径

素材：冰淇淋.tif
源文件：冰淇淋店DM单.psd
视频：冰淇淋店DM单.avi

STEP1 ▶▶ 新建文件，设置【名称】：冰淇淋广告，【宽度】：14 厘米，【高度】：10 厘米，【分辨率】：200 像素 / 英寸，【颜色模式】：RGB 颜色，【背景内容】：白色，如图 12-4-1 所示。

图12-4-1

STEP2 ▶▶ 选择工具箱中的【渐变工具】■，绘制渐变色，并导入素材：冰淇淋 .tif，自动生成"图层 1"。效果如图 12-4-2 所示。

图12-4-2

STEP3 ▶▶ 在"图层 1"下方新建"图层 2"。选择工具箱中的【钢笔工具】，在锅顶绘制路径。效果如图 12-4-3 所示。

图12-4-3

STEP4 ▶▶ 按【Ctrl+Enter】组合键转换路径为选区，设置【羽化】：1 像素，并绘制渐变色，为其添加底色效果，如图 12-4-4 所示。按【Ctrl+D】组合键，取消选区。

图12-4-4

STEP5 ▶▶ 选择工具箱中的【钢笔工具】，单击【添加到选区】按钮，绘制高光区域的闭合路径。效果如图 12-4-5 所示。

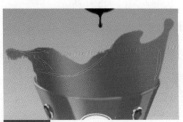

图12-4-5

STEP6 ▶▶ 按【Ctrl+Enter】组合键转换路径为选区，并设置【羽化】：2 像素。新建图层，并为选区填充白色。效果如图 12-4-6 所示。

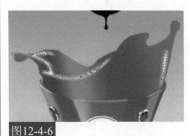

图12-4-6

STEP7 ▶▶ 绘制阴影区域路径，效果如图 12-4-7 所示。

图12-4-7

STEP8 ▶▶ 按【Ctrl+Enter】组合键转换路径为选区，并设置【羽化】：2 像素。单击按钮，选择【曲线】命令，向下调整【曲线】幅度，降低选区内容亮度。效果如图 12-4-8 所示。

图12-4-8

STEP9 ▶▶ 设置前景色：黑色，选择工具箱中的【画笔工具】 ⌀，在蒙版中隐藏部分【曲线】效果，使阴影更加柔和自然。效果如图 12-4-9 所示。

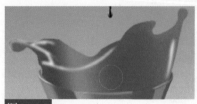

图12-4-9

STEP10 ▶▶ 复制"曲线 1"调整图层，并再次绘制阴影路径。效果如图 12-4-10 所示。

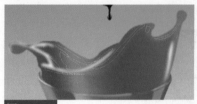

图12-4-10

STEP11 ▶▶ 按【Ctrl+Enter】组合键转换路径为选区，并设置【羽化】：2 像素。设置背景色：白色，选择工具箱中的【橡皮擦工具】 ⌀，显示选区内的【曲线】阴影效果，如图 12-4-11 所示。

图12-4-11

STEP12 ▶▶ 按【Ctrl+Shift+Alt+E】组合键，盖印可见图层，并载入"曲线 1 副本"调整图层的暗部选区，然后选择工具箱中的【加深工具】 ⌀，加深暗部，增强整体对比度。效果如图 12-4-12 所示。

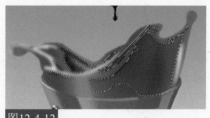

图12-4-12

STEP13 ▶▶ 按【Ctrl+Shift+I】组合键，反选选区，选择工具箱中的【减淡工具】 ⌀，减淡高光，增强立体质感。效果如图 12-4-13 所示。

图12-4-13

STEP14 ▶▶ 按【Ctrl+D】组合键，取消选区，并选择工具箱中的【模糊工具】 ⌀ 与【涂抹工具】 ⌀，进一步柔化暗部，使其更加自然。效果如图 12-4-14 所示。

图12-4-14

STEP15 ▶▶ 新建"图层 5"，在冰淇淋左侧绘制滴溅形状的闭合路径。转换路径为选区，并填充选区内容为褐红色。效果如图 12-4-15 所示。

图12-4-15

STEP16 ▶▶ 选择工具箱中的【加深工具】 🖐 与【减淡工具】 🖐，加深减淡图像的高光与暗部，增强立体质感。并在高光位置涂抹绘制白色高光亮点。效果如图12-4-16所示。

图12-4-16

STEP17 ▶▶ 复制多个"图层5副本"，并按【Ctrl+T】组合键，打开自由变换调节框，调整各副本图像的大小与位置，并按【Ctrl+E】组合键，向下合并所有滴溅图形。效果如图12-4-17所示。

图12-4-17

STEP18 ▶▶ 双击"图层1"，打开【图层样式】对话框，单击【投影】复选框，设置【颜色】：褐红色，【距离】：20像素，【大小】：15像素。其他参数保存默认值。效果如图12-4-18所示。

图12-4-18

STEP19 ▶▶ 右击【投影】效果层，选择【创建图层】

命令，将效果层转换为普通层。选择工具箱中的【橡皮擦工具】 🖐，擦除多余投影效果，如图12-4-19所示。

图12-4-19

STEP20 ▶▶ 在面板最上方新建"图层6"。选择工具箱中的【椭圆选框工具】 ◯，单击【添加到选区】按钮 ◻，绘制多个椭圆选区，并填充选区内容为白色。效果如图12-4-20所示。

图12-4-20

STEP21 ▶▶ 取消选区，设置"图层6"的【图层混合模式】：叠加。执行【滤镜】|【模糊】|【高斯模糊】命令，设置参数：5像素。选择工具箱中的【橡皮擦工具】 🖐，擦除部分圆圈图形，增加层次感。效果如图12-4-21所示。

图12-4-21

STEP22 ▶▶ 在"图层5"下方，新建"图层7"。选择工具箱中的【自定形状工具】，在窗口左上侧绘制白色"红心形卡"图案，并按【Ctrl+T】组合键，打开自由变换调节框，调整图形视觉角度。选择工具箱中的【画笔工具】，在左侧绘制颜色，如图12-4-22所示。

图12-4-22

STEP23 ▶▶ 选择"图层6"，使用【横排文字工具】T，在窗口中输入文字，并分别为其添加【描边】效果。最终效果如图12-4-23所示。

图12-4-23

12.5 圣诞节DM单

客户要求

要使自己设计的圣诞节DM单脱颖而出，深深抓住人们的视线，就要在色彩和文字下功夫。

光盘路径

素材：星光一.tif、小熊.tif、烟花.tif、五星.tif 、圣诞女郎.tif、开心圣诞节.tif、礼物.tif、星光二.tif 、Nice Christmas.tif
源文件：圣诞节DM单.psd
视频：圣诞节DM单.avi

STEP1 ▶▶ 新建文件，设置【名称】：圣诞节 DM 单，【宽度】：16 厘米，【高度】：9 厘米，【分辨率】：150 像素 / 英寸，【颜色模式】：RGB 颜色，【背景内容】：白色，如图 12-5-1 所示。

图12-5-1

STEP2 ▶▶ 选择工具箱中的【渐变工具】▣，绘制渐变色。导入素材：星光一 .tif，自动生成"星光一"图层。效果如图 12-5-2 所示。

图12-5-2

STEP3 ▶▶ 执行【高斯模糊】命令，设置参数：3 像素，模糊"星光一"图层。执行【亮度 / 对比度】命令，设置参数：2，51，调整整体图像的亮度和对比度。效果如图 12-5-3 所示。

图12-5-3

STEP4 ▶▶ 选择工具箱中的【钢笔工具】✎，在图像窗口左侧绘制路径。按【Ctrl+Enter】组合键，将路径转换为选区，并羽化选区为 2 像素，如图 12-5-4 所示。

图12-5-4

STEP5 ▶▶ 新建"图层 1"，设置前景色并按【Alt+Delete】组合键填充选区，按【Ctrl+D】组合键，取消选区。复制"图层 1"两次，按【Ctrl+T】组合键，水平翻转图像，并放在合适的位置，按【Ctrl】键确定。效果如图 12-5-5 所示。

图12-5-5

STEP6 ▶▶ 新建"图层 2"，选择工具箱中的【自定形状工具】🖉，绘制小同颜色的形状。选择工具箱中的【横排文字工具】Ⓣ，设置合适的字体和文本大小，然后输入文字。效果如图 12-5-6 所示。

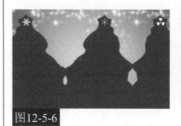 

图12-5-6

STEP7 ▶▶ 分别导入素材图片：小熊 .tif、烟花 .tif、五星 .tif、圣诞女郎 .tif 和开心圣诞节 .tif，摆放在窗口中合适的位置，如图 12-5-7 所示。

图12-5-7

STEP8 ▶▶ 选择工具箱中的【横排文字工具】Ⓣ，在窗口左侧输入文字。并按【Ctrl+T】组合键，旋转文字并改变文字的大小。为文字添加【投影】效果，如图 12-5-8 所示。

图12-5-8

图12-5-12

STEP9 ▶▶ 打开文字的【描边】面板，为文字添加描边，如图 12-5-9 所示。

STEP13 ▶▶ 执行【亮度 / 对比度】命令，调整图像的亮度和对比度，如图 12-5-13 所示。

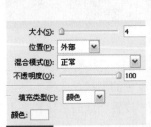

图12-5-9

图12-5-13

STEP10 ▶▶ 继续用【横排文字工具】T，输入文字并添加【描边】效果，如图 12-5-10 所示。

STEP14 ▶▶ 新建"图层 4"，选择工具箱中的【圆角矩形工具】，在窗口下方绘制圆角矩形。为图像填充渐变色并添加【描边】效果，如图 12-5-14 所示。

STEP15 ▶▶ 选择工具箱中的【横排文字工具】T，在"图层 4"上输入文字，并修饰文字效果，如图 12-5-15 所示。

图12-5-10

STEP11 ▶▶ 新建"图层 3"，选择工具箱中的【画笔工具】，在文字上涂抹颜色。继续选择工具箱中的【横排文字工具】T，输入文字并添加【投影】效果，如图 12-5-11 所示。

图12-5-11

STEP12 ▶▶ 导入素材图片：礼物 .tif，摆放在图像窗口的右下角，如图 12-5-12 所示。

图12-5-14

图12-5-15

STEP15 ▶▶ 导入素材图片：星光二 .tif 和 Nice Christmas.tif。图像的最终效果如图 12-5-16 所示。

图12-5-16

CHAPTER

13 ——招贴设计

　　本章提供了多个招贴设计的模拟任务供读者思考。读者朋友可以发挥自己的潜在设计能力，并综合以往的练习经验，创作出与客户理念贴近的设计效果。当然如果在接受一个任务前，读者能够自觉地进行资料收集，这更加有助于自我能力的提升，并且可以很好的解释出自己作品的内涵。设计完后的作品可以主动与后面提供的参考案例效果对比，如果觉得自己有所不足则可以及时修复自己的知识薄弱处，以便提升自己的能力。

13.1 矿泉水招贴设计

客户要求

　　矿泉水在人们生活中是不可或缺的，在看似没有营养的矿泉水中，其实含有丰富的微量元素，对人们的健康起着关键的作用。所以本例设计要求首先需要突出表现矿泉水中的营养元素；其次，对整体颜色的把握要做到清新简洁，符合矿泉水的特点。

光盘路径

素材：云.tif、山.tif、矿泉水.tif、人物一.tif、
　　　人物二.tif、人物三.tif、矿泉水.tif、矿泉
　　　水和标志.tif
源文件：矿泉水招贴设计.psd
视频：矿泉水招贴设计.avi

STEP1 ▶▶ 新建文件，设置【名称】：矿泉水招贴设计，【宽度】：17 厘米，【高度】：15 厘米 / 英寸，【分辨率】：100 像素 / 英寸，【颜色模式】：RGB 颜色，【背景内容】：白色。如图 13-1-1 所示。

图13-1-1

STEP2 ▶▶ 选择工具箱中的【渐变工具】，填充渐变色，如图 13-1-2 所示。

STEP3 ▶▶ 导入素材图片：云.tif，复制"云"图层若干次，分别制作【自由变换】命令，旋转图像，改变图像的位置，并运用【橡皮擦工具】，擦除部分图像。效果如图 13-1-3 所示。

图13-1-2

图13-1-3

STEP4 ▶▶ 导入素材图片：山.tif，选择工具箱中的【橡皮擦工具】，擦除部分图像，使其与背景图像自然的融合在一起。效果如图 13-1-4 所示。

图13-1-4

STEP5 ▶▶ 执行【色相/饱和度】命令，调整"山"图层的色相和饱和度。新建"图层1"，选择工具箱中的【画笔工具】✐，在天空与山的交界处、山与湖面的交界处涂抹白色，并设置【图层混合模式】：叠加。效果如图13-1-5所示。

图13-1-5

STEP6 ▶▶ 按【Shift+Ctrl+Alt+E】组合键，盖印可视图层。选择工具箱中的【加深工具】◉，涂抹加深图像部分区域的颜色，如图13-1-6所示。

图13-1-6

STEP7 ▶▶ 执行【色阶】命令，调整图像的整体对比度，增强图像的暗部和高光，如图13-1-7所示。

图13-1-7

STEP8 ▶▶ 选择工具箱中的【椭圆选框工具】◯，

在像窗口中拖移，绘制椭圆选区。新建图层，选择工具箱中的【画笔工具】✐，在选区中涂抹不同的颜色，配合调整图层命令，制作出泡泡图像效果。效果如图13-1-8所示。

图13-1-8

STEP9 ▶▶ 复制泡泡多次，并分别使用【自由变换】命令，改变图像的大小、形状和位置。工具箱中的选择【横排文字工具】Ｔ，在部分泡泡上输入文字，如图13-1-9所示。

图13-1-9

STEP10 ▶▶ 导入素材图片：矿泉水.tif，如图13-1-10所示。

图13-1-10

STEP11 ▶▶ 新建图层，选择工具箱中的【钢笔工具】◊，在图像窗口下方绘制不同的选区并填充颜色，如图13-1-11所示。

图13-1-11

STEP12 ▶▶ 导入素材图片：人物一 .tif、人物二 .tif 和人物三 .tif，并分别执行【自由变换】命令，改变图像的大小和位置，如图 13-1-12 所示。

图13-1-12

STEP13 ▶▶ 选择工具箱中的【钢笔工具】 ，在图像窗口中绘制路径，如图 13-1-13 所示。

图13-1-13

STEP14 ▶▶ 选择工具箱中的【横排文字工具】 T ，沿路径输入文字并添加【投影】和【描边】效果，如图 13-1-14 所示。

图13-1-14

STEP15 ▶▶ 导入素材图片：矿泉水和标志 .tif，放在图像窗口的右下方，如图 13-1-15 所示。

图13-1-15

STEP16 ▶▶ 执行【色阶】命令，调整图像的整体对比度。最终效果如图 13-1-16 所示。

图13-1-16

13.2 橙汁宣传招贴设计

📠 客户要求

　　橙汁是大多数女性最珍爱的饮品，一是因为其味道鲜美，二是因为它含有丰富的维生素C。因此在设计本案例时，应该偏向女性化，并突出可爱元素。对颜色的选择要求则是以橙色为主，让人们一看就能自然联想到橙汁；在素材方面，则首选橙子为主要素材，再搭配其他小元素。

💿 光盘路径

素材：橙子一.tif 、橙子二.tif 、橙子三.tif 、
　　　橙汁.tif 、翅膀.tif
源文件：橙汁宣传招贴设计.psd
视频：橙汁宣传招贴设计.avi

STEP1 ▶▶ 新建文件，设置【名称】：橙汁宣传招贴设计，【宽度】：17 厘米，【高度】：11 厘米，【分辨率】：150 像素 / 英寸，【颜色模式】：RGB 颜色，【背景内容】：白色。效果如图 13-2-1 所示。

图13-2-1

STEP2 ▶▶ 选择工具箱中的【渐变工具】■，在图像窗口中绘制渐变色，如图 13-2-2 所示。

图13-2-2

STEP3 ▶▶ 选择工具箱中的【加深工具】，涂抹图像的四周边缘，加深颜色，如图 13-2-3 所示。

图13-2-3

STEP4 ▶▶ 选择工具箱中的【钢笔工具】，在窗口下方绘制选区。新建"图层 1"，填充选区为绿色。按【Ctrl+D】组合键，取消选区。效果如图 13-2-4 所示。

图13-2-4

STEP5 ▶▶ 复制"图层 1"，生成"图层 1 副本"，设置【图层混合模式】：正片叠底。为"图层 1 副本"添加蒙版，选择工具箱中的【画笔工具】，涂抹隐藏部分图像。效果如图 13-2-5 所示。

图13-2-5

STEP6 ▶▶ 导入素材图片：橙汁 .tif。新建"图层 3"，
为瓶子绘制影子效果，并执行【高斯模糊】命令，
模糊图像。效果如图 13-2-6 所示。

图13-2-6

STEP7 ▶▶ 新建"图层 4"，在瓶子上方绘制吸管图像，
并添加【内阴影】和【斜面和浮雕】效果。导入素
材图片：橙子一 .tif，放在图像窗口的右上角，如
图 13-2-7 所示。

图13-2-7

STEP8 ▶▶ 导入素材图片：橙子二 .tif，放在图像窗
口右下角，并选择工具箱中的【橡皮擦工具】🖉，
擦除部分图像。复制"橙子二"图层两次，分别
运用【橡皮擦工具】🖉，擦除部分图像。效果如
图 13-2-8 所示。

图13-2-8

STEP9 ▶▶ 打开素材图片：橙子三 .tif，将其导入到
图像窗口左上方，按【Ctrl+T】组合键，改变图像

的形状，如图 13-2-9 所示。

图13-2-9

STEP10 ▶▶ 选择工具箱中的【加深工具】◎，涂抹
图像局部，加深局部颜色。新建"图层 5"，选择工
具箱中的【画笔工具】🖉，在橙子上方涂抹颜色，
如图 13-2-10 所示。

图13-2-10

STEP11 ▶▶ 新建"图层 6"，选择工具箱中的【画笔
工具】🖉，在橙子上涂抹颜色。新建"图层 7"，选
择工具箱中的【椭圆工具】◎，在橙子上绘制眼睛，
如图 13-2-11 所示。

图13-2-11

STEP12 ▶▶ 新建"图层 8"，选择工具箱中的【钢笔
工具】◎，为橙子绘制嘴巴，并填充为橙皮颜色。
效果如图 13-2-12 所示。

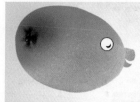

图13-2-12

STEP13 ▶▶ 为"图层8"添加【斜面和浮雕】效果。新建"图层8",选择工具箱中的【画笔工具】 ✐,在嘴巴上绘制颜色。复制"图层7",生成"图层7副本",改变图像的大小,摆放在橙子的鼻子上。效果如图 13-2-13 所示。

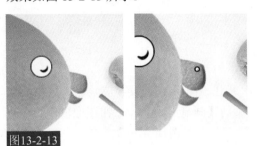

图13-2-13

STEP14 ▶▶ 导入素材图片:翅膀.tif,执行【色相/饱和度】命令,调整图像的色相和饱和度。效果如图 13-2-14 所示。

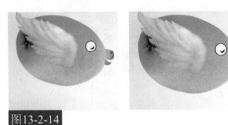

图13-2-14

STEP15 ▶▶ 复制工具箱中的"翅膀"图层,得到"翅膀副本"图层,将其拖到"橙子三"图层的下方,如图 13-2-15 所示。

图13-2-15

STEP16 ▶▶ 选择工具箱中的【横排文字工具】 Ⓣ,在窗口左下方输入文字。图像的最终效果如图 13-2-16 所示。

图13-2-16

13.3 洗浴中心招贴设计

客户要求

　　洗浴中心的宣传对象主要针对男性。因此在设计本例时,颜色方面应该以深色为主,可搭配男性人物作为主要素材。除此之外,在文字上应重点突出洗浴中心的名字,以便吸引消费者。

光盘路径

素材:云.tif、罗马建筑.tif、人物素材.tif、相
　　　框.tif
源文件:洗浴中心招贴设计.psd
视频:洗浴中心招贴设计.avi

STEP1 ▶▶ 新建文件，设置【名称】：洗浴中心招贴设计，【宽度】：13 厘米，【高度】：17 厘米，【分辨率】：100 像素 / 英寸，【颜色模式】：RGB 颜色，【背景内容】：白色。效果如图 13-3-1 所示。

图13-3-1

STEP2 ▶▶ 选择工具箱中的【渐变工具】□，打开【渐变编辑器】，设置渐变色，在图像窗口中拖移填充渐变色，效果如图 13-3-2 所示。

图13-3-2

STEP3 ▶▶ 选择工具箱中的【加深工具】◎和【减淡工具】♥，分别涂抹图像窗口的上方和中间，加深和减淡颜色，效果如图 13-3-3 所示。

图13-3-3

STEP4 ▶▶ 导入素材图片：云 .tif，摆放在图像窗口的上方，选择工具箱中的【橡皮擦工具】◢，涂抹擦除部分图像，如图 13-3-4 所示。

图13-3-4

STEP5 ▶▶ 新建"图层 1"，设置前景色：黄色，选择工具箱中的【画笔工具】✐，在图像窗口的中间涂抹颜色。导入素材图片：罗马建筑 .tif，摆放在图像窗口的中间，如图 13-3-5 所示。

图13-3-5

STEP6 ▶▶ 打开"罗马建筑"图层的【内阴影】面板，为图层添加【内阴影】效果，如图 13-3-6 所示。

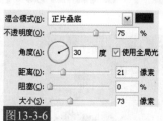

图13-3-6

STEP7 ▶▶ 载入"罗马建筑"选区，新建"图层 2"，设置前景色：橙色，填充选区，并设置【图层混合模式】和【不透明度】，如图 13-3-7 所示。

图13-3-7

STEP8 ▶▶ 执行【色相 / 饱和度】命令，调整"罗马建筑"图层的色相和饱和度，如图 13-3-8 所示。

图13-3-8

STEP9 ▶▶ 导入素材图片：人物素材 .tif，将其摆放在窗口的右侧。执行【亮度 / 对比度】命令，调整图像的亮度和对比度，如图 13-3-9 所示。

图13-3-9

STEP10 ▶▶ 新建"图层 3"，设置前景色：红色，选择工具箱中的【矩形工具】，在窗口下方绘制矩形，如图 13-3-10 所示。

图13-3-10

STEP11 ▶▶ 打开"图层 3"的【图层样式】面板，为图层添加【外发光】和【图案叠加】效果，如图 13-3-11 所示。

图13-3-11

STEP12 ▶▶ 选择工具箱中的【横排文字工具】Ｔ，在窗口左上方输入文字，并选择工具箱中的【自定形状工具】，添加上装饰。效果如图 13-3-12 所示。

图13-3-12

STEP13 ▶▶ 导入素材图片：相框 .tif，将其摆放在图像窗口的下方，如图 13-3-13 所示。

图13-3-13

STEP14 ▶▶ 执行【亮度 / 对比度】命令，调整"相框"图层的亮度和对比度。图像的整体效果如图 13-3-14 所示。

图13-3-14

13.4 剃须刀招贴广告设计

STEP1 ▶▶ 新建文件，设置【名称】：剃须刀招贴广告，【宽度】：9 厘米，【高度】：12 厘米，【分辨率】：150 像素 / 英寸，【颜色模式】：RGB 颜色，【背景内容】：白色，如图 13-4-1 所示。

图13-4-1

STEP2 ▶▶ 选择工具箱中的【渐变工具】，绘制渐变色，并导入素材：海边 .tif. 文件，调整其角度。选择工具箱中的【橡皮擦工具】，在其海边上方轻微擦除，效果如图 13-4-2 所示。

图13-4-2

STEP3 ▶▶ 新建图层，选择工具箱中的【多边形套索工具】，在图像窗口中绘制选区，羽化选区，设置前景色：蓝色，并设置该图层的【图层混合模式】：叠加，效果如图 13-4-3 所示。

图13-4-3

STEP4 ▶▶ 单击【图层】面板下方的【创建新的填充或调整图层】按钮，打开快捷菜单，分别对其执行【照片滤镜】、【色阶】、【色相 / 饱和度】等图像调整命令。图像效果如图 13-4-4 所示。

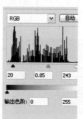

图13-4-4

图13-4-4（续）

STEP5 ▸▸ 新建图层，选择工具箱中的【矩形选框工具】⬚，绘制矩形选区。设置前景色：蓝色，按【Alt+Delete】组合键填充前景色，效果如图13-4-5所示。

图13-4-5

STEP6 ▸▸ 执行【滤镜】|【素描】|【半调图案】命令，效果如图13-4-6所示。

图13-4-6

STEP7 ▸▸ 执行【选择】|【色彩范围】命令，吸取网格中的白色像素，载入其选区，按【Delete】键，删除选区内容，并调整其角度，效果如图13-4-7所示。

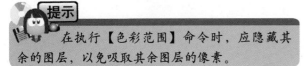

提示

在执行【色彩范围】命令时，应隐藏其余的图层，以免吸取其余图层的像素。

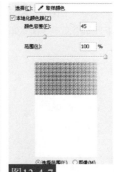

图13-4-7

STEP8 ▸▸ 按【Ctrl+J】组合键，复制并生成新的网点图层，设置该图层的【图层混合模式】：正片叠底。效果如图13-4-8所示。

图13-4-8

STEP9 ▸▸ 新建图层，选择工具箱中的【矩形选框工具】⬚，绘制矩形选区，并调整其选区角度，羽化选区。设置前景色：蓝色，按【Alt+Delete】组合键，填充前景色，效果如图13-4-9所示。

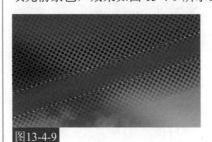

图13-4-9

STEP10 ▸▸ 导入素材"剃须刀"，并对其执行【曲线】命令。效果如图13-4-10所示。

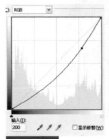

图13-4-10

STEP11 ▶▶ 导入素材：水珠 .tif，设置该图层的【图层混合模式】：正片叠底，并在其内部轻微擦除，如图 13-4-11 所示。

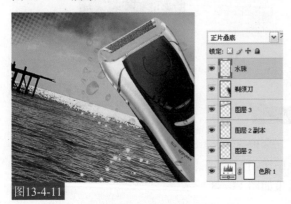
图13-4-11

STEP12 ▶▶ 新建图层，选择工具箱中的【多边形套索工具】，在其图像下方绘制多边形选区，并羽化选区。设置前景色：蓝色，按【Alt+Delete】组合键，填充前景色。效果如图 13-4-12 所示。

图13-4-12

STEP13 ▶▶ 新建图层，设置前景色：白色，在其图像下方绘制圆角矩形。选中剃须刀图层，分别框选剃须刀图像，按【Ctrl+J】组合键，复制生成选区内容，并分别调整其位置。效果如图 13-4-13 所示。

图13-4-13

STEP14 ▶▶ 输入文字并绘制产品 LOGO，效果如图 13-4-14 所示。

图13-4-14

STEP15 ▶▶ 单击【图层】面板下方的【创建新的填充或调整图层】按钮，执行【色阶】命令，图像最终效果如图 13-4-15 所示。

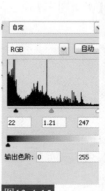
图13-4-15

13.5 时裳诱货招贴设计

客户要求

制作本例的目的是使读者了解并掌握在 Photoshop软件中制作女装和女士用品店铺招贴广告的方法与技巧。在制作的过程中，主要运用了【渐变工具】、【钢笔工具】和【多边形套索工具】，绘制广告的主题背景；再使用【椭圆工具】和【自定形状工具】等，配合【色相/饱和度】命令，绘制不同颜色的形状；最后为其添加文字介绍，最终获得一幅时尚的店铺招贴广告。

光盘路径

素材：美女1.tif、美女2.tif
源文件：时裳诱货招贴设计.psd
视频：时裳诱货招贴设计.avi

STEP1 ▶▶ 新建文件，设置【名称】：时裳诱货招贴设计，【宽度】：6 厘米，【高度】：9 厘米，【分辨率】：200 像素／英寸，【颜色模式】：RGB 颜色，【背景内容】：白色。效果如图 13-5-1 所示。

图13-5-1

STEP2 ▶▶ 选择工具箱中的【渐变工具】▣，设置渐变色，在窗口中拖移，填充渐变色，如图 13-5-2 所示。

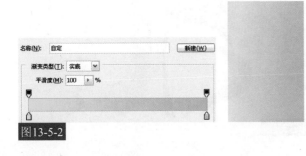

图13-5-2

STEP3 ▶▶ 新建"图层 1"，选择工具箱中的【多边形套索工具】☑，在窗口中绘制选区并填充粉红色。新建"图层 2"，设置前景色：蓝色，继续使用【多边形套索工具】☑，窗口左下方绘制选区并填充。效果如图 13-5-3 所示。

图13-5-3

STEP4 ▶▶ 新建"图层 3"，选择工具箱中的【多边形套索工具】☑，在窗口左侧绘制选区。选择工具箱中的【渐变工具】▣，设置渐变色，在窗口中拖移，填充渐变色。新建"图层 4"，设置前景色：黄色，选择工具箱中的【钢笔工具】☑，在窗口下方绘制选区并填充颜色，如图 13-5-4 所示。

图13-5-4

STEP5 ▶▶ 新建"图层5"，设置前景色：白色，继续使用【钢笔工具】，在窗口下方绘制选区并填充颜色。新建"图层6"，选择工具箱中的【自定形状工具】，设置【形状】：爆炸1，在窗口左上方绘制形状。效果如图13-5-5所示。

图13-5-5

STEP6 ▶▶ 新建"图层7"，设置前景色：淡黄色，选择工具箱中的【椭圆工具】，在窗口中绘制正圆。设置前景色：棕色，继续绘制正圆。效果如图13-5-6所示。

图13-5-6

STEP7 ▶▶ 设置前景色：白色，继续使用【椭圆工具】绘制正圆。复制"图层7"，生成"图层7副本"，执行【自由变换】命令，改变图像的大小和位置；

执行【色相/饱和度】命令，改变图像的颜色，如图13-5-7所示。

图13-5-7

STEP8 ▶▶ 用相同的方法，复制"图层7"多次，并分别执行【自由变换】命令和【色相/饱和度】命令，改变图像的大小、位置和颜色。选择工具箱中的【钢笔工具】，在窗口右下角绘制选区。效果如图13-5-8所示。

图13-5-8

STEP9 ▶▶ 新建"图层8"，选择工具箱中的【渐变工具】，设置渐变色，在窗口中拖移填充渐变色。按【Ctrl+D】组合键，取消选区。新建"图层9"，选择工具箱中的【椭圆工具】，在窗口中绘制不同颜色的正圆，如图13-5-9所示。

图13-5-9

STEP10 ▶▶ 导入素材图片：美女 1.tif，摆放在图像窗口的左下角。用相同的方法，导入素材图片：美女 2.tif，摆放在窗口的下方。效果如图 13-5-10 所示。

STEP12 ▶▶ 执行【色阶】命令，调整图像的整体对比度。调整完毕后，图像的最终效果如图 13-5-12 所示。

图13-5-10

STEP11 ▶▶ 选择工具箱中的【横排文字工具】T，在窗口中圆圈内分别输入文字，如图 13-5-11 所示。

图13-5-12

图13-5-11

CHAPTER

14 ——商业POP设计

　　本章设计了多个POP设计的任务供读者思考和拓展。由于POP商业性和主题都很强，所以在设计的时候要注重感染力的表现，以及作品引人注目的程度。一般POP都会直接附加于产品旁边或店面门口，文字的设计必不可少，所以大家在设计POP的时候尤其要重视文字设计的表现效果。通过本章的对比学习，希望读者能够发现自己的不足之处，有针对性的提升自己的功力。

14.1 新款宣传POP设计

📠 **客户要求**

POP是英文Point Of Purchase的缩写，意为"卖点广告"，是短期促销所使用的。其表现形式夸张幽默、色彩强烈，能有效地吸引顾客的视点唤起购买欲。设计本例时，需以熟悉的鱼形为外形，醒目的绿色为主色调，增加画面的清新和可爱感。

💿 **光盘路径**

素材：无

源文件：新款宣传POP设计.psd

视频：新款宣传POP设计.avi

STEP1 ▶▶ 新建文件，设置【名称】：新款宣传POP设计，【宽度】：18厘米，【高度】：12厘米，【分辨率】：150像素/英寸，【颜色模式】：RGB颜色，【背景内容】：白色，如图14-1-1所示。

图14-1-1

STEP2 ▶▶ 选择工具箱中的【渐变工具】■，设置渐变色，在图像窗口中填充渐变色。效果如图14-1-2所示。

图14-1-2

STEP3 ▶▶ 选择工具箱中的【钢笔工具】，在图像窗口中绘制路径。按【Ctrl+Enter】组合键并将路径转换为选区，如图14-1-3所示。

图14-1-3

STEP4 ▶▶ 新建"图层1"，填充选区为绿色。按【Ctrl+D】组合键，取消选区。效果如图14-1-4所示。

图14-1-4

STEP5 ▶▶ 选择工具箱中的【加深工具】，涂抹"图层1"的四周边缘，加深颜色，如图14-1-5所示。

图14-1-5

STEP6 ▶▶ 选择工具箱中的【钢笔工具】⚫，在"图层1"上绘制选区，如图14-1-6所示。

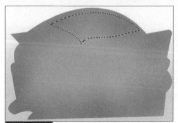
图14-1-6

STEP7 ▶▶ 新建"图层2"，设置前景色：白色，选择工具箱中的【画笔工具】✎，在选区中绘制颜色。按【Ctrl+D】组合键，取消选区。调整【图层】面板上的【不透明度】，并选择工具箱中的【橡皮擦工具】✎，擦除部分图像。效果如图14-1-7所示。

图14-1-7

STEP8 ▶▶ 新建"图层3"，设置前景色：绿色，选择工具箱中的【圆角矩形工具】▢，单击属性栏上的【填充像素】按钮▢，在窗口中绘制圆角矩形，并按【Ctrl+T】组合键，打开自由变换调节框，改变图像的形状。效果如图14-1-8所示。

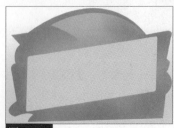
图14-1-8

STEP9 ▶▶ 打开"图层3"的【图案叠加】面板，为图像叠加图案效果，如图14-1-9所示。

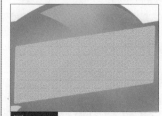
图14-1-9

STEP10 ▶▶ 设置"图层3"的【不透明度】，并选择工具箱中的【橡皮擦工具】✎，擦除部分图像。效果如图14-1-10所示。

图14-1-10

STEP11 ▶▶ 新建"图层4"，设置前景色：黑色，继续使用【圆角矩形工具】▢，在窗口中绘制圆角矩形，并按【Ctrl+T】组合键，打开自由变换调节框，改变图像的形状。选择工具箱中的【横排文字工具】T，在窗口中输入文字，并按【Ctrl+T】组合键，旋转文字并改变其形状，如图14-1-11所示。

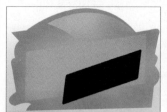 
图14-1-11

STEP12 ▶▶ 打开文字的【图层样式】面板，为文字添加【投影】和【描边】效果，如图14-1-12所示。

图14-1-12

STEP13 ▶▶ 选择工具箱中的【椭圆选框工具】 ⬭，在图像窗口上方拖移绘制椭圆选区。新建"图层5"，设置前景色：白色，选择工具箱中的【画笔工具】 ✐，在选区中涂抹颜色，按【Ctrl+D】组合键，取消选区。绘制出泡泡图像，如图 14-1-13 所示。

图14-1-13

STEP14 ▶▶ 复制"图层5"多次，分别执行【自由变换】命令，改变图像大小和位置，如图 14-1-14 所示。

图14-1-14

STEP15 ▶▶ 新建"图层6"，设置前景色：绿色，选择工具箱中的【矩形工具】 ▣ 和【椭圆工具】 ◉，在窗口中绘制矩形和椭圆。打开"图层6"的【斜面和浮雕】面板，为其添加【斜面和浮雕】效果，如图 14-1-15 所示。

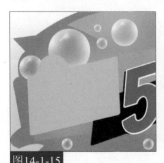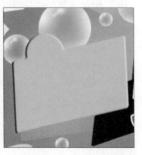

图14-1-15

STEP16 ▶▶ 新建"图层7"，设置前景色：黑色，载入"图层6"选区，执行【描边】命令，为"图层6"描边，如图 14-1-16 所示。

图14-1-16

STEP17 ▶▶ 选择工具箱中的【横排文字工具】 T，在"图层6"上输入文字。打开文字的【描边】面板，为其添加描边效果。新建"图层8"，选择工具箱中的【自定形状工具】 ▨，在文字下方绘制形状，如图 14-1-17 所示。

图14-1-17

STEP18 ▶▶ 继续使用【横排文字工具】 T，在"图层6"上输入文字。打开文字的【描边】面板，为其添加描边效果。选择工具箱中的【钢笔工具】 ✎，在"图层6"上方绘制选区，如图 14-1-18 所示。

图14-1-18

STEP19 ▶▶ 新建"图层9"，设置前景色：黄色，填充选区并设置图层的【不透明度】。继续使用【横

排文字工具】T，在图像窗口的右下角输入文字，
并为文字添加【描边】，如图14-1-19所示。

图14-1-19

图14-1-20

STEP20 ▶▶ 执行【亮度／对比度】命令，调整图像
的整体对比度，加深绿色。最终效果如图14-1-20
所示。

14.2 立体POP设计

客户要求

立体POP是POP中特有的一种造型，其特点是
造型设计具有立体效果，便于摆放在柜台或其他
地方。本例设计的玩具人物立体POP，一是在造型
上需要设计为立体效果，二是需要绘制夸张可爱
的玩具人物图像为主；最后要为图像添加倒影效
果，突出其立体感。

光盘路径

素材：矢量花纹.tif、蓝色花纹.tif
源文件：立体POP设计.psd
视频：立体POP设计.avi

STEP1 ▶▶ 新建文件，设置【名称】：立体POP设计，【宽
度】：17厘米，【高度】：12厘米，【分辨率】：100
像素／英寸，【颜色模式】：RGB颜色，【背景内容】：
白色，如图14-2-1所示。

STEP2 ▶▶ 选择工具箱中的【多边形套索工具】，
在图像窗口左侧绘制选区。新建"图层1"，设置前
景色：白橙色，填充选区，并按【Ctrl+D】组合键，
取消选区。效果如图14-2-1所示。

名称(N):	立体POP设计	
预设(P):	自定	
大小(I):		
宽度(W):	17	厘米
高度(H):	12	厘米
分辨率(R):	100	像素/英寸
颜色模式(M):	RGB颜色	8位
背景内容(C):	白色	
▼ 高级		

图14-2-1

图14-2-2

STEP3 ▶▶ 选择工具箱中的【多边形套索工具】 ☑，在"图层1"上绘制选区。选择工具箱中的【加深工具】 ◙，在选区中涂抹加深颜色。按【Ctrl+D】组合键，取消选区。效果如图 14-2-3 所示。

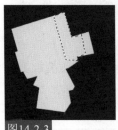

图14-2-3

STEP4 ▶▶ 新建"图层2"，设置前景色：咖啡色，选择工具箱中的【多边形套索工具】 ☑，在"图层1"上绘制选区并填充颜色。继续使用【多边形套索工具】 ☑，在"图层2"上绘制选区，如图 14-2-4 所示。

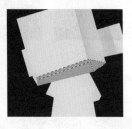

图14-2-4

STEP5 ▶▶ 设置前景色：灰色，按【Alt+Delete】组合键填充选区。按【Ctrl+D】组合键，取消选区。新建"图层3"，选择工具箱中的【多边形套索工具】 ☑，在"图层2"的左侧绘制三角形并填充白色。效果如图 14-2-5 所示。

图14-2-5

STEP6 ▶▶ 新建"图层4"，设置前景色：棕色，选择工具箱中的【画笔工具】 ☑，在窗口中绘制若干的细小原点。新建"图层5"，设置前景色：深棕色，选择工具箱中的【椭圆工具】 ◙，单击属性栏上的【填充像素】按钮 ▫，在窗口中绘制椭圆，如图 14-2-6 所示。

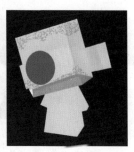

图14-2-6

STEP7 ▶▶ 新建"图层6"，设置前景色：白色，继续使用【椭圆工具】 ◙，在"图层5"上绘制白色的椭圆，并选择工具箱中的【橡皮擦工具】 ☑，擦除部分图像。新建"图层7"，设置前景色：红色，在"图层6"上绘制红色椭圆，如图 14-2-7 所示。

图14-2-7

STEP8 ▶▶ 新建"图层8"，设置前景色：棕色，绘制圆角矩形并旋转图像。同时选中"图层5"～"图层8"，复制选中图层，并执行【自由变换】命令，旋转图像并改变大小和位置。效果如图 14-2-8 所示。

图14-2-8

STEP9 ▶▶ 新建"图层9"，设置前景色：黑灰色，选择工具箱中的【椭圆工具】 ◯，绘制两个小正圆。新建"图层10"，选择工具箱中的【多边形套索工具】 ◪，绘制牙齿选区，填充黄色，并添加【投影】效果，效果如图14-2-9所示。

图14-2-9

STEP10 ▶▶ 新建"图层11"，选择工具箱中的【多边形套索工具】 ◪，在"图层10"上方绘制选区，填充灰色，并调整【不透明度】。新建"图层12"，设置前景色：黑色，绘制衣服选区并填充颜色。选择工具箱中的【减淡工具】 ◣，减淡部分区域的颜色。效果如图14-2-10所示。

图14-2-10

STEP11 ▶▶ 新建"图层13"，设置前景色：白色，选择工具箱中的【画笔工具】 ✎，在衣服上绘制白色原点。新建"图层14"，选择工具箱中的【多边形套索工具】 ◪ 和【画笔工具】，绘制裤子图像。效果如图14-2-11所示。

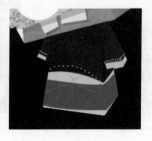

图14-2-11

STEP12 ▶▶ 导入素材图片：矢量花纹.tif。新建"图层15"，设置前景色：棕色，选择工具箱中的【自定形状工具】 ◪，设置【形状】：爆炸1 ✷，在窗口中绘制形状。效果如图14-2-12所示。

图14-2-12

STEP13 ▶▶ 选择工具箱中的【橡皮擦工具】 ◢，涂抹擦除部分图像。复制图像，运用【自由变换】命令和图层蒙版，为图像制作倒影效果，如图14-2-13所示。

图14-2-13

STEP14 ▶▶ 选择工具箱中的【多边形套索工具】 ◪，在窗口右侧绘制选区，如图14-2-14所示。

图14-2-14

STEP15 ▶▶ 新建"图层16"，设置前景色：白色，按【Alt+Delete】组合键填充选区。按【Ctrl+D】组合键，取消选区。选择工具箱中的【加深工具】 ◉，加深部分区域的颜色。效果如图14-2-15所示。

图14-2-15

STEP16 ▶▶ 导入素材图片：蓝色花纹.tif，摆放在"图层16"上。新建"图层17"，设置前景色：黄色，在"图层16"上绘制形状。效果如图14-2-16所示。

图14-2-16

STEP17 ▶▶ 选择工具箱中的【橡皮擦工具】✐，擦除部分图像，如图14-2-17所示。

图14-2-17

STEP18 ▶▶ 复制图像，运用【自由变换】命令和图层蒙版，制作倒影效果。图像的最终效果如图14-2-18所示。

图14-2-18

14.3 招聘POP设计

客户要求

　　招聘POP广告，一般会出现在商店门窗上，方便需要找工作的人看到。在制作本例时，以简单明了为宜，无须将其设计得过于复杂。颜色上，可以使用黄色和红色搭配，使其更加鲜艳醒目，也可以制作较大的"招聘"POP字体。

光盘路径

素材：矢量女性.tif
源文件：招聘POP设计.psd
视频：招聘POP设计.avi

STEP1 ▶▶ 新建文件,【名称】:冰淇淋广告,【宽度】:11 厘米,【高度】:15 厘米,【分辨率】:100 像素 / 英寸,【颜色模式】:RGB 颜色,【背景内容】:白色。效果如图 14-3-1 所示。

图14-3-1

STEP2 ▶▶ 设置前景色:黄色,按【Alt+Delete】组合键填充"背景"图层。新建"图层 1",设置前景色:红色,选择工具箱中的【矩形工具】 □,在窗口中绘制矩形。效果如图 14-3-2 所示。

图14-3-2

STEP3 ▶▶ 复制"图层 1",生成"图层 1 副本",执行【自由变换】命令,为图层添加【图案叠加】效果。为"图层 1 副本"添加图层蒙版,选择工具箱中的【画笔工具】 ✐,涂抹图像上方,隐藏部分图像,如图 14-3-3 所示。

图14-3-3

STEP4 ▶▶ 新建"图层 2",设置前景色:黑色,选择工具箱中的【矩形工具】 □,在图像窗口上方绘制黑色矩形。选择工具箱中的【横排文字工具】 T,在窗口上方输入文字。效果如图 14-3-4 所示。

图14-3-4

STEP5 ▶▶ 执行【图层样式】命令,为文字添加【描边】效果。新建"图层 3",设置前景色:红色,选择工具箱中的【钢笔工具】 ✐,在文字上绘制选区并填充颜色。效果如图 14-3-5 所示。

图14-3-5

STEP6 ▶▶ 新建"图层 4",设置前景色:红色,选择工具箱中的【椭圆工具】 ◯,在文字上绘制大小不同的红色正圆。新建"图层 5",选择工具箱中的【画笔工具】 ✐,在文字上随意绘制多条细长的曲线,如图 14-3-6 所示。

图14-3-6

STEP7 ▶▶ 选择工具箱中的【横排文字工具】 T,

在"招聘"文字的下方输入文字：本店现招。在"本店现招"文字下方输入文字：营业员，如图14-3-7所示。

图14-3-7

STEP8 ▶▶ 执行【自由变换】命令，改变文字的大小和形状。新建"图层6"，为文字描边，并选择工具箱中的【橡皮擦工具】，擦除部分图像，如图14-3-8所示。

图14-3-8

STEP9 ▶▶ 选择工具箱中的【横排文字工具】T，继续在窗口下方输入其他文字，并选择工具箱中的【自

定形状工具】，绘制形状。效果如图14-3-9所示。

图14-3-9

STEP10 ▶▶ 导入素材图片：矢量女性.tif，摆放在窗口下方，如图14-3-10所示。

图14-3-10

14.4 火锅店宣传POP设计

客户要求

火锅在人们的生活中随处可见，火锅宣传广告更是司空见惯。而本例的特殊性在于，需要将其制作成路标形式的宣传POP，而并非以火锅店优惠等为宣传主题。所以，在文字介绍上需要突出路标主题。

光盘路径

素材：祥云.tif、火锅.tif、梅花.tif
源文件：火锅店宣传POP设计.psd
视频：火锅店宣传POP设计.avi

STEP1 ▶▶ 新建文件，设置【名称】：火锅店宣传POP设计，【宽度】：14厘米，【高度】：21厘米，【分辨率】：150像素/英寸，【颜色模式】：RGB颜色，【背景内容】：白色。效果如图14-4-1所示。

图14-4-1

STEP2 ▶▶ 设置前景色：棕色，按【Alt+Delete】组合键填充"背景"图层。新建"图层1"，设置前景色：深红色，选择工具箱中的【矩形工具】 □，单击属性栏上的【填充像素】按钮 □，在窗口中绘制矩形。效果如图14-4-2所示。

图14-4-2

STEP3 ▶▶ 选择工具箱中的【加深工具】 ◎，加深"图层1"的四周边缘。选择工具箱中的【减淡工具】 ◥，减淡"图层1"的中间。效果如图14-4-3所示。

图14-4-3

STEP4 ▶▶ 执行【色阶】命令，调整图像的整体对比度，并设置参数：36，1.00，229，如图14-4-4所示。

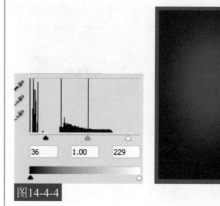

图14-4-4

STEP5 ▶▶ 导入素材图片：祥云.tif，复制"祥云"图层多次，分别摆放在图像窗口的四周，并分别设置【不透明度】和【图层混合模式】：叠加，如图14-4-5所示。

图14-4-5

STEP6 ▶▶ 导入素材图片：火锅.tif，摆放在图像窗口的右上角。打开"火锅"图层的【投影】面板，为其添加【投影】效果，如图14-4-6所示。

图14-4-6

STEP7 ▶▶ 复制"火锅"图层一次，设置副本图层的【图层混合模式】：正片叠底，如图14-4-7所示。

图14-4-7

STEP8 ▶▶ 新建"图层2",设置前景色:棕色,选择工具箱中的【自定形状工具】 📷,设置【形状】:火焰,在窗口左上方绘制形状,并为其添加黄色的【描边】效果。复制"图层2"3次,分别对副本图层执行【自由变换】命令,改变图像的大小和位置。效果如图14-4-8所示。

图14-4-8

STEP9 ▶▶ 导入素材图片:梅花.tif,摆放在窗口的左上方。选择工具箱中的【横排文字工具】 T,在窗口中输入文字,并按【Ctrl+T】组合键,旋转图像,如图14-4-9所示。

图14-4-9

STEP10 ▶▶ 打开文字图层的【图层样式】面板,为文字添加【投影】、【渐变叠加】和【描边】效果,如图14-4-10所示。

图14-4-10

STEP11 ▶▶ 用相同的方法,再次输入文字,并添加【图层样式】效果,如图14-4-11所示。

图14-4-11

STEP12 ▶▶ 新建"图层3",设置前景色:黄色,选择工具箱中的【自定形状工具】 📷,在图像窗口下方绘制箭头形状。选择工具箱中的【横排文字工具】 T,在"图层3"的下方输入文字,并为其添加【描边】效果,如图14-4-12所示。

图14-4-12

STEP13 ▶▶ 同时载入"图层3"选区和"向前行100米"图层的选区,扩大选区。新建"图层4",设置前景色:棕色,按【Alt+Delete】组合键填充选区。将"图层4"拖到"图层3"的下方,为其添加【投影】效果,如图14-4-13所示。

图14-4-13

STEP14 ▶▶ 选择"梅花"图层，复制两次，并分别执行【自由变换】命令，旋转图像，改变图像的大小和位置，如图 14-4-14 所示。

图14-4-14

STEP15 ▶▶ 选择工具箱中的【横排文字工具】 T ，在窗口的下方输入文字。图像的最终效果如图 14-4-15 所示。

图14-4-15

14.5 元旦节促销POP设计

客户要求

元旦节促销广告，一般是以打折为宣传手段，从而来吸引消费者。本例同样以"打折"主题为宣传卖点。在颜色上需要突出新年气氛，所以以红色和黄色为主体颜色。另外，在广告中还可以设计突出元旦主题的POP文字。

光盘路径

素材：花纹.tif、礼物盒.tif、文字.tif、笑脸.tif
源文件：元旦节促销POP设计.psd
视频：元旦节促销POP设计.avi

STEP1 ▶▶ 新建文件，设置【名称】：元旦促销 POP 设计，【宽度】：14 厘米，【高度】：9 厘米，【分辨率】：100 像素 / 英寸，【颜色模式】：RGB 颜色，【背景内容】：白色，如图 14-5-1 所示。

图14-5-1

STEP2 ▶▶ 设置前景色：浅黄色，按【Alt+Delete】组合键填充"背景"图层，效果如图 14-5-2 所示。

图14-5-2

STEP3 ▶▶ 选择工具箱中的【加深工具】，涂抹"背景"图层的边缘，加深颜色，效果如图 14-5-3 所示。

图14-5-3

STEP4 ▶▶ 新建"图层 1"，设置前景色：红色，选择工具箱中的【画笔工具】，在窗口中边缘及左上角涂抹绘制颜色，效果如图 14-5-4 所示。

图14-5-4

STEP5 ▶▶ 导入素材图片：礼物盒 .tif，将其摆放在图像窗口的左侧。导入素材图片：文字 .tif，摆放在窗口中央，如图 14-5-5 所示。

图14-5-5

STEP6 ▶▶ 载入"文字"图层选区，执行【选择】|【修改】|【扩展】命令，设置参数：5 像素。在"文字"图层的下方新建"图层 2"，设置前景色：白色，按【Alt+Delete】组合键填充选区。按【Cul+D】组合键，效果取消选区，如图 14-5-6 所示。

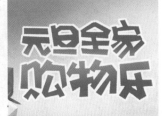

图14-5-6

STEP7 ▶▶ 载入"图层 2"选区，用相同的方法扩展选区。在"图层 2"的下方新建"图层 3"，设置前景色：棕色，按【Alt+Delete】组合键填充选区。按【Ctrl+D】组合键，取消选区。效果如图 14-5-7 所示。

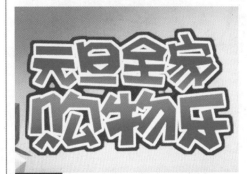

图14-5-7

STEP8 ▶▶ 在"文字"图层的上方新建"图层 4"，设置前景色：棕色，选择工具箱中的【椭圆工具】，在图像窗口中绘制大小不同的圆点，如图 14-5-8 所示。

图14-5-8

STEP9 ▸▸ 选择工具箱中的【横排文字工具】 T ，在窗口中输入文字，并添加【投影】效果，如图 14-5-9 所示。

图14-5-9

STEP10 ▸▸ 导入素材图片：笑脸 .tif，摆放在"文字"的右下方。用相同的方法，导入素材图片：花纹 .tif，摆放在窗口的右侧。效果如图 14-5-10 所示。

图14-5-10

STEP11 ▸▸ 选择工具箱中的【横排文字工具】 T ，在"花纹"图层的上方输入文字，如图 14-5-11 所示。

图14-5-11

STEP12 ▸▸ 执行【色阶】命令，调整图像的整体对比度。最终效果如图 14-5-12 所示。

图14-5-12